Hochfrequenz-Baubuch

Vom Detektor zum Software Defined Radio

Burkhard Kainka

elektor
design > share > sell

Satz und Aufmachung: Jack Jamar Graphic Design | Maastricht (NL)
Druck: Ipskamp Printing, Enschede (NL)

ISBN 978-3-89576-413-4 Print
ISBN 978-3-89576-414-1 Ebook
ISBN 978-3-89576-415-8 Epub

Elektor-Verlag GmbH, Aachen
www.elektor.de

Elektor ist Teil der Unternehmensgruppe Elektor International Media (EIM), der weltweit wichtigsten Quelle für technische Informationen und Elektronik-Produkte für Ingenieure und Elektronik-Entwickler und für Firmen, die diese Fachleute beschäftigen. Das internationale Team von Elektor entwickelt Tag für Tag hochwertige Inhalte für Entwickler und DIY-Elektroniker, die über verschiedene Medien (Magazine, Videos, digitale Medien sowie Social Media) in zahlreichen Sprachen verbreitet werden. **www.elektor.de**

Vorwort

Die Hochfrequenztechnik ist eines der Gebiete, auf denen man auch heute noch eigene Ideen in die Tat umsetzen kann. Unzählige Schaltungsvarianten mit besonderen Zielsetzungen geben Raum für sinnvolle Experimente und Projekte. Vieles kann man nicht einfach kaufen. Detektorradios ohne eigene Energiequelle, einfache Röhrenempfänger mit einem Hauch von Nostalgie, die ersten Empfangsversuche mit dem Software Defined Radio oder Spezialempfänger für den Amateurfunk, all dies lässt sich mit wenig Aufwand realisieren.

Lange Zeit war das Radiobasteln der Einstieg in die Elektronik. Inzwischen gibt es auch andere Wege, vor allem über Computer, Mikrocontroller und die Digitaltechnik. Allerdings kommen die analogen Wurzeln der Elektronik oft zu kurz. Die Radiotechnik eignet sich besonders gut als Lernfeld der Elektronik, weil man hier mit den einfachsten Grundlagen beginnen kann. Aber auch die Verbindung zur modernen Digitaltechnik liegt auf der Hand, wenn es z.B. um moderne Abstimmverfahren wie PLL und DDS oder um moderne DSP-Radios geht.

Dieses Buch will einen Überblick geben und eine Sammlung einfacher Projekte vorstellen. Seit der ersten Auflage des Buchs sind viele neue Projekte hinzugekommen. In dieser Neuauflage werden die wichtigsten Schaltungen dokumentiert. Ich möchte Sie unterstützen, eigene Ideen zu entwickeln, eigene Empfänger zu entwerfen und sie zu erproben.

Viel Erfolg und guten Empfang

Burkhard Kainka, DK7JD
www.elektronik-labor.de

Inhalt

1 • Einleitung

Radiobasteln ist ein altes Hobby, das heute wieder hochaktuell ist. Neben dem klassischen Detektorradio sind vom allem Röhrengeräte und neuere Software Defined Radio-Projekte ein Motor der Motivation. Aber auch neuere Entwicklungen in der Halbleitertechnik bringen frischen Schub. So sind z.B. die direkte digitale Synthese (DDS) oder moderne PLL-Chips die Lösung für alle Stabilitätsprobleme im Empfängerbau.

Dieses Buch will einen Überblick über die Empfängertechnik geben und Grundlagen der Hochfrequenztechnik vermitteln. Zahlreiche Schaltungen und Bauvorschläge ebnen den Weg. Wer nur einen einfachen Detektorempfänger oder ein Röhrenaudion bauen will, findet hier die nötigen Rezepte. Und wer tiefer in die Materie einsteigen will und selbst eigene Schaltungen entwickeln möchte, benötigt einige Grundlagen vom Schwingkreis über Antennentechnik bis zu aktiven Bauelementen. Hier findet man das Wichtigste in knapper Form.

Audionempfänger und einfache Transistorradios für Mittel- oder Kurzwelle lassen sich schnell und einfach aufbauen und bringen eine Menge Spaß. Zugleich kann man hier die ersten Erfahrungen mit der HF-Technik sammeln. Moderne Direktmischerkonzepte mit Ringmischer und DDS oder PLL oder einfache Software Defined Radios erlauben bereits den Aufbau universeller Empfänger für Amateurfunk und digitale Betriebsarten. Vieles ist dank moderner Bauelemente einfacher geworden, allerdings benötigt man die entscheidenden Informationen. Grundsätzlich werden hier nur solche Bauteile eingesetzt, die man leicht bekommen kann. Teilweise existieren auch Platinenlayouts von Elektor oder fertige Baugruppen und Geräte.

Meine eigene Motivation für die HF-Technik kommt aus dem Amateurfunk, wobei ich von Anfang an meine Sender und Empfänger selbst gebaut habe. Nach einer längeren Pause hat dann der digitale Rundfunk DRM wieder neuen Auftrieb gebracht. Es war eine Herausforderung, ausreichend stabile Empfänger zu bauen, um DRM-Signale zuverlässig zu dekodieren. Auch eine Renaissance des Röhrenbastelns brachte viele Berührungspunkte zur HF-Technik, wobei besonders die Verwendung kleiner Anodenspannungen ab 6 V die Experimente vereinfachte. Ein weiteres Thema waren IQ-Mischer und das Software Defined Radio.

Damit ist auch mein altes Interesse am Amateurfunk wieder neu erwacht. Lange Zeit hatte ich es akzeptiert, dass an meinem Wohnort keine brauchbare Amateurfunkantenne zu errichten war. Mit Hilfe neuerer Techniken und vor allem verbesserter Messtechnik ist es mir mittlerweile aber doch gelungen, einfache und unscheinbare Antennen zu bauen, die ausreichend störsicheren Empfang ermöglichen und auch als Sendeantenne für kleinere Leistungen einsetzbar sind. Auf die Weise mir ist der Amateurfunk wieder möglich geworden und bietet ständigen Anlass für weitere Entwicklungen.

Auch beruflich gab es immer wieder Berührungspunkte zur Radiotechnik. Insbesondere ging es um die die Entwicklung von Bausätzen für den Kosmos-Verlag und den Franzis-Verlag sowie um Artikel und Projekte für Elektor. Und auch die Firma AK Modul-Bus brachte immer wieder neue Aufgaben, die in Projekte für den Schulunterricht oder für Hobby-Elektroniker mündeten. Oft wurden Themen wie Röhrentechnik, DRM-Empfang, Software Defined Radio oder DSP-Radio erst mit AK Modul-Bus entwickelt und dann zu einem Elektor-Projekt gemacht. In diesem Buch werden zu vielen Projekten die einzelnen Stufen der Entwicklung dokumentiert.

2 • Detektorradios

Radio hören ohne Batterie oder eine andere Energiequelle, das geht nur mit dem Detektorempfänger. Diese einfachste aller Radioschaltungen hat daher über die Jahrzehnte nichts von ihrem Reiz verloren. In der Frühzeit der Radiotechnik war der Detektorempfänger ein verbreitetes Konzept. Der richtige Einstieg in die HF-Technik gelingt heute wie vor 90 Jahren mit dem Detektorradio. Dabei muss man nicht unbedingt historische Geräte nachbauen und selbst gefertigte Kristalldetektoren einsetzen. Mit einer Germanium- oder Schottkydiode ist vieles einfacher. Es geht auch ohne extrem lange Antennen und hochempfindliche Kopfhörer. Ein bereits vorhandener Lautsprecherverstärker wie z.B. eine PC-Aktivbox macht das erste Radio zu einem Kinderspiel.

2.1 Das Dioden-Radio

Der einfachste Empfänger besteht nur aus einer langen Antenne, einem Erdanschluss, einer Germanium-Diode und einem hochohmigen Kopfhörer. Statt einer Germaniumdiode kann ebenso eine Schottkydiode verwendet werden. Die Stromversorgung erfolgt durch die Antenne selbst. Sie muss daher relativ lang sein. Meist reicht ein ausgespannter Draht von ca. 10 Metern. Der Bauvorschlag geht von einem hochohmigen Kopfhörer mit 2 kΩ aus, funktioniert aber ebenso mit einem 600-Ω-Typ. Niederohmige Kopfhörer moderner Bauform haben oft nur 32 Ω und lassen sich nur mit einem passenden Übertrager verwenden (vgl. Kap. 2.2).

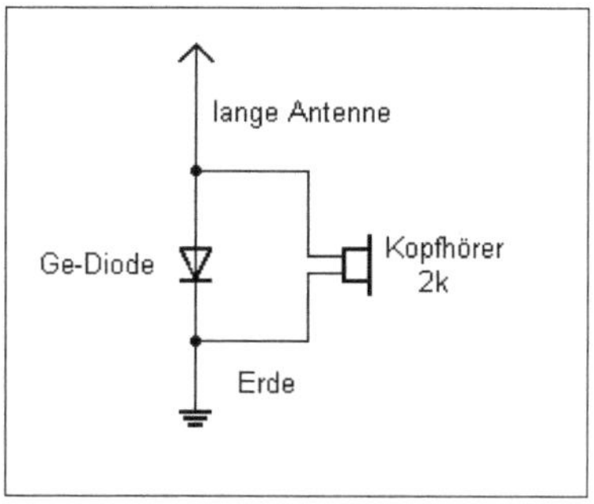

Bild 2.1: Das Diodenradio

Es können alle Ge-Dioden von Typ AA112 bis AA144 und alle Schottkydioden BAT41 bis BAT86 eingesetzt werden. Das einfache Radio ist nicht selektiv, d.h. es empfängt alle starken Sender gleichzeitig. Wenn nicht ein starker Sender in der Nähe alle anderen übertönt, hört man vor allem abends sehr viele Sender, die in ihrer Lautstärke schwanken.

Die gewünschte Selektion erreicht man durch einen Schwingkreis aus Spule und Drehkondensator. Mit einem Drehkondensator bis 320 pF und einer Spule mit 300 µH überstreicht man den ganzen Mittelwellenbereich. Die Spule kann als Luftspule mit 90 Windungen auf eine Papprolle mit einem Durchmesser von 4 cm aufgewickelt werden.

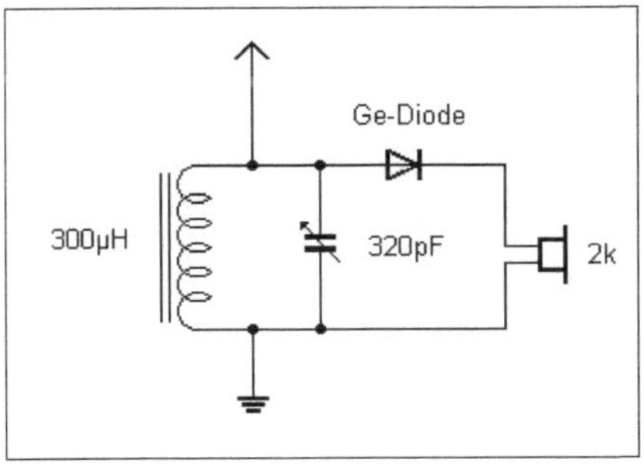

Bild 2.2 Diodenradio mit Schwingkreis

Dieses Radio ist nicht sehr trennscharf und erreicht auch noch nicht die maximal mögliche Lautstärke. Wichtig ist eine sorgfältige Anpassung von Antenne und Gleichrichter, die man durch Anzapfungen der Spule erreichen kann. Kap. 2.2 zeigt ein Beispiel für einen Mittelwellenempfänger mit veränderbarer Anpassung.

Was tut eigentlich die Diode in einem Empfänger? Die Antwort erfordert einen kurzen Exkurs in die Theorie. Ein Sender erzeugt eine hochfrequente Schwingung, die über einen Sendemast abgestrahlt wird. Eine Antenne am Empfangsort liefert dann eine kleine Spannung derselben Frequenz, also z.B. 720 kHz für den ehemaligen Sender Langenberg. Mittelwellensender tragen ihre Informationen, also Sprache und Musik, in Form einer Amplituden-Modulation (AM). Die Spannung der Hochfrequenzschwingung ändert sich dabei im Takt der niederfrequenten Schwingungen.

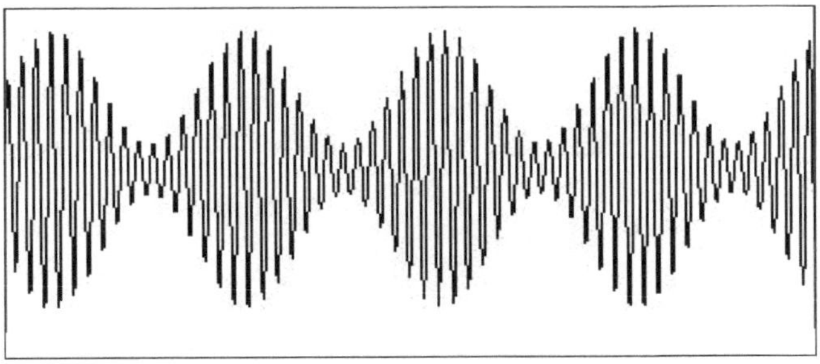

Bild 2.3: Amplitudenmodulation

Dieses Signal bleibt in einem Kopfhörer unhörbar, weil nur Frequenzen bis ca. 20 kHz als Schall wahrnehmbar sind. Die Trägheit der Membran führt dazu, dass sie praktisch nicht schwingt. Die niederfrequente Modulation muss erst durch Gleichrichtung des Signals zurückgewonnen werden. Deshalb reicht eine Diode, um das HF-Signal zu demodulieren. Der mittlere Strom des gleichgerichteten Signals entspricht wieder dem ursprünglich aufmodulierten NF-Signal.

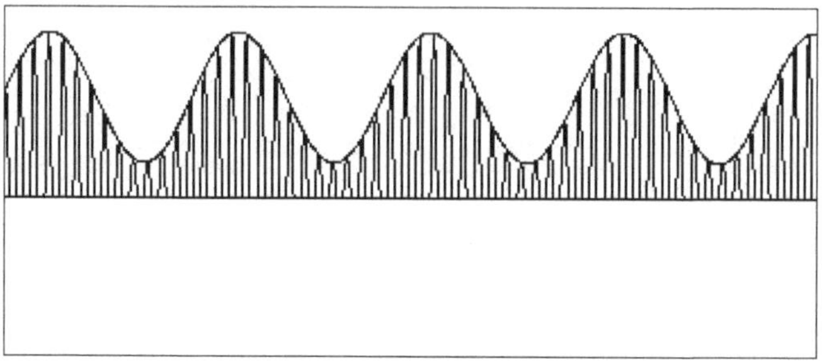

Bild 2.4: Demodulation durch Gleichrichtung

Die ersten Detektor-Radios verwendeten Kristall-Detektoren. Es wurden Bleiglanz- oder Pyrit-Kristalle benutzt. Beides sind Schwefel-Verbindungen und kommen als Erze (Bleierz, Eisenerz) in der Natur vor.

Bild 2.5 zeigt einen Kristallhalter mit einem Bleiglanzkristall aus der Anfangszeit der Radiotechnik. Eine Spiralfeder aus Stahldraht stellt den Kontakt her. Die Funktion kann mit dem Komponententester des Oszilloskops erprobt werden. Man muss etwas probieren, um eine geeignete Stelle auf dem Kristall zu finden und eine typische Diodenkennlinie zu erkennen.

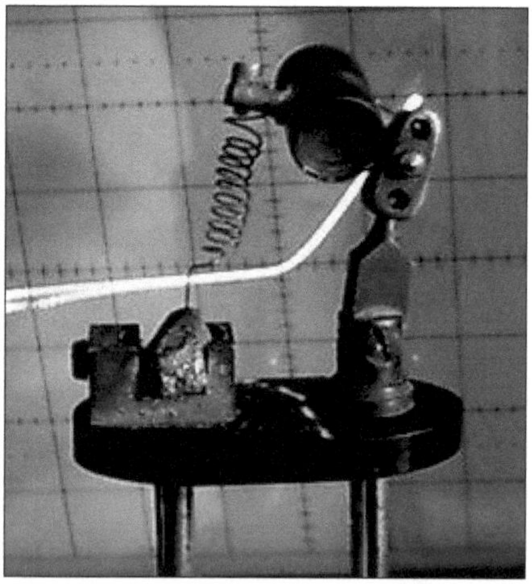

Bild 2.5: Ein historischer Detektorkristall

Der Kristall wurde mit Erfolg in einem Diodenradio eingesetzt. Ganz ohne Verstärker konnten zahlreiche starke Sender gehört werden. Man kann auch heute noch mit natürlichen Mineralien selbst einen Detektor bauen. Pyrit bildet regelmäßige, goldfarbene Würfel-Kristalle im Gestein. Bleiglanz ist schwarz und hat kleine glänzende Flächen. Ein experimenteller Detektor kann mit einer Stecknadel aufgebaut werden. Dazu testet man verschiedene Stellen des Kristalls, bis man eine gute Gleichrichterwirkung erzielt.

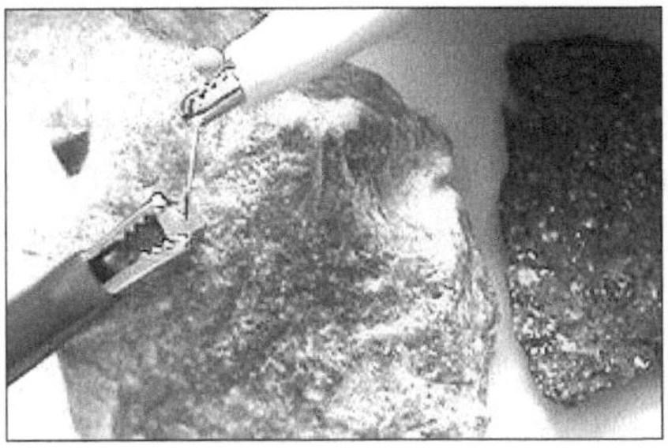

Bild 2.6: Pyrit und Bleiglanz in Naturform

2.2 Kopfhörer-Anpassung

Ältere Bauvorschläge für Detektorradios gehen von hochohmigen Kopfhörern mit 2x2000 Ω aus, die aber leider nur noch schwer zu bekommen sind. Heute verwendet man statt dessen preiswerte Kopfhörer für den Walkman mit zweimal 32 Ω. Dieser Typ ist ebenfalls für ein Diodenradio einsetzbar, wenn man einen Übertrager zur Anpassung verwendet. Dafür eignet sich auch ein Trafo aus einem Steckernetzteil. Nimmt man ein Netzteil mit umschaltbarer Spannung (3/4,5/6/9/12V) ohne den Gleichrichter und den Siebelko, dann kann man sogar das Übertragungsverhältnis umschalten und damit die optimale Anpassung suchen.

Bei einem Diodenradio ist die richtige Antennenanpassung der Schlüssel zum Erfolg, da keine Energie verschwendet werden darf. Die Schwingkreisspule hat daher mehrere Anzapfungen. Mit insgesamt 80 Windungen HF-Litze auf einem 10 mm dicken Ferritstab liegt man für den Mittelwellenbereich richtig. Lange Antennen müssen an einer tieferen Anzapfung angeschlossen werden, um den Kreis nicht zu stark zu bedämpfen. Man sollte einfach alle Anzapfungen probieren, bis der Empfang am besten ist. Alternativ zu den Spulenanzapfungen kann auch ein Antennenkondensator verwendet werden. Eine größere Kapazität ergibt eine stärkere Kopplung.

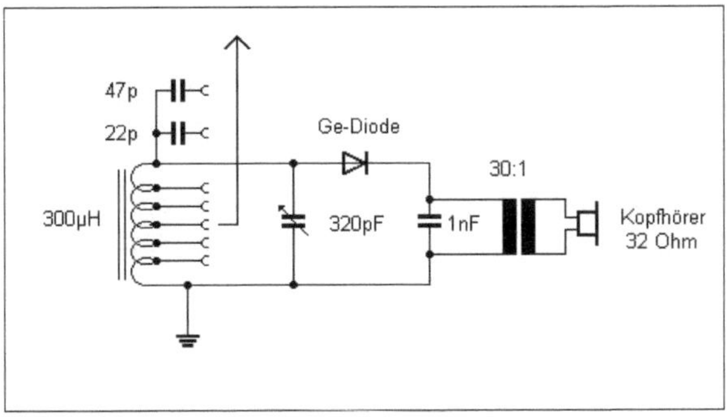

Bild 2.7: Übertrager zur Anpassung

Bei einem solch einfachen Radio kommt es auf eine gute Antenne an. Oft eignet sich eine Dachrinne als Antenne. Sie darf dazu nicht geerdet sein. Das Regenrohr aus Zink ist oft unten in ein Abflussrohr einzementiert und damit isoliert. Es reicht also ein Drahtanschluss und schon hat man die beste Antenne. Für den Fall, dass der Empfang auch für den Kopfhörer zu leise ist, kann man die Aktivboxen des PCs anschließen.

Eine andere gute Antenne ist manchmal das Heizungssystem einer Wohnung. Zwar sind die Rohre meist an einer Stelle geerdet, die Gesamtlänge aller Rohre kann aber als eine wirksame Schleifenantenne arbeiten. In vielen Fällen erhält man so hohe Antennenspannungen gegenüber Erde.

2.3 Ein Kurzwellendetekor

Die meisten älteren Vorschläge zum Bau von Detektorradios zielen auf den Empfang des Mittelwellen-Ortssenders, den es aber in vielen Ländern nicht mehr gibt. Hier dagegen geht es um den Fernempfang auf Kurzwelle. Tatsächlich ist es auf Kurzwelle sogar einfacher, die ersten Erfolge zu erzielen. Das hat mehrere Gründe: Die Grundversorgung auf Mittelwelle ist nicht mehr gegeben, da die meisten Sender abgeschaltet wurden. Nur wenige europäische Länder wie England, Italien und Spanien betreiben noch Mittelwellensender. Auf Kurzwelle dagegen ging es dagegen immer schon um große Reichweiten, d.h. vor allem die Auslandsdienste der einzelnen Länder sind hier zu hören. Der altbewährte AM-Rundfunk ist deshalb auf Kurzwelle so aktiv wie eh und je.

Auf höheren Frequenzen braucht man kleinere Spulen, die wesentlich leichter herzustellen sind. Während eine gute Mittelwellenspule einen Ferritstab und schwer zu beschaffende HF-Litze braucht, kommt man auf Kurzwelle mit etwas isoliertem Kupferdraht aus. Ein spezieller Spulenkörper mit Ferritkern ist nicht erforderlich, sondern man kann irgendeinen isolierenden Körper nehmen.

Für den ersten Versuch soll eine Spule mit insgesamt 25 Windungen und vier Anzapfungen gewickelt werden. Als Wickelkörper wurde die 8 mm dicke Isolierhülse eines Bananensteckers verwendet. Ebenso gut geeignet ist z.B. ein Stück eines Kugelschreibers. Zwei Löcher im Abstand 1 cm helfen die Drahtenden zu fixieren. Es werden dann jeweils fünf Windungen gewickelt, eine Schlaufe verdrillt und die folgenden Windungen aufgetragen. Die fertige Spule wird an einen Abschnitt Pfostenstecker mit sechs Kontakten gelötet.

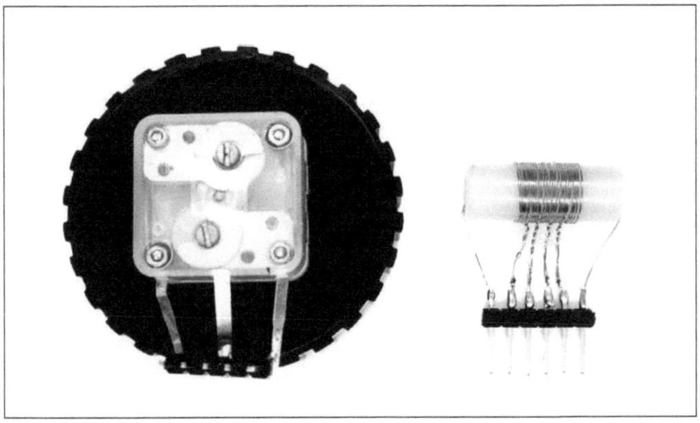

Bild 2.8: Drehkondensator und Spule

Das ganze Radio soll auf einer Experimentier-Steckplatine aufgebaut werden. Auch der Drehkondensator wird deshalb mit Pfostensteckern verlötet. Beide Teile lassen sich dann leicht auf das Experimentierfeld setzen. Es fehlen nur noch die Diode und eine Kopfhörer-Anschlussbuchse mit angelöteten Verbindungsdrähten. Der Vorteil dieser Aufbautechnik besteht vor allem darin, dass man leicht andere Schaltungsvarianten ausprobieren kann.

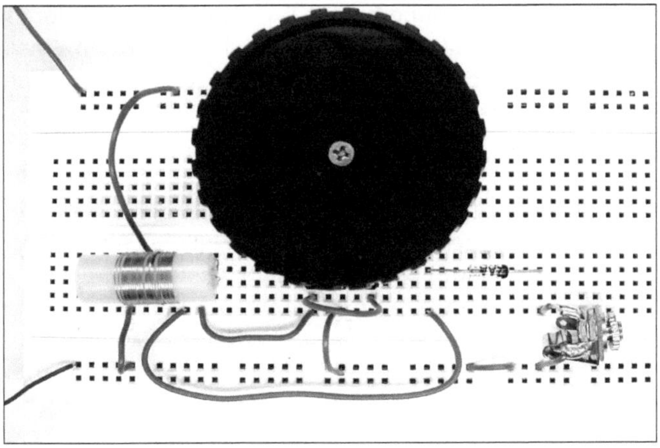

Bild 2.9: Probeaufbau auf einer Steckplatine

Die jeweiligen Spulenanzapfungen für den Antennenanschluss und die Diode sind variabel und können experimentell verändert werden. Beide Hälften des Drehkondensators werden parallel geschaltet. Falls nur der obere Bereich ab 10 MHz gehört werden soll, reicht auch die kleinere Seite mit nur 80 pF.

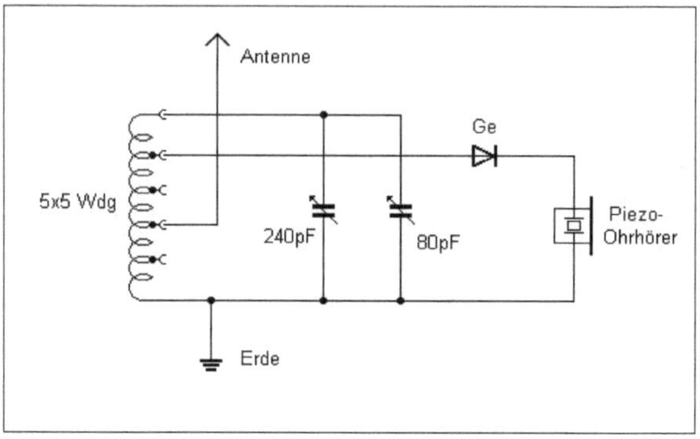

Bild 2.10: Schaltbild des Kurzwellen-Detektors

Das Radio benötigt einen hochohmigen Kopfhörer wie z.B. einen piezokeramischen Kristallohrhörer oder einen dynamischen Kopfhörer mit zweimal 2 kΩ. Niederohmige Typen mit 32 Ω können nicht direkt eingesetzt werden, sondern erfordern einen zusätzlichen Übertrager (vgl. Kap. 2.2). Mittelohmige Kopfhörer mit 600 Ω lassen sich ebenfalls schon direkt einsetzen.

Für den Detektor eignen sich eine Germaniumdiode oder eine Schottkydiode. Entscheidend ist die geringe Schwellenspannung beider Typen. Eine Germaniumdiode besitzt auch in Sperrrichtung eine geringe Leitfähigkeit. Dies ist wichtig für den Einsatz eines hochohmigen Kristallhörers. Mit einer Schottkydiode kann sich der Hörer als Kondensator so weit aufladen, dass die Diode vollständig sperrt. In diesem Fall muss ein zusätzlicher Widerstand von 100 kΩ parallel zum Hörer verwendet werden.

Als Antenne eignet sich am besten ein frei aufgehängter Draht mit 10 m Länge. Aber auch ein kürzerer Draht von 3 m Länge, der möglichst hoch im Zimmer ausgespannt wird, reicht bereits für erste Erfolge. Bei vorsichtiger Abstimmung des Drehkondensators (Drehkos) findet man vor allem am Abend mehrere Sender, die ausreichend laut gehört werden können. Oft sind in einer Einstellung zwei oder drei Sender gleichzeitig zu hören. Die auf Kurzwelle üblichen Schwankungen der Feldstärke führen dazu, dass mal der eine und mal der andere Sender klar hervortritt. Die einzelnen Rundfunkbänder sind zwar klar zu trennen, nicht aber nahe beieinander liegende Sender. Die Trennschärfe ist also noch nicht optimal.

Die im Schaltbild verwendeten Anzapfungen sind nur grobe Richtwerte. Man sollte also versuchen, das Optimum an Lautstärke und Trennschärfe zu finden, was in der beschriebenen Aufbautechnik leicht durchführbar ist. Dabei gelten folgende Faustregeln: Tiefere Anzapfungen für Antenne und Diode verbessern die Trennschärfe, verringern aber die Lautstärke. Je länger die Antenne ist, desto tiefer muss die Antennenanzapfung liegen. Eine zu hoch gewählte Antennenanzapfung kann die Lautstärke verringern und führt zu geringerer Trennschärfe. Diese Zusammenhänge lassen sich experimentell leicht nachvollziehen. Weiter unten werden sie auch noch mit der passenden Theorie untermauert.

2.4 Detektor mit Siliziumdiode

Germaniumdioden sind weniger weit verbreitet als Siliziumdioden, wie z.B. die 1N4148, die meist verwendete Universaldiode. Die Schaltung nach Bild 2.11 verwendet eine Siliziumdiode mit einer zusätzlichen Vorspannung. Außerdem wurde hier ein Koppelkondensator zum Anschluss an einen Verstärker eingesetzt.

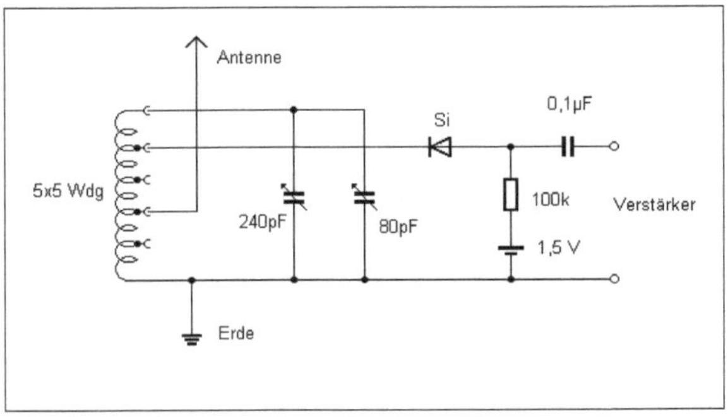

Bild 2.11: Siliziumdetektor mit Vorspannung

Eine Siliziumdiode benötigt in Durchlassrichtung für einen merklichen Strom eine Spannung von ca. 0,5 V. Da die HF-Spannung am Schwingkreis nur in Ausnahmefällen solch hohe Pegel erreicht, verwendet man meist Germaniumdioden mit einer Schwellenspannung unter 0,2 V. Hier wird jedoch ein geringer Gleichstrom von ca. 10 µA durch die Si-Diode geleitet. Dadurch stellt sich automatisch die richtige Vorspannung an der Diode ein. So können sogar Signale mit Spannungen unter 100 mV demoduliert werden.

Die Schaltung lässt sich zwar direkt an einem Kopfhörer betreiben, besser geht es jedoch mit einem Lautsprecherverstärker. Gut geeignet ist z.B. ein aktiver PC-Lautsprecher. Der eingebaute NF-Verstärker bietet eine ausreichende Verstärkung und zugleich einen hohen Innenwiderstand in der Größenordnung von 100 kΩ. Damit erreicht man eine geringere Dämpfung des Schwingkreises und eine bessere Trennschärfe. Außerdem ist der Verzicht auf einen Kopfhörer und eine bessere Lautstärke auf die Dauer entspannender. Im Vergleich zum Detektorempfänger mit Kopfhörer kann man sich eine tiefere Anzapfung der Antenne und damit eine bessere Trennschärfe leisten.

2.5 Spulen und Schwingkreise

Für die vorgestellten Schaltungen wurde jeweils die Induktivität der Spule angegeben und ein Bauvorschlag mit Maßen und Wickeldaten gezeigt. Oft kommt es aber vor, dass man eine Schaltung ändern will oder einen anderen Spulenkörper hat und die Anzahl der erforderlichen Windungen selbst bestimmen muss. Oder man hat irgendwelche Spulen aus alten Geräten, die man modifizieren und anpassen kann. In jedem Fall ist es nützlich, Spulen selbst berechnen zu können.

Allgemein muss unterschieden werden, ob eine Spule auf einen magnetisierbaren Kern (Ferrit oder Eisenpulver) oder als so genannte Luftspule ganz ohne Wickelkern oder auf einen Isolierkörper gewickelt wird. Hier sollen zunächst Luftspulen betrachtet werden. Eine Spule für einen Kurzwellen-Schwingkreis hat z.B. 20 Windungen, einen Durchmesser von 16 mm und eine Länge von 35 mm. Sie hat eine Induktivität von rund 3 µH und erreicht mit einem Drehkondensator bis 300 pF eine untere Frequenzgrenze von ca. 5,3 MHz. Wie man das berechnet, soll hier gezeigt werden. Außerdem gibt es ein einfaches Hilfsprogramm, das die Arbeit erleichtert.

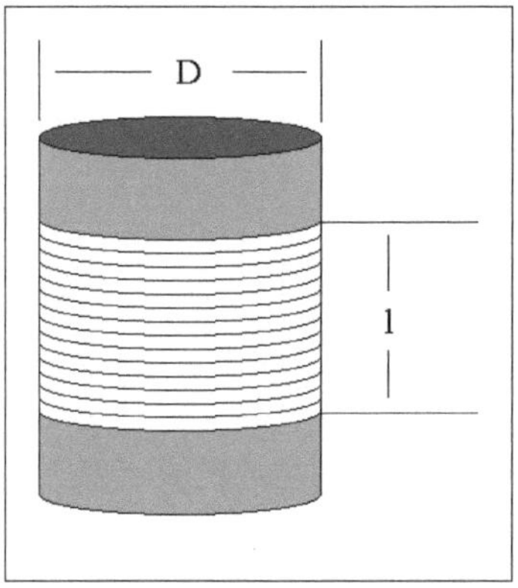

Bild 2.12: Aufbau einer Luftspule

Allgemein gilt für eine lange Spule mit l>D mit der Windungszahl n, der Querschnittsfläche A in m² und der Länge l in m:

$$L = \mu_0 * n^2 * A / l$$

mit der magnetischen Feldkonstanten $\mu_0 = 4\ \pi * 10^{-7}$ Vs/Am = $1{,}2466*10^{-6}$ Vs/Am. Die Formel gilt eigentlich nur für eine unendlich lange Spule, kann jedoch in brauchbarer Näherung bis zu einer Länge von l=D verwendet werden. Bei einer kurzen Spule mit gleicher Windungszahl steigt die magnetische Kopplung zwischen den einzelnen Windungen, womit sich eine höhere Induktivität ergibt. Umgekehrt verkleinert ein Auseinanderziehen der Windungen die Induktivität, was manchmal zum Abgleich von Spulen ausgenutzt wird.

Die obige Formel lässt sich für einen kreisrunden Spulenquerschnitt zur folgenden Näherungsformel vereinfachen, wobei diesmal der Durchmesser D und die Länge l der Spule in mm angegeben werden:

$$L = 1\ nH * n^2 * D^2/mm^2 / (l/mm)$$

In dieser Formel steckt die Näherung $\pi*\pi = 10$ mit einem Fehler von ca. 1,3 %. Man kann aber ohnehin keine Wunder an Genauigkeit erwarten, weil auch die Spulenform, besonders das Verhältnis von Länge und Dicke, die Drahtstärke und sogar die Umgebung der Spule die Induktivität beeinflussen. Daher reicht es für viele Zwecke, wenn man eine Luftspule auf 10 % genau berechnen kann.

Oft verwendet man HF-Spulenkörper mit Ferrit-Schraubkernen. Die Induktivität vergrößert sich durch den Kern z.B. bis vierfach oder auch mehr. Durch mehr oder weniger weites Eindrehen des Schraubkerns kann die Spule abgeglichen werden. Ferritkerne werden für bestimmte Frequenzbereiche gefertigt, in denen sie geringe Energieverluste aufweisen.

Wesentlich größere Induktivitäten erreicht man durch geschlossene Kerne mit oder ohne Luftspalt. Der Luftspalt verkleinert zwar die Induktivität der Spule, ermöglicht jedoch eine größere Magnetisierung, d.h. der Kern selbst gelangt erst bei größeren Strömen in die magnetische Sättigung. Gebräuchlich sind Ringkerne, Transformatorkerne in E-I-Form und geschlossene Topfkerne.

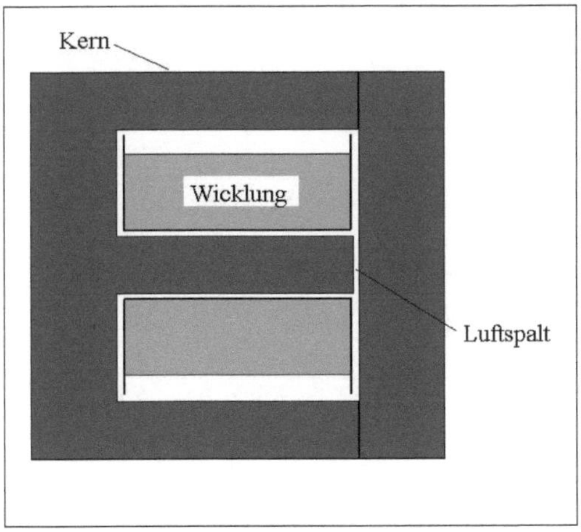

Bild 2.13: Aufbau einer Spule mit Ferritkern

Die Induktivität hängt außer von der Windungszahl stark vom verwendeten Material und von der Geometrie des Kerns ab. Eine theoretische Berechnung wie für die Luftspule ist daher nicht ohne weiteres möglich. Stattdessen gibt der Hersteller für jeden Kern einen A_L-Wert in nH/n^2 an.

$L = A_L * n^2$

Ein Amodon-Ringkern T37-2 hat nach den Herstellerangaben bei 100 Windungen eine Induktivität von 40 µH. Das entspricht einem A_L -Wert von 4 nH/n². Trägt man 30 Windungen auf, dann erhält man eine Induktivität von
L = 30*30*4 nH = 3600 nH = 3,6 µH.
Die Ringkernspule eignet sich dann wie eine Luftspule zum Aufbau eines HF-Schwingkreises. Außer dem A_L-Wert ist auch noch der vorgesehene Frequenzbereich eines Kerns wichtig. Der Amidon-Typ xxx-2 hat die Kennfarbe rot und eignet sich für Frequenzen bis 30 MHz.

2.6 Resonanzfrequenz und Bandbreite

Schaltet man eine Spule und einen Kondensator zusammen, dann entsteht ein Schwingkreis. Elektrische Energie kann ähnlich wie bei einem Pendel zwischen Spule und Kondensator hin und her schwingen, wobei eine definierte Resonanzfrequenz f auftritt. Der Schwingkreis führt eine freie Schwingung aus, nachdem er durch einen kurzen Stromstoß angeregt wurde.

f = 1 (2 * π √ (L * C))

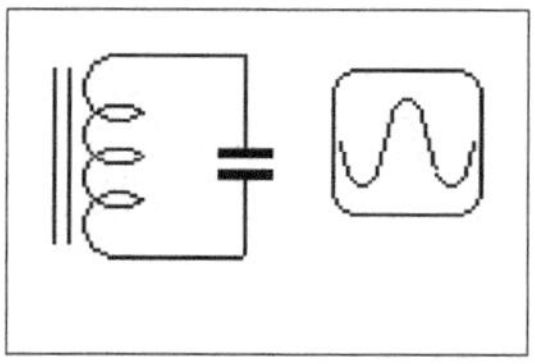

Bild 2.14: Die Spule im Schwingkreis

Schwingkreise werden oft in Stromkreisen mit unterschiedlicher Frequenz oder mit Frequenzgemischen eingesetzt. Ströme und Spannungen unterscheiden sich dann je nach Frequenz. Der Parallelschwingkreis besitzt einen komplexen Widerstand Z mit einem scharfen Maximum bei der Resonanzfrequenz f_0. Bei dieser Frequenz gilt $R_C=R_L$, wobei sich die Ströme durch Spule und Kondensator wegen ihrer gesamten Phasendifferenz von 180 Grad gerade aufheben. Ein idealer Schwingkreis ohne jede Dämpfung hätte bei der Resonanzfrequenz eine unendlich große Impedanz.

In der Praxis tritt jedoch durch Energieverluste am ohmschen Widerstand des Spulendrahtes, durch magnetische Verluste des Spulenkerns und durch elektromagnetische Abstrahlung eine Dämpfung der Schwingung auf, sodass sich ein endlicher Resonanzwiderstand ergibt. Man kann vereinfachend alle Verluste einem parallelen Verlustwiderstand R zuordnen.

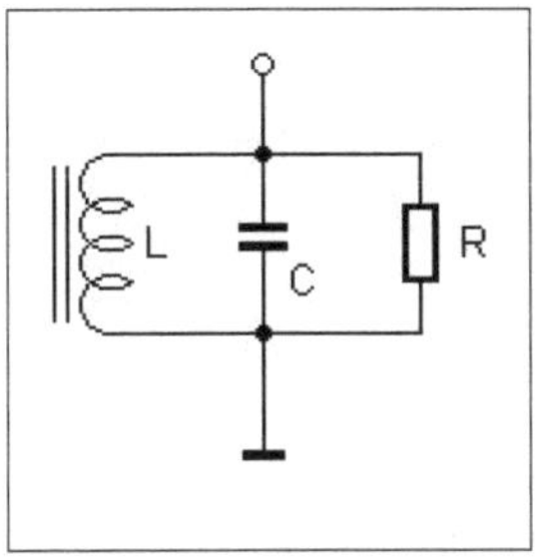

Bild 2.15: Resonanzkreis mit Verlustwiderstand

Für jeden Schwingkreis kann man eine Güte Q angeben, die umgekehrt proportional zur Bandbreite des Kreises ist. Q lässt sich leicht ermitteln, wenn der parallele Dämpfungswiderstand R ins Verhältnis zur induktiven Widerstand $R_L = 2\pi f L$ oder zum kapazitiven Widerstand $R_C = 1/(2\pi f C)$ bei der Resonanzfrequenz gesetzt wird.

$Q = R/R_L$ bzw. $Q = R/R_C$

Erregt man einen Schwingkreis mit einem konstanten Wechselstrom I variabler Frequenz bzw. über eine Wechselstromquelle mit hohem Innenwiderstand, dann ist die Schwingkreisspannung proportional zum Betrag des komplexen Widerstands Z. Im Resonanzfall ist die Spannung am höchsten. Je kleiner die Dämpfung der Schwingung durch Energieverluste jeglicher Art bzw. je größer die Güte des Schwingkreises, desto höher steigt die Resonanzspannung. Zu beiden Seiten der Resonanzfrequenz lassen sich Punkte auf der Resonanzkurve bestimmen, bei denen die Spannung auf den Faktor $1/\sqrt{2} = 0{,}707 = -3$ dB abgefallen ist. Der Frequenzabstand dieser Punkte wird als die Bandbreite b des Kreises bezeichnet. Zwischen Resonanzfrequenz f_0, Bandbreite b und Güte Q des Kreises besteht der Zusammenhang $b = F_0/Q$.

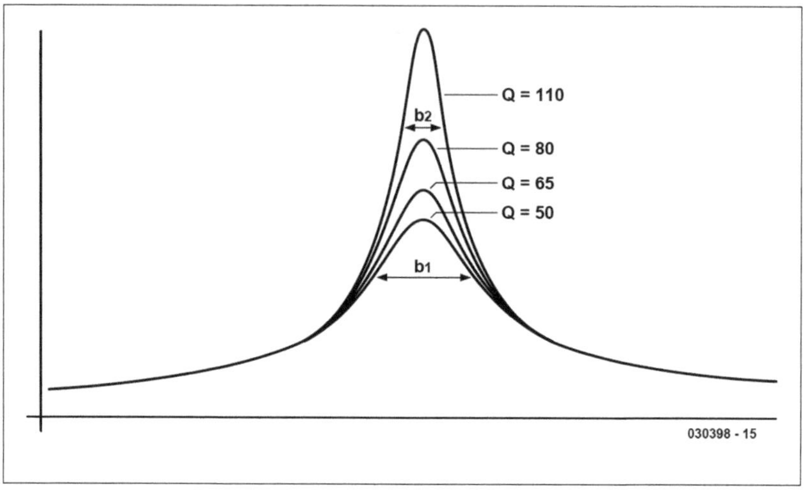

Bild 2.16: Resonanzkurven unterschiedlicher Güte

Bild 2.16 zeigt Resonanzkurven unterschiedlicher Güte. Bei Q = 50 ergibt sich eine größere Bandbreite b_1 als bei Q = 110 mit der Bandbreite b_2. Zugleich erkennt man bei höherer Güte eine zunehmende Resonanzüberhöhung. Damit schaukelt sich der Schwingkreis bei der Resonanzfrequenz stärker auf. Weitab von der Resonanzfrequenz unterscheiden sich die Resonanzkurven dagegen kaum.

Die Dämpfung des Kreises und damit seine Güte, wird praktisch immer durch einen Serienwiderstand und durch einen Parallelwiderstand bewirkt. Der Serienwiderstand geht auf die Drahtwicklung zurück, ist aber für eine bestimmte Frequenz durch den Skin-Effekt größer als der Gleichstromwiderstand. Der Parallelwiderstand wird durch die Anschlussimpedanz in der Schaltung bestimmt. Aber auch ein Eisen- oder Ferritkern hat Verluste, die sich durch einen Parallelwiderstand angeben lassen. Bei gleicher Induktivität benötigt eine Spule mit Kern weniger Windungen und hat daher geringere Kupferverluste. Dafür hat man aber nun die Verluste im Kern. Bei sehr hohen Frequenzen ab etwa 100 MHz sind reine Luftspulen aus dickem, versilberten Draht besser, bei mittleren Frequenzen um 10 MHz erreicht man die beste Güte mit einem geschlossenen Kern wie z.B. einem Ringkern. Luftspulen sind aber bis herab zu etwa 1 MHz eine Alternative. Spulen und Transformatoren für den NF-Bereich kommen dagegen fast nie ohne einen Kern aus.

Meist ist bei sorgfältigem Aufbau der Spule eine Güte im Bereich bis etwa Q = 100 erreichbar. Ein Schwingkreis wird jedoch auch durch die angeschlossene Schaltung oder durch eine Antenne bedämpft. Dieser Dämpfung wirkt man durch eine lose Kopplung des Schwingkreises durch eine kleine Hilfswicklung, eine Spulenanzapfung oder durch einen geeigneten Kondensator entgegen. Bei direktem Anschluss an einen Verstärker sollte dessen Innenwiderstand sehr hoch sein, um die Dämpfung klein zu halten.

Für die Berechnung von Spulen und Schwingkreisen wurde das kleine Visual-Basic-Programm LCFR geschrieben, das man auf der Homepage des Autors findet. Das Programm berechnet die Induktivität von Luftspulen und von Spulen mit Kern, deren A_L-Wert bekannt ist. Außerdem können die Resonanzfrequenz und der induktive Widerstand R_L der Spule bei dieser Frequenz bestimmt werden, wenn man außer der Induktivität noch eine Kapazität angibt. Das Programm besteht aus drei Bereichen, die unabhängige Rechnungen durchführen und nur aus praktischen Überlegungen in eine Oberfläche gegossen wurden. Im oberen Teil werden Luftspulen berechnet, im mittleren Kernspulen. Unten findet man eine Berechnung der Resonanzfrequenz und des induktiven Widerstands. An jeder Stelle führt eine Veränderung der Eingangsgrößen sofort zu einem neuen Ergebnis. Die jeweils zuletzt berechnete Induktivität einer Spule wird automatisch in die untere Berechnung übernommen. Das Programm ist geeignet, um „mal eben" neue Parameter auszuprobieren. Die angezeigten drei Nachkommastellen für die Induktivität sollen nicht als Hinweis auf die Rechengenauigkeit verstanden werden, sondern die Berechnung von Spulen in einem weiten Bereich von weinigen nH (1 nH = 0,001 µH) bis zu vielen mH (1 mH = 1000 µH) ermöglichen.

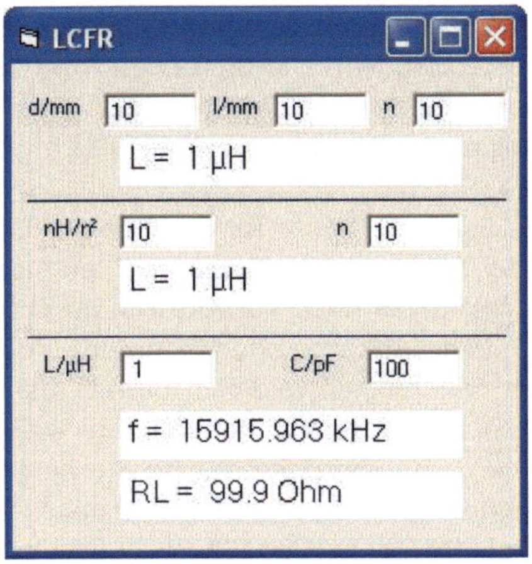

Bild 2.17: Berechnung von Spulen

Wenn man einen bestimmten Schwingkreis aufbauen möchte, könnte man zunächst die Kapazität vorgeben, dann die Induktivität berechnen und schließlich für einen gegebenen Kern oder Spulenkörper die Windungszahl bestimmen. Oft geht es aber weniger systematisch besser, d.h. man wählt einen Spulentyp und probiert dann unterschiedliche Induktivitäten und Kapazitäten, bis das Ergebnis passt. Die Frage könnte z.B. lauten, mit welchen Standardwerten einer Festinduktivität und eines Kondensators kann ein Schwingkreis aufgebaut werden, der in einer gegebenen Schaltung eine bestimmte Resonanzfrequenz hat. Mit Probieren kommt man hier oft schneller zum Ziel als mit einer systematischen Berechnung. Im Folgenden sollen einige Beispiele gezeigt werden:

Auf einer Papprolle mit einem Durchmesser von 42 mm soll eine Spule mit 300 µH für ein Mittelwellen-Detektorradio gewickelt werden. Der Drahtdurchmesser sei 0,5 mm, d.h. 100 Windungen würden eine Spulenlänge von 50 mm ergeben. Jetzt kann man einfach verschiedene Werte ausprobieren und kommt auf ca. 90 Windungen. Der Drehkondensator muss mindestens 320 pF erreichen, damit der Mittelwellenbereich ab 530 kHz abgestimmt werden kann.

Für höhere Frequenzen benötigt man weniger Windungen. Eine Spule in einem KW-Empfänger hat z.B. 25 Windungen, D = 8 mm und l = 10 mm. Die Rechnung ergibt. eine Induktivität von 3 µH. Mit 320 pF kommt man damit herunter bis 4,4 MHz.

Die bisherigen Beispiele verwendeten Luftspulen. Aber wie kann man einen Ferritkern verwenden? Oft hat man ja keine genauen Daten des Kerns. Man muss also abschätzen, um welchen Faktor der Kern die Induktivität vergrößert bzw. die Frequenz verkleinert. Eine Spule für den Kurzwellenbereich hat z.B. n = 18, l = 12 mm und D = 8 mm. Für eine reine Luftspule bestimmt man eine Induktivität von 1,7 µH und eine Frequenz von 7,3 MHz bei einer Kreiskapazität von 275 pF. Mit einem Drehko von 275 pF zeigen Versuche jedoch für die gleiche Spule mit ganz hereingedrehtem Kern eine untere Frequenzgrenze von 3,7 MHz, also eine Induktivität von ca. 6,8 µH. Mit einem Schraubkern kann die Frequenz also etwa halbiert werden, d.h. die Induktivität wird bis zu vierfach größer. Ein längerer Mittelwellen-Ferritstab kann entsprechend die Induktivität etwa verzehnfachen. Ganz grob kann man sagen, dass die Spule auf einem Ferritstab für die gleiche Induktivität nur etwa ein Drittel der Windungen einer gleich großen Luftspule benötigt.

Die Resonanzfrequenz eines Schwingkreises kann sich beim Einbau in eine Schaltung erheblich ändern. Vor allem bei höheren Frequenzen wirken sich z.B. Leitungskapazitäten aus. Man muss daher oft nachträglich noch Korrekturen durchführen oder von vornherein Abgleichmöglichkeiten durch Schraubkerne oder Trimmer einplanen. Bei großen Änderungen helfen oft die folgenden Faustregeln, die sich direkt aus den angegebenen Formeln ableiten lassen und mit dem Programm LCFR simuliert werden können: Die doppelte Windungszahl bewirkt die vierfache Induktivität und die halbe Frequenz, wenn man die Kapazität beibehält. Die Frequenz ist also umgekehrt proportional zur Windungszahl. Dagegen ist die Frequenz umgekehrt proportional zum Quadrat der Kapazität. Die doppelte Frequenz erreicht man also mit einem Viertel der Kapazität. Um z.B. mit einem Drehkondensator einen Frequenzbereich von 1 zu 3 abstimmen zu können, muss das Kapazitätsverhältnis mindestens 1 zu 9 betragen.

Die erreichbare Bandbreite und Güte soll an einem Beispiel genauer betrachtet werden. Gegeben sei ein Kurzwellenschwingkreis mit L = 3 µH, C = 240 pF, f = 5,9 MHz, RL = RC = 112 Ω. Eine Leerlaufgüte von Q = 100 ist bei ausreichend dickem Draht oder mit einem guten Ferritkern erreichbar, d.h. die Leerlaufbandbreite wäre ca. b = 6000 kHz / 100 = 60 kHz. Der Resonanzwiderstand beträgt 112 Ω * 100 = 11,2 kΩ, also rund 10 kΩ. Die tatsächlichen Verluste werden übrigens vom Kupferwiderstand in der Größenordnung von ca. 1 Ω verursacht. Der Gleichstromwiderstand ist wesentlich geringer. Der effektive Verlustwiderstand steigt aber durch den Skin-Effekt an, wobei der HF-Strom auf eine dünne Außenschicht des Leiters gedrängt wird. Spulen für Mittel- und Langewelle wickelt man im Interesse geringer Verluste meist mit HF-Litze aus mehreren einzeln isolierten Kupferdrähtchen.

In einem Detektorempfänger sollte die Arbeitsgüte im Interesse einer großen Lautstärke nicht zu hoch gewählt werden. Belastet man den Kreis parallel mit ebenfalls ca. 10 kΩ, erreicht man eine gute Leistungsanpassung und Lautstärke. Die Arbeitsgüte liegt dann nur noch bei Q = 50, d.h. die Bandbreite steigt auf 120 kHz. Man sieht an diesem Beispiel bereits, dass Nachbarsender innerhalb eines Bandes nicht getrennt werden können. Entscheidend für die tatsächliche Güte sind auch die verwendete Antenne und ihre Ankopplung.

2.7 Der Röhren-Detektor

Außer Halbleiterdioden gibt es auch Röhren mit der gleichen Funktion. Eine typische Röhrendiode für HF-Gleichrichter ist die EAA91, eine Zweifachdiode mit einer Heizung von 6,3 V/0,3 A. Anders als ein Detektor mit Germaniumdiode kommt dieses Radio also nicht ohne Energie aus, sondern benötigt mit 1,8 W sogar relativ viel Leistung.
Anders als eine Germanium- oder Siliziumdiode oder auch der Kristalldektektor aus Bleiglanz benötigt die Röhrendiode keine Mindestspannung, um an den Knick ihrer Kennlinie zu gelangen. Auch ohne positive Anodenspannung erreichen immer einige Elektronen die Anode. Man kann einen Kurzschlussstrom von ca. 30 µA messen. An einem Lastwiderstand von 1 MW erzeugt die Röhre bereits eine Spannung von 0,5 V. Sie erzeugt sich damit von ganz allein die geeignete Vorspannung.
Mit zwei Dioden, einem Doppeldrehko und wenigen weiteren Bauteilen lässt sich ein Zweiband-Radio mit Mittelwelle und Kurzwelle aufbauen. Es werden praktisch zwei völlig unabhängige Radios gebaut, die Umschaltung erfolgt erst nach der Gleichrichtung. Das Ausgangssignal wird dann z.B. PC-Aktivboxen zugeführt. Die Trennschärfe ist in beiden Wellenbereichen gut, weil die Gleichrichterschaltung sehr hochohmig ausgelegt ist.

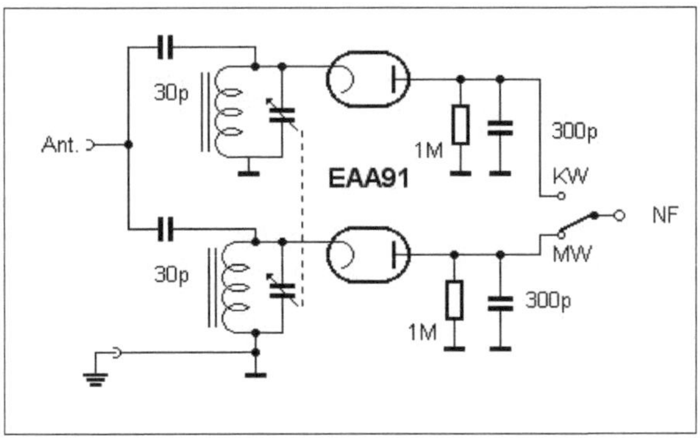

Bild 2.18: Röhrendetektor mit zwei Wellenbereichen

Das Zweibandradio erhält eine Antennenkopplung über kleine Koppelkondensatoren mit ca. 30 pF. Mit einer ausreichend langen Antenne kann man zahlreiche Sender empfangen. Ferne europäische Sender können auf Kurzwelle und Mittelwelle vor allem am Abend gehört werden.

2.8 Diodenradio mit aktiver Entdämpfung

Ein einfacher Kurzwellendetektor ist nicht sehr empfindlich und trennscharf. Aber mit einer zusätzlichen Entdämpfung lassen sich die Empfangsleistungen erheblich verbessern. Die Zusatzschaltung soll Verluste im Schwingkreis ausgleichen. Ein Transistor verstärkt das HF-Signal und führt es in den Schwingkreis zurück. Bei richtig eingestellter Verstärkung sorgt die Rückkopplung gerade für einen Ausgleich aller Verluste. Der Schwingkreis ist dann optimal entdämpft und hat eine sehr hohe Güte bis etwa Q = 1000. Nun lassen sich auch Sender trennen, die nur 10 kHz auseinander liegen. Außerdem können auch sehr schwache Stationen gehört werden.

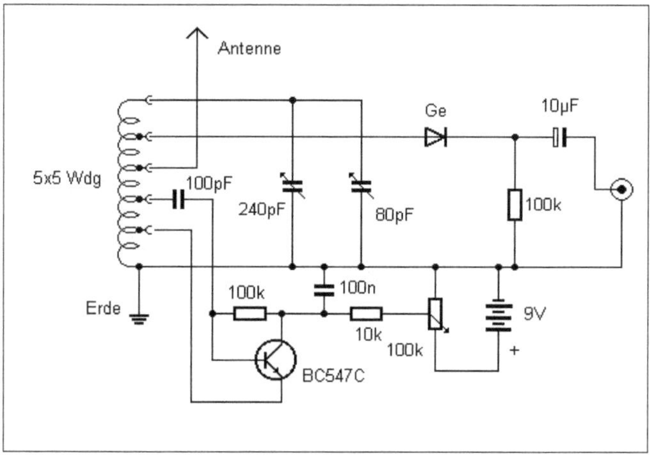

Bild 2.19: Die zusätzliche Rückkopplungsschaltung

Die Rückkopplung wird hier mit einem NPN-Transistor realisiert. Ebenso gut könnte man natürlich auch eine Röhre verwenden. Auch dann handelt es sich noch um einen Detektorempfänger. Erst wenn die Röhre oder der Transistor auch noch die Funktion der Diode ersetzt, spricht man von einer Audionschaltung. Die Rückkopplungsschaltung ist im Prinzip eine beliebige Oszillatorschaltung. Hier wurde ein Dreipunktoszillator mit Emitterrückkopplung verwendet, weil die nötigen Spulenanzapfungen schon vorhanden waren. Eine Alternative ist die weiter unten in Kap. 4.4 verwendete Schaltung mit zwei PNP-Transistoren.

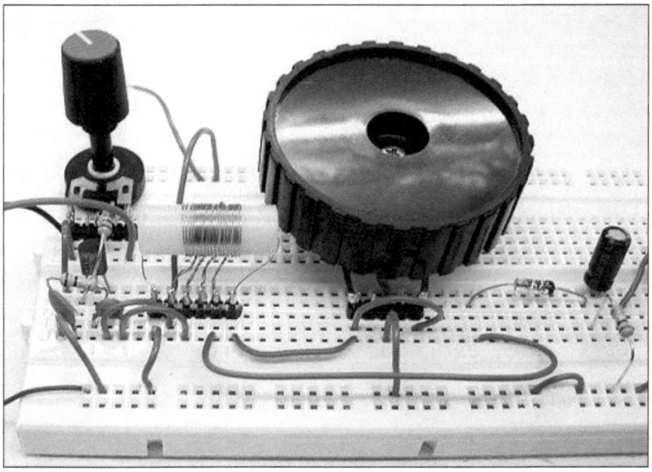

Bild 2.20: Probeaufbau mit einer Steckplatine

Das Kurzwellenradio lässt sich mit dieser Schaltung gut an einen Verstärker wie z.B. eine PC-Aktivbox anschließen. Die Antenne muss nicht mehr besonders lang sein, es reicht bereits ein Draht von einem Meter Länge. Man sucht einen Sender und stellt dann die Rückkopplung auf optimale Lautstärke ein. Dreht man das Poti zu weit nach rechts, entstehen Eigenschwingungen, d.h. der Empfänger wird zu einem kleinen Sender.

Bei optimaler Einstellung braucht sich der Rückkopplungs-Detektor nicht hinter einem üblichen Kurzwellenradio verstecken. Der Klang ist sehr angenehm. Gegenüber einem einfachen Superhet fehlen alle Störgeräusche durch mangelnde Spiegelunterdrückung. Außerdem kommt es bei starkem Fading nicht zu unangenehmen Verzerrungen, sondern das Signal wird nur vorübergehend leiser.

Ein Detektorempfänger mit Batterie und Verstärker, das findet mancher vielleicht unsportlich. Kein Problem, man entferne die Batterie und schließe einen Kristallhörer an. Das Radio funktioniert weiterhin auch ohne die Rückkopplung, nur eben mit weniger Empfangsleistung.

2.9 Entdämpfung mit Röhren

Statt eines Transistors kann auch eine Röhre zur Entdämpfung des Schwingkreises verwendet werden. Bild 2.21 zeigt eine mögliche Schaltung mit der EC92. Außer der Anodenspannung von 12 V muss auch die Heizspannung von 6 V angelegt werden. Die Schaltung zeigt eine große Ähnlichkeit mit der entsprechenden Transistorschaltung in Bild 2.19. Die HF-Spannung gelangt über ein RC-Glied an das Gitter. Der verstärkte HF-Strom wird über eine Anzapfung wieder in den Schwingkreis gekoppelt. Zur Einstellung der Rückkopplung verändert man die Anodenspannung.

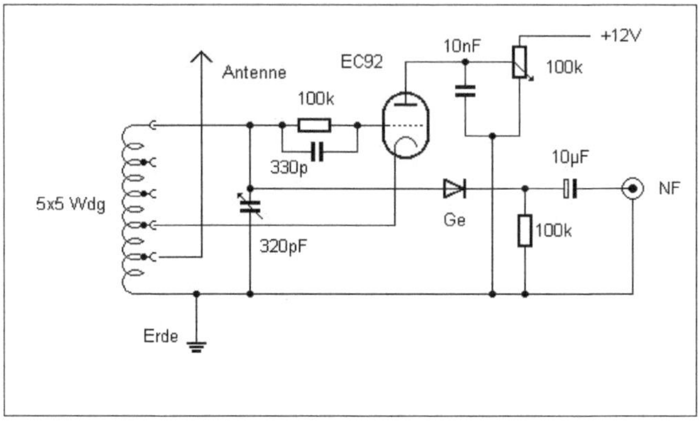

Bild 2.21: Entdämpfung mit einer Triode EC92

Die Triode EC92 wird in dieser Schaltung mit einer geringen Anodenspannung von maximal 12 V betrieben, obwohl sie eigentlich für Spannungen ab 100 V vorgesehen ist. Die erreichbare Verstärkung reicht trotzdem für den Zweck aus. Eine Röhre besitzt bei kleiner Anodenspannung nur eine geringe Steilheit. Sie muss daher direkter an den Schwingkreis gelegt werden, d.h. das Gitter liegt am heißen Ende des Schwingkreises und die Kathode an einer Anzapfung etwa in der Mitte der Spule.

Statt der EC92 kann auch fast jede andere Triode verwendet werden. Gut geeignet sind auch die Doppeltrioden ECC81 oder ECC82, die mit einer Heizspannung von 12 V betrieben werden können. Wenn man beide Systeme parallel schaltet, ergibt sich die doppelte Steilheit. Falls bei einer Röhre die Verstärkung nicht ausreicht und auch bei voll aufgedrehtem Rückkopplungsregler kein Schwingungseinsatz beobachtet werden kann, sollte man einen kleineren Gitterwiderstand verwenden. Die Röhre gelangt dann in den Bereich geringerer Gittervorspannung und größerer Anodenströme.

Statt einer Triode lässt sich auch eine Pentode verwenden. Bild 2.22 zeigt die Schaltung für eine EF95. Die Anode liegt hier an der Betriebsspannung, während die Spannung am Schirmgitter eingestellt wird, um die Steilheit zu verändern. Ein relativ kleiner Gitterwiderstand von 10 kΩ garantiert einen sicheren Schwingungseinsatz auch bei starker Antennenkopplung. Die Röhrenschaltung entspricht schon weitgehend dem Röhrenaudion nach Kap. 3.5 .

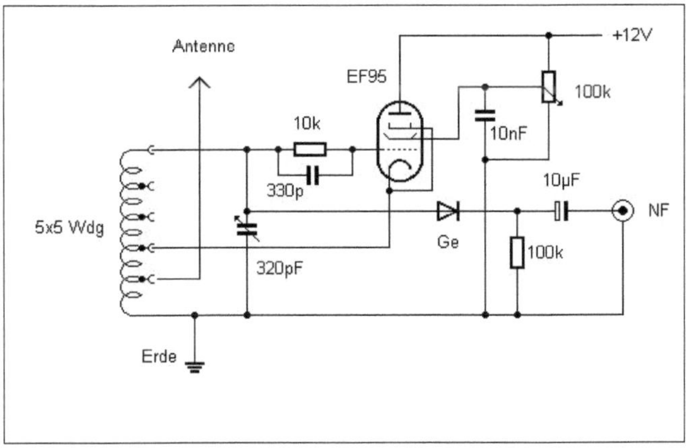

Bild 2.22: Entdämpfung mit der Pentode EF95

3 • Das Röhrenaudion

Die Anfänge des Fernempfangs sind eng mit dem Audion verbunden. Es wurde meist mit einer oder zwei Röhren aufgebaut. Außer dem Drehko zur Einstellung der Empfangsfrequenz hatte man den Rückkopplungsregler zur Entdämpfung des Schwingkreises. Wer damit geschickt umgehen konnte, holte auch noch das leiseste Signal aus dem Äther. In den Zeiten der Superhet-Empfänger wurde leicht vergessen, wie gut ein Audion sein kann. Mit einer oder zwei Röhren lässt sich ein guter Kurzwellenempfänger aufbauen.

3.1 Trioden-Audion

Die Audionschaltung zeichnet sich dadurch aus, dass mit nur einem Röhrensystem zugleich die Demodulation und eine Verstärkung erfolgt. Man erhält damit insgesamt eine bessere Empfindlichkeit und mehr Verstärkung. Das Kurzwellenradio nach Bild 3.1 bringt daher wesentlich mehr Empfindlichkeit als der Röhren-Detektorempfänger. Die Schaltung kann z.B. mit einer EC92 oder einer ECC81 bestückt werden. Es wird ein hochohmiger Kopfhörer mit mindestens 600 Ω benötigt.

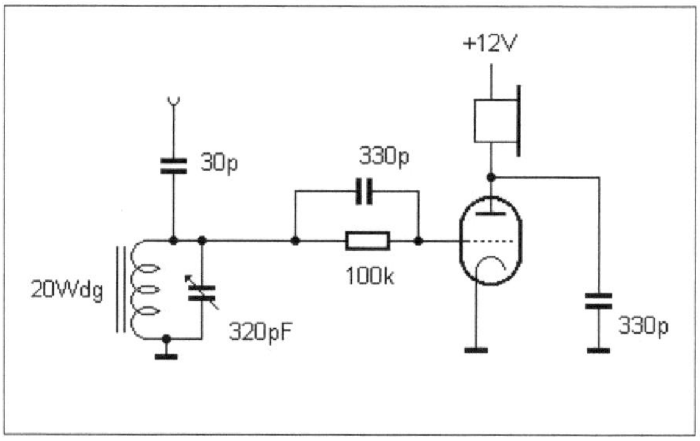

Bild 3.1: Ein einfaches Audion

Zwei unterschiedliche Vorgänge tragen zur Demodulation des HF-Signals bei. Die Gittergleichrichtung beruht auf dem steigenden Gitterstrom bei positiver Eingangsspannung. Die Anodengleichrichtung beruht auf der Krümmung der Ia/Ug-Kennlinie der Röhre. Je nach verwendeter Röhre und Arbeitspunkt überwiegt eine der beiden Arten der Gleichrichtung.

Anodengleichrichtung:
Die Steilheit einer Röhre ist von der Gitterspannung abhängig und nimmt mit zunehmender Eingangsspannung zu. Die Krümmung der Kennlinie bewirkt, dass der mittlere Anodenstrom mit steigender HF-Amplitude ansteigt. Man erkennt leicht, dass eine effektive Demodulation nur möglich ist, wenn die Eingangsspannung nicht zu klein ist. Sehr kleine Signalspannungen steuern die Röhre praktisch noch linear aus, sodass der Gleichrichtereffekt fehlt.

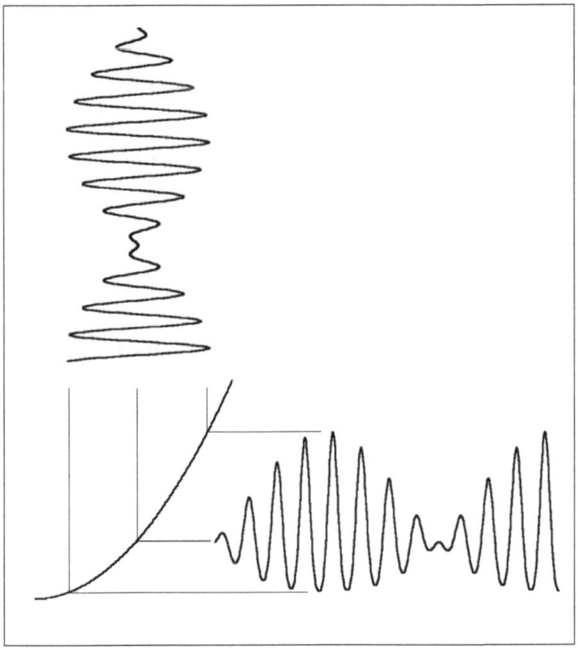

Bild 3.2: Anodendemodulation

Gittergleichrichtung:
Das System Gitter-Kathode bildet eine Gleichrichterröhre. Bei größerer HF-Eingangspannung fließt ein größerer Gitterstrom, der den Gitterkondensator negativ auflädt. Damit sinkt der mittlere Anodenstrom. Das Ausgangssignal ist also genau gegenphasig zur Anodengleichrichtung. Verantwortlich ist auch hier eine gekrümmte Kennlinie, und zwar diesmal die Gitterstromkennlinie. Die begrenzte Krümmung sorgt wie bei einer Halbleiterdiode dafür, dass eine merkliche Demodulation erst bei ausreichend großen Signalamplituden zustande kommt.

Welcher der beiden Effekte in der Praxis überwiegt, lässt sich nicht leicht theoretisch vorhersagen. Man kann aber anhand der Phase des Ausgangssignals eine Entscheidung treffen. Bild 3.3 zeigt eine Messung an einem Audion mit der ECC82. Der untere Kanal zeigt ein moduliertes HF-Signal direkt am Steuergitter, der obere Kanal die Spannung an der Anode. Man erkennt, dass die Anodenspannung sinkt, wenn die HF-Amplitude groß ist. Hier arbeitet die Röhre also als Anodengleichrichter, d.h. der Gitterstrom spielt keine entscheidende Rolle.

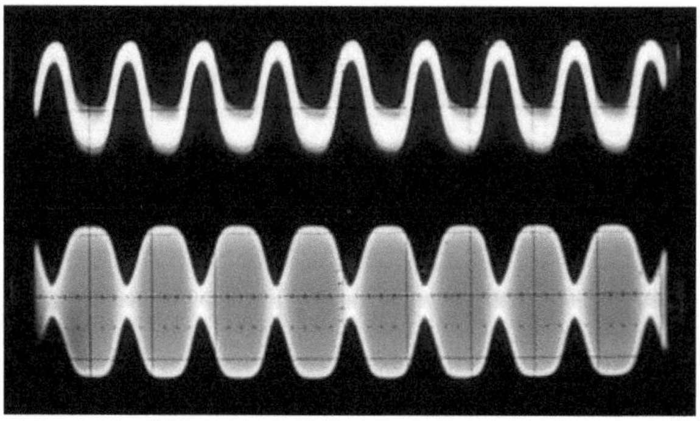

Bild 3.3: Anodenspannung und Gitterspannung bei Anodengleichrichtung

Bild 3.4 zeigt dagegen die Ergebnisse an einem Audion mit einer Pentode EF95. Man sieht, dass die mittlere Gitterspannung bei größerer HF-Amplitude tatsächlich sinkt, der Gitterkondensator sich also negativ auflädt. Entsprechend sinkt der Anodenstrom und die Anodenspannung steigt an. Die Röhre arbeitet also als Gittergleichrichter.

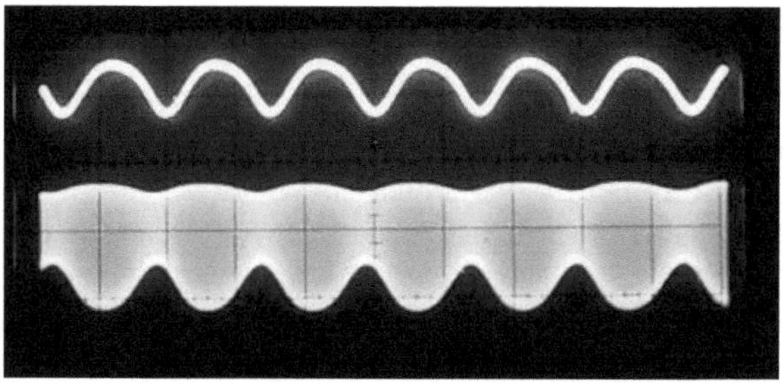

Bild 3.4: Anodenspannung und Gitterspannung bei Gittergleichrichtung

In einer gegebenen Schaltung ist die Art der Demodulation von der Röhre, von ihrem Arbeitspunkt, vom Gitterwiderstand, vom Gitterkondensator und von der aktuellen Modulationsfrequenz abhängig. Wenn die Gitterzeitkonstante groß ist, kann die Gitterspannung bei hohen Modulationsfrequenzen nicht folgen. Es kann daher auch Bereiche geben, in denen beide Effekte sich gerade aufheben, das Signal also kaum demoduliert wird.

Beide Funktionsprinzipien des Audions aufgrund gekrümmter Kennlinien machen deutlich, warum die NF-Amplitude überproportional mit der HF-Amplitude ansteigt. Im Endergebnis sind schwächere Stationen praktisch nicht zu hören, weil die Trägeramplitude nicht für eine nennenswerte Demodulation ausreicht. Aber auch diese Schwäche kann mithilfe der Rückkopplung bei den Schaltungen in Kap. 3.4 überwunden werden.

3.2 Zweistufige Empfänger

Bereits ohne Rückkopplung erhält man schon gute Ergebnisse, wenn man die Gesamtverstärkung durch eine zweite Stufe erhöht. Bild 3.5 zeigt eine im Mittelwellenbereich erprobte Schaltung mit einer Niederspannungsröhre ECC86, die sogar mit einer Anodenspannung von nur 6 V auskommt. Für den Versuch wurde ein hochohmiger Ohrhörer verwendet.

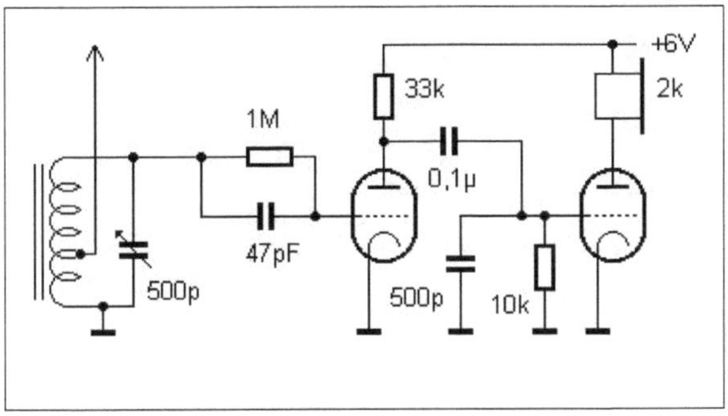

Bild 3.5: Ein zweistufiges Audion mit der ECC86

Ähnliche Schaltungen lassen sich auch mit anderen Mehrfachröhren aufbauen. Besonders geeignet sind kombinierte Trioden/Pentoden vom Typ ECFxx oder ECLxx. Fast mit jeder Röhre lässt sich ein brauchbares Audion aufbauen. Bild 3.6 zeigt einen Versuch mit einer Stahlröhre ECF12. Hier wurde die Pentode als NF-Verstärker eingesetzt. Die erzielbare Lautstärke hängt stark von der Anodenspannung ab. Mit 24 V ergab sich eine gute Lautstärke im Kurzwellenbereich.

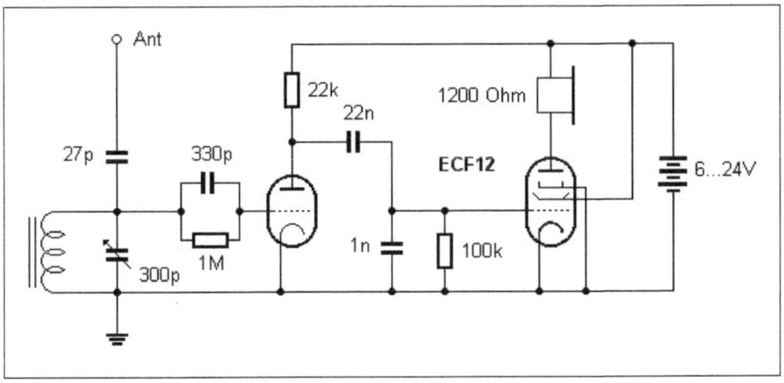

Bild 3.6: Audion mit der ECF12

Eine Schaltung ohne Rückkopplung kann im Kurzwellenbereich nicht trennschärfer sein als ein Detektorempfänger. Aber man erreicht eine gute Lautstärke und einen guten Klang.

Bild 3.7: Versuchsaufbau mit der Stahlröhre ECF12

3.3 Audion mit Rückkopplung

Das Röhrenaudion wird meist mit Rückkopplung aufgebaut. Dabei kombiniert man die in Kap. 3.1 verwendete Demodulation mit der Entdämpfung des Schwingkreises, die in Kap. 2.9 für einen Detektorempfänger eingesetzt wurde. Eine einzelne Röhre übernimmt also zugleich drei Aufgaben: Entdämpfung, Demodulation und Verstärkung. So lässt sich mit geringem Aufwand eine gute Empfangsleistung erzielen.

Die ECC81 ist wie die ECC82 keine ausgesprochene Niederspannungsröhre, kommt aber mit 12 V für Heizung und Anodenspannung aus. Die Heizung beider Röhren eignet sich für Parallelschaltung mit 6,3 V/0,3 A oder für Serienschaltung mit 12,6 V/0,15 A. In Serienschaltung kommt man mit einer 12-V-Batterie für Heizung und Anode aus. In dieser Hinsicht ist die ECC81/82 der Niederspannungsröhre ECC86 überlegen, die nur mit Parallelheizung arbeitet. Die ebenfalls mit 12 V heizbare ECC83 ist übrigens für den Empfänger wegen ihres zu geringen Anodenstroms nicht geeignet.

Die Rückkopplung wurde bereits bei der aktiven Entdämpfung des Schwingkreises beim Detektorempfänger vorgestellt und führt auch zu besserer Trennschärfe und Empfindlichkeit eines Audions. Rückkopplung bedeutet, dass das HF-Signal verstärkt und dann phasenrichtig wieder auf den Schwingkreis zurückgekoppelt wird. Dasselbe Prinzip wird auch bei einem Oszillator angewandt. Beim Audion arbeitet man jedoch entweder mit veränderlicher Kopplung oder mit veränderlicher Verstärkung, sodass man den Grad der Rückkopplung einstellen kann. Kurz vor dem Einsatz eigener Schwingungen kommt es dabei zur maximalen Verstärkung schwacher HF-Signale.

Der Schwingkreis ist zunächst durch verschiedene Energieverluste gedämpft. Dazu zählen Verluste am Drahtwiderstand, der endliche Eingangswiderstand der Röhre und die dämpfende Wirkung der Antenne. Wenn nun all diese Verluste durch die Rückkopplung gerade ausgeglichen werden, erhält man theoretisch einen Schwingkreis mit unendlicher Güte. In der Praxis kann tatsächlich eine Güte bis über 10 000 erreicht werden. Das führt dann zu einer geringen Bandbreite von z.B. 600 Hz im 6-MHz-Band. Dabei kommt es schon zu einer Schwächung der Seitenbänder bzw. einer Anhebung der tieferen Modulationsfrequenzen. Tatsächlich kann man mit dem Audion eine selektive Anhebung des Trägersignals erreichen, was zu einer verbesserten Demodulations-Empfindlichkeit führt.

Die Anordnung der Rückkopplung kann in vielen Variationen erfolgen. Praktisch jede Oszillatorschaltung kann auch als Audion dienen. Hier wird die besonders einfache Dreipunktschaltung mit Rückkopplung über die Kathode verwendet, die nur eine Anzapfung der Schwingkreisspule benötigt. Der Kopplungsgrad hängt von der Lage der Anzapfung ab und ist maximal bei Anzapfung auf der Hälfte der Gesamtspule. Bei ausreichender Verstärkung der Röhre kommt man mit etwa 1/10 der Spule für die Rückkopplungswicklung aus. Um aber auch bei geringer Anodenspannung und nicht zu loser Antennenkopplung noch einen Schwingungseinsatz zu erreichen, wird hier die Anzapfung auf die Hälfte gelegt. Für eigene Experimente ist es sinnvoll, gleich eine Spule mit mehreren Anzapfungen zu wickeln.

Wichtig ist, dass die Rückkopplung bis zum Schwingungseinsatz eingestellt werden kann. Bei zu starker Antennenkopplung oder bei einer Spule mit zu viel Widerstand kann es vorkommen, dass die Verstärkung der Röhre nicht ausreicht, um die Kreisverluste auszugleichen. Tatsächlich ist es im Mittelwellenbereich wegen der hohen Resonanzwiderstände meist problemlos, den Schwingungseinsatz zu erreichen, während auf Kurzwelle schon eine Spule mit geringen Verlusten nötig ist.

Ob eine Röhre mit gegebener Steilheit genügend Verstärkung zum Aufbau von Schwingungen erreicht, kann an einem Beispiel nachvollzogen werden. Bei 6 MHz und 300 pF beträgt der kapazitive Widerstand ca. 90 Ω. Bei einer Leerlaufgüte von Q = 100 beträgt der Resonanzwiderstand des Schwingkreises 9 kΩ. Die Impedanz an der Kathodenanzapfung beträgt nur ein Viertel davon, also ca. 2,25 kΩ, wenn die Anzapfung genau auf der Hälfte liegt. Damit eine Verstärkung größer als Eins möglich wird muss die Steilheit mindestens S = 1 / 2,25 kΩ also mindestens ca. S = 0,44 mA/V betragen. Vor allem bei Röhrenschaltungen mit reduzierter Anodenspannung ist daher eine hohe Leerlaufgüte des Schwingkreises wichtig. Insbesondere sollte die Kurzwellenspule aus dickem Draht mit einer Stärke von ca. 1 mm gewickelt werden.

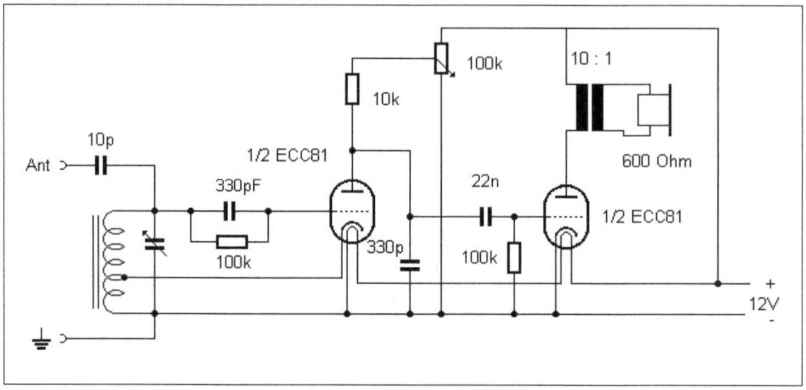

Bild 3.8: Ein Audion mit Rückkopplung

Die Rückkopplung wird hier über eine Veränderung der Anodenspannung und damit der Steilheit und der Verstärkung der Röhre eingestellt. Mit dem Rückkopplungs-Poti lässt sich die Rückkopplung sehr feinfühlig bedienen. Die Schaltung führt zu einem weichen Schwingungseinsatz. Bei zu starker Antennenkopplung kann der Fall eintreten, dass die Verstärkung der Röhre nicht mehr für einen Rückkopplungseinsatz ausreicht. Eine schwächere Antennenkopplung bringt in diesem Fall mehr Verstärkung. Auch Versuche mit einem kleineren Gitterwiderstand können Erfolg bringen, weil die Röhre dann mit mehr Anodenstrom und mehr Steilheit betrieben wird.

Eine Abschätzung der durch die Entdämpfung erreichten Spulengüte gelingt über die Bestimmung der Bandbreite. Das Audion trennt bei optimaler Einstellung problemlos Stationen im Kanalabstand von nur 10 kHz. Man kann von einer Bandbreite von ca. 6 kHz ausgehen, wobei bereits die höheren Modulationsfrequenzen hörbar gedämpft werden. Im 6-MHz-Band ergibt sich daraus eine effektive Güte von 1000 und ein Resonanzwiderstand von ca. 100 kΩ. Alle dämpfenden Einflüsse durch die angeschlossene Antenne und den Innenwiderstand der Röhre werden durch die Rückkopplung aufgehoben. Die aktuelle Güte hängt von der genauen Einstellung der Rückkopplung ab. Tatsächlich kann man nahe beim Schwingungseinsatz eine noch höhere Güte erreichen. Allerdings steigt ab einem gewissen Punkt die Lautstärke nicht mehr weiter an, weil die Seitenbänder nicht mehr mit angehoben werden.

Dieses Audion bringt bereits Empfangsleistungen, die sich mit einem einfachen Superhet messen können, besonders weil prinzipbedingt keine Spiegelfrequenzen auftauchen und eine gute Großsignalfestigkeit gegeben ist. Der Fernempfang mit einem Röhrenaudion macht wirklich Freude. Besonders in den Abendstunden ist bereits mit einer Drahtantenne von nur drei Metern Länge hervorragender Fernempfang möglich. Mit auswechselbaren Steckspulen lassen sich mehrere Wellenbereiche oder gespreizte Kurzwellenbänder realisieren. Auch Empfänger für einzelne Amateurfunkbänder sind möglich. Mit angezogener Rückkopplung lassen sich CW- und SSB-Signale empfangen, was mit einem Superhet nur dann möglich ist, wenn er über einen Überlagerungsoszillator (BFO) verfügt.

Ein SSB-Sender überträgt keinen Träger und nur das untere oder das das obere Seitenband. Mit einem AM-Empfänger hört man nur ein undeutliches Geräusch. Der Empfänger muss nun den Träger an genau der richtigen Frequenz zusetzen. Bei ungenauer Abstimmung hört man eine Mickymaus-ähnlich verzerrte Stimme. Im 80-m- und im 40-m-Band wird das untere Seitenband verwendet. Das Audion muss also etwas oberhalb der Empfangsfrequenz abgestimmt werden. Erste Erfolge erzielt man meist im 40-m-Band oberhalb etwa 7050 kHz.

Am unteren Bandende nahe 7000 kHz hört man CW-Sender. Hier werden unmodulierte Träger mit der Morsetaste ein- und ausgeschaltet. Damit man etwas hört, muss das Eingangssignal mit einem zweiten Signal überlagert werden. Dazu stimmt man das Audion mit angezogener Rückkopplung um 500 Hz bis 1 kHz unterhalb oder oberhalb des Signals ab. Die genaue Einstellung bestimmt die Tonhöhe. Eine Abweichung von 800 Hz erzeugt auch eine Schwebung von 800 Hz. Bei genauer Abstimmung auf Schwebungsnull hört man nichts mehr.

Bild 3.9: Das ECC81-Audion auf einem Holzchassis

Ein entscheidendes Merkmal eines guten Audions ist der weiche Einsatz der Rückkopplung. Ein harter, plötzlicher Einsatz erschwert die Einstellung und führt zu Verzerrungen. Wichtig für einen weichen Einsatz ist eine sich selbst zurückregelende Verstärkung bei großer Schwingungsamplitude. Durch den Gitterstrom lädt sich das Gitter negativer auf. Man kann oft beobachten, dass Eigenschwingungen knapp oberhalb der kritischen Einstellung aufhören, wenn auf einen starken Sender abgestimmt wird. Die große Signalspannung des Nutzsignals selbst regelt also die Verstärkung zurück. Das funktioniert aber nur bei einer ausreichend kurzen Gitterzeitkonstante.

Vergrößert man den Gitterkondensator z.B. bis auf 1 µF, wird eine feinfühlige Einstellung unmöglich. Es kommt satt dessen zu Pendelschwingungen mit knatternden Geräuschen. Bei jedem neuen Schwingungsansatz gelangt die Röhre durch die einsetzenden Schwingungen in einen Arbeitspunkt mit höherem Anodenstrom und mehr Steilheit, was die Rückkopplung noch verstärkt. Die Schwingung wird dann immer größer, bis sie durch eine starke Aufladung des Gitters abreißt. Mit einem kleinen Gitterkondensator unter 1 nF dagegen regelt sich die Verstärkung ausreichend schnell zurück, sodass es zu einer Stabilisierung der Amplitude kommt.

Beide für die Demodulation verantwortlichen Vorgänge in der Röhre, nämlich Gittergleichrichtung und Anodengleichrichtung, spielen hier zusammen. Während die Anodenstromkennlinie den Strom mit der Aussteuerung vergrößert, sorgt der ansteigende Gitterstrom durch die negative Aufladung des Gitters für eine Verringerung des Anodenstroms. Diese Regelung funktioniert in gewissen Grenzen sogar wie eine Schwundregelung (AGC) und regelt Feldstärkeschwankungen teilweise automatisch aus.

Die vorgestellte Schaltung wurde mit geringen Änderungen und einer ECC82 in der Jubiläumsausgabe des Kosmos-Experimentierkastens Radiomann 2004 verwendet. Kosmos legte besonderen Wert auf ein schönes Holzgehäuse und historische Anklänge an die Anfänge der Radiotechnik. Die steckbare Spule erlaubt den Bandwechsel. Für den Kurzwellenbereich wird eine Zylinderspule verwendet, auf Mittelwelle arbeitet man mit einer Flachspule.

Bild 3.10: Der Kosmos-Radiomann mit Mittelwellenspule

3.4 Lautsprecherempfang

Die folgende Schaltung wurde als Erweiterung des Kosmos-Radiomanns entwickelt. Das ursprüngliche Audion mit einer ECC82 und Kopfhörer sollte mit möglichst geringen Änderungen für Lautsprecherbetrieb umgerüstet werden. Dies gelang mit einer PCL86 und einer Anodenspannung von 60 V. Die Triode arbeitet als Audionstufe. Wegen der höheren Anodenspannung konnte der Anodenwiderstand auf 100 kΩ erhöht werden. Damit erreicht man eine größere Spannungsverstärkung. Die Schaltung ist wie das Original ein 0V1, also ein Empfänger ohne HF-Vorstufe, mit einer Audionstufe und einer NF-Stufe.

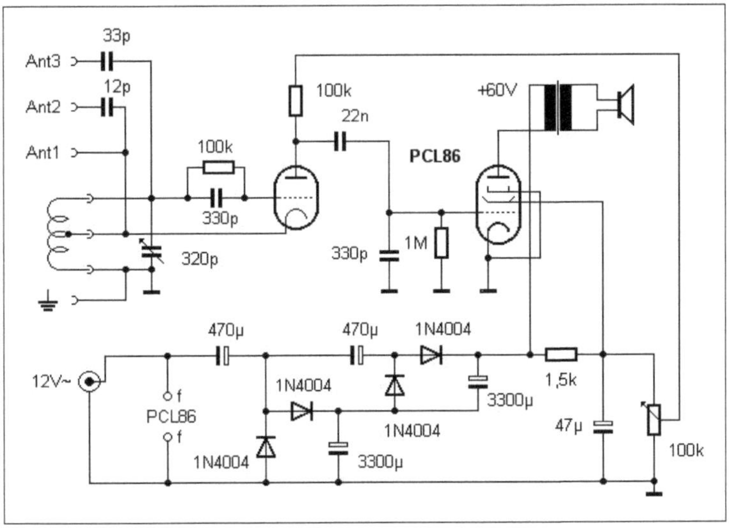

Bild 3.11: Lautsprecherbetrieb mit der PCL86

Die Leistungspentode in der Verbundröhre PCL86 liefert bei 60 V einen Anodenstrom von ca. 5 mA, was für ausreichenden Lautsprecherbetrieb reicht. Der Ausgangsübertrager mit dem Übersetzungsverhältnis 20 : 1 kann unverändert übernommen werden. Die Ausgangsröhre arbeitet dann auf einen Ausgangswiderstand von 8 Ω * 400 = 3,2 kΩ.

Während der originale Radiomann mit Batterien versorgt wird, sollte hier ein einfaches externes Netzteil verwendet werden. Die Heizdaten der PCL86 sind 13 V/300 mA. Man kann z.B. einen 12-V-Halogenlampentrafo verwenden. Die Anodenspannung entsteht durch Spannungsvervierfachung. Im Interesse der bestmöglichen Brummfreiheit werden Schirmgitterspannung und Betriebsspannung für die Audionstufe mit einem zusätzlichen RC-Glied geglättet. Der Empfänger liefert auf beiden Bändern eine gute Empfindlichkeit und Lautstärke.

3.5 Audion mit zwei EF95

Meist erreicht man in einem Audion mit einer Pentode eine größere Verstärkung als mit einer Triode. Hier wird daher die EF95 eingesetzt. Das Radio verwendet die zweite EF95 als NF-Verstärker.

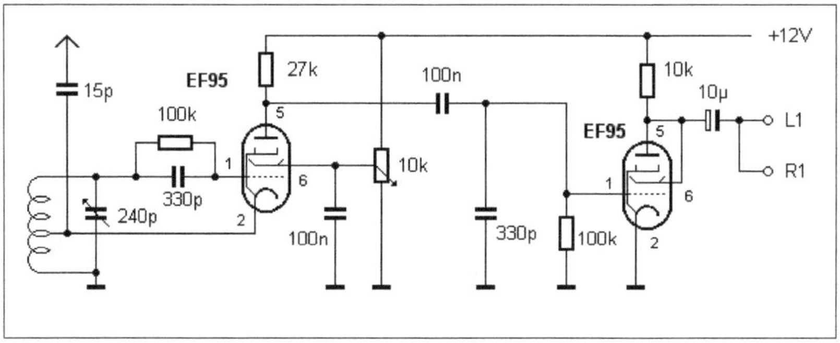

Bild 3.12: EF95-Audion mit NF-Stufe

Die NF-Röhre arbeitet in Triodenschaltung mit Kondensatorkopplung zum Kopfhörer oder einem angeschlossenen NF-Verstärker. Mit einem hochohmigen Kopfhörer ist die Lautstärke ausreichend, ein 32-Ohm-Kopfhörer mit gutem Wirkungsgrad kann ebenfalls schon direkt betrieben werden.

Für mehr Lautstärke muss die Anpassung der NF-Stufe verbessert werden. Ein niederohmiger Kopfhörer sollte mit einem Ausgangsübertrager angeschlossen werden. Geeignet ist z.B. ein kleiner Netztrafo 230 V / 24 V. Das Wicklungsverhältnis beträgt ca. 10 : 1, das Impedanzverhältnis damit 100 : 1. Schaltet man beide Kopfhörerkapseln parallel, beträgt die Impedanz 16 Ω. Die Röhre arbeitet damit auf einen Außenwiderstand von 1,6 kΩ. Die bessere Anpassung an den hochohmigen Innenwiderstand der Röhre führt zu einer verbesserten Ausgangsleistung. Gut geeignet ist ein Ausgangsübertrager mit mehreren Anzapfungen. Man kann auch einen Netztrafo aus einem Steckernetzgerät mit umschaltbaren Ausgangsspannungen zwischen 3 V und 12 V verwenden.

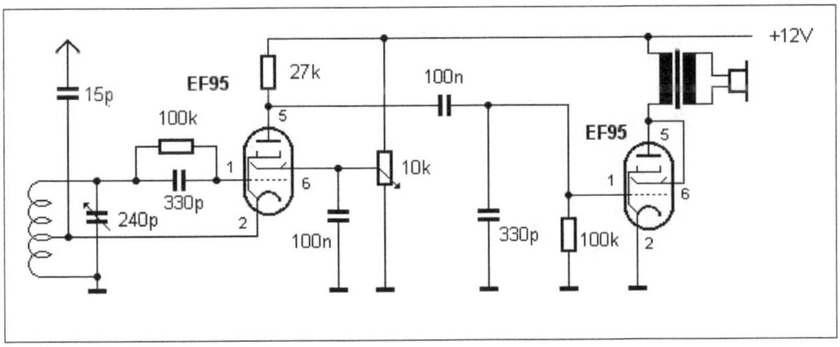

Bild 3.13: Anpassung mit einem Ausgangsübertrager

Das Radio wurde auf dem Röhren-Experimentiersystem RT100 der Firma AK Modul-Bus aufgebaut. Mit diesem System lassen sich Versuche auf einem Steckfeld erproben. Ein Drehkondensator, Potentiometer, Netzteilanschluss und NF-Buchsen sind bereits vorhanden. Für den Kurzwellenbereich reicht bereits eine freitragend gewickelte Drahtspule aus zwei mal zehn Windungen Schaltdraht.

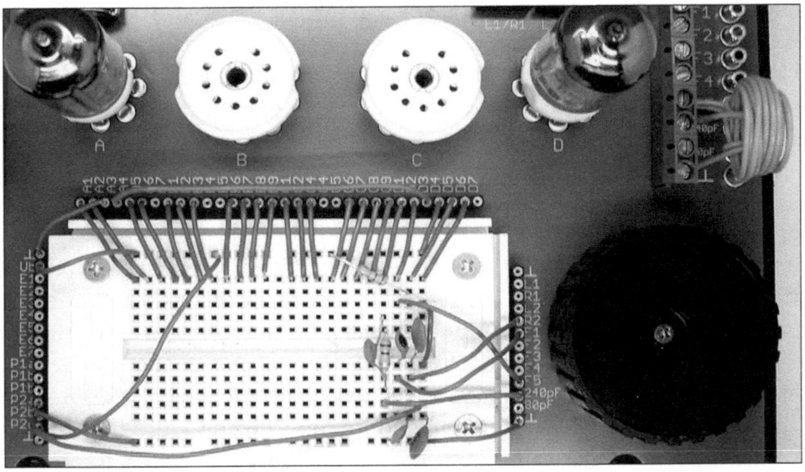

Bild 3.14: Aufbau der Audionstufe

Die Anschlüsse des Drehkondensators sind sowohl an die Schraubklemmen als auch an vergoldete 2-mm-Buchsen geführt. Daher lassen sich ohne zusätzliche Dämpfung auch Steckspulen für verschiedene Wellenbereiche mit 2-mm-Laborsteckern einsetzen.

Bild 3.15: Steckspulen für Kurz- und Mittelwelle

Bild 3.15 zeigt zwei Steckspulen, die auf Lochrasterplatinen befestigt wurden. Die Kurzwellenspule besitzt einen einstellbaren Ferritkern und hat insgesamt 20 Windungen mit einer Mittelanzapfung. Die Mittelwellenspule verwendet einen kleinen Ferritstab mit 80 Windungen HF-Litze. Zusätzlich ist eine kleine Koppelspule mit zehn Windungen Kupferlackdraht aufgebracht.

3.6 Kurzwellenaudion 0V2

Dieses Röhrenaudion wurde mit dem Ziel entwickelt, mit ungefährlicher Anodenspannung einen empfindlichen Kurzwellenempfänger für Lautsprecherbetrieb zu bauen. Es handelt sich um einen 0V2, also einen Empfänger mit einer Audionstufe und zwei NF-Stufen. Die gleiche Schaltung lief mit fast gleicher Dimensionierung zuerst mit einer EF80 und nur 12 V. Allerdings erreicht man mit 70 V wesentlich mehr Lautstärke. Bei der höheren Spannung müssen sie Gitterwiderstände hochohmiger gewählt werden. Außerdem wurde die EF80 durch die steilere EF183 ersetzt. Nun ist es ein vollwertiges Radio, das sich vor manchem Röhrensuper nicht zu verstecken braucht. Die Anodenspannung von 70 V ist immer noch als ungefährlich einzustufen, sodass keine besonderen Vorsichtsmaßnahmen nötig sind.

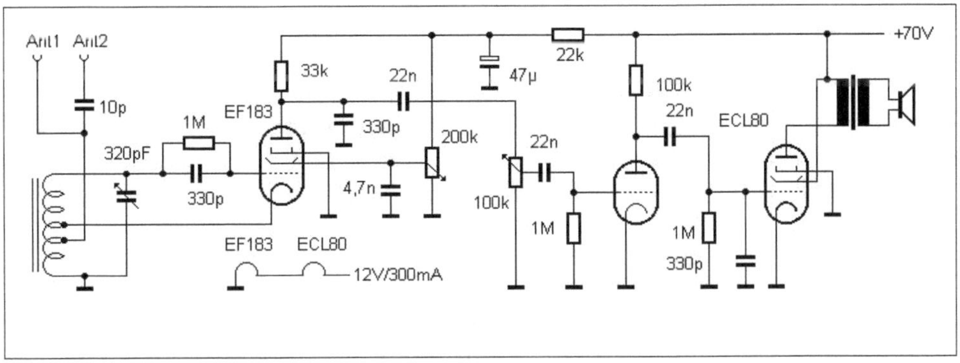

Bild 3.16: Das dreistufige Audion

Oft wird die Rückkopplung von der Anode aus an eine spezielle Koppelspule geführt. Mit einer indirekt geheizten Röhre geht es jedoch einfacher, wenn man die Kathode an eine Anzapfung der Schwingkreisspule legt. Man erhält so die Grundschaltung eines Kathoden-Dreipunktoszillators oder, wenn es sich um eine Pentode handelt, die so genannte ECO-Schaltung (Electron Coupled Oszillator). Der Rückkopplungseinsatz wird durch Veränderung der Steilheit gesteuert. Bei einer Triode verändert man dazu die Anodenspannung, bei einer Pentode die Schirmgitterspannung. Die NF-Stufen brauchen übrigens wegen der relativ geringen Betriebsspannung keinen Kathodenwiderstand. Die negative Gittervorspannung entsteht automatisch durch den Gitterstrom als Spannungsabfall am Gitterwiderstand.

Das ECO-Audion war in den 1950er bis 1970er Jahren als Einsteigerprojekt unter Funkamateuren sehr beliebt. Meist wurden Steckspulen für die einzelnen Amateurfunkbänder verwendet. Die Empfindlichkeit ist so gut, dass man ohne Probleme Überseeverbindungen hören kann. Das gilt auch noch bei einer reduzierten Anodenspannung von nur 70 V.
Die Spule hat 20 Windungen mit Anzapfungen bei der 4. und bei der 7. Windung. Mit einem Ferrit-Schraubkern kann der Frequenzbereich verändert werden. Der Empfänger überstreicht das 49-m- bis 31-m-Band. Aber auch SSB-Sprechfunk und Telegrafie im 40-m-Amateurfunkband sind zu hören. Die Antenne kann wahlweise direkt an die untere Anzapfung oder mit loser Kopplung über den zusätzlichen Antennenkondensator angeschlossen werden. Als Antenne taugt jeder Draht ab einem Meter Länge.

Die Lautstärke ist mehr als ausreichend. Bei den stärkeren Sendern muss man bereits den Lautstärkeregler zurückdrehen. Man bekommt den ganzen Tag über etwas zu hören. Am Abend steigen die Reichweiten und auch Überseestationen sind zu empfangen. Die Rückkopplung ist sehr weich und nur wenig von der Frequenz abhängig. Man findet also Einstellungen, bei denen nur noch der Drehko abgestimmt werden muss. Wenn aber ein schwacher Sender zwischen stärkeren Stationen empfangen werden soll, muss das letzte an Verstärkung und Trennschärfe herausgeholt werden, indem man die Rückkopplung möglichst nahe an den Schwingungseinsatz einstellt.

3.7 Röhren-Audion mit 6 V

Ziel dieser Schaltung ist ein Audion, das mit einer einzelnen Spannung von nur 6 V auskommt. Hier wurde eine EL95 eingesetzt, die man oft leichter bekommen kann als die ausgewiesenen Niederspannungsröhren ECC86 oder EF98. Die EL95 arbeitet ebenfalls sehr gut mit einer geringen Anodenspannung von nur 6 V.

Es wurden auch bei geringer Anodenspannung gute Erfahrungen mit einer einfachen ECO-(Electron Coupled Oscillator) Schaltung gemacht. Die Steilheit der Röhre wird durch Verändern der Schirmgitterspannung verändert. Dabei darf das Schirmgitter für HF und NF über einen Kondensator an Masse liegen, weil das demodulierte NF-Signal an der Anode ausgekoppelt wird. Das System Kathode-Steuergitter-Schirmgitter kann wie ein Triodensystem betrachtet werden, das nur für die Entdämpfung des Empfangskreises und für die Demodulation zuständig ist.

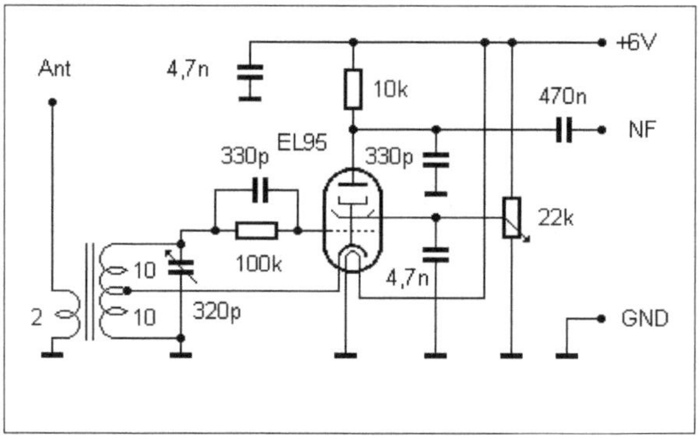

Bild 3.17: Einstufiges ECO-Audion

Bei der geringen Anodenspannung von 6 V hat die Röhre nur eine geringe Steilheit. Das Audion gelangt daher nur dann zum Schwingungseinsatz, wenn der Schwingkreis eine sehr große Leerlaufgüte hat. Erforderlich ist also eine große Luftspule mit dickem Draht. Es ist eine ähnliche Sorgfalt gefragt wie bei freischwingenden Oszillatoren in Amateurfunkgeräten. Außerdem darf nur eine lose Antennenkopplung verwendet werden.

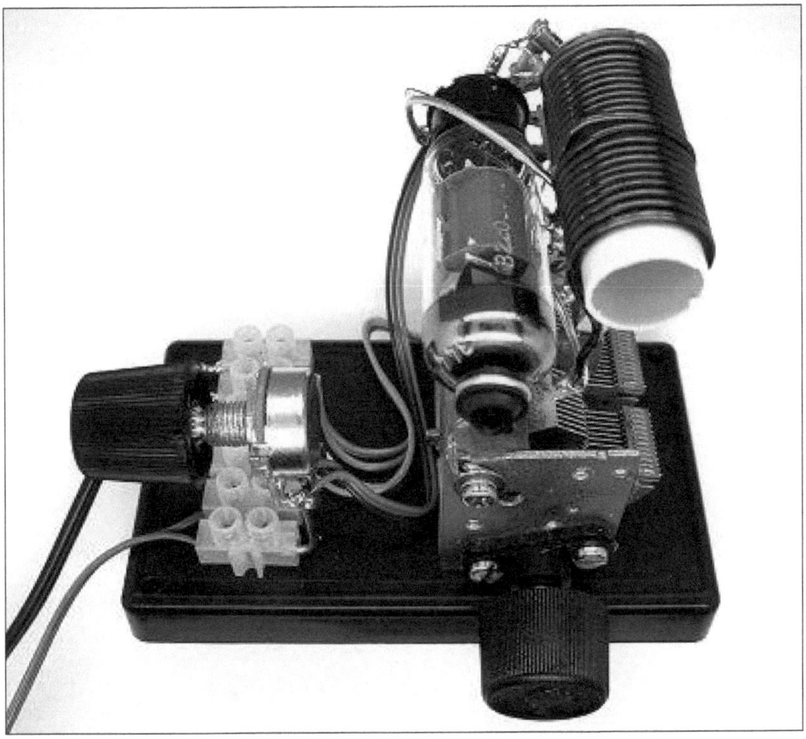

Bild 3.18: Kurzwellenaudion mit der EL95

Das Audion wurde auch als Empfänger für den digitalen Rundfunk DRM eingesetzt. Dabei kommt es auf höchste Frequenzkonstanz an. Die Stabilität steht und fällt mit dem Schwingkreis. Deshalb wurde eine große Spule mit 20 Windungen aus 1,5 mm dickem Draht auf ein PVC-Rohr mit 18 mm Durchmesser gewickelt. Mit kurzen Verbindungen zum Luftdrehko erhält man eine hohe Leerlaufgüte weit über 300. Auch alle anderen Verbindungen sind sehr stabil ausgelegt. Nichts darf wackeln oder mechanisch schwingen! Sogar die Röhre wurde an ihrem Glasstutzen schwingungsdämpfend abgestützt.

Der Empfänger wird am besten mit einem NF-Verstärker betrieben oder an die PC-Soundkarte angeschlossen. Aber auch der direkte Anschluss eines hochohmigen Kopfhörers ist möglich. Mit nur einer Stufe erreicht man einen klaren Empfang zahlreicher Sender im Kurzwellenbereich.

3.8 Das Kaskodenaudion

Das Kaskodenaudion hat sich vor allem im Amateurfunk bewährt. Es war in den 1950er/60er Jahren der Standard-Einstieg in die Empfangstechnik. Oft wurde die ECC81 verwendet, wobei der Empfänger mit 250 V lief.

Trioden sind prinzipiell rauschärmer als Pentoden, bei denen das Stromverteilungsrauschen zwischen Schirmgitter und Anode hinzukommt. Pentoden haben dafür eine höhere Spannungsverstärkung und geringere Rückwirkungskapazitäten. Die Kaskodenschaltung verbindet die Vorteile beider Konzepte. Aus diesem Grund wurde sie oft in VHF-Vorstufen von Fernsehempfängern verwendet, wo es entscheidend auf eine hohe Eingangsempfindlichkeit ankam. Was für einen HF-Vorverstärker gilt, gilt auch für ein Audion.

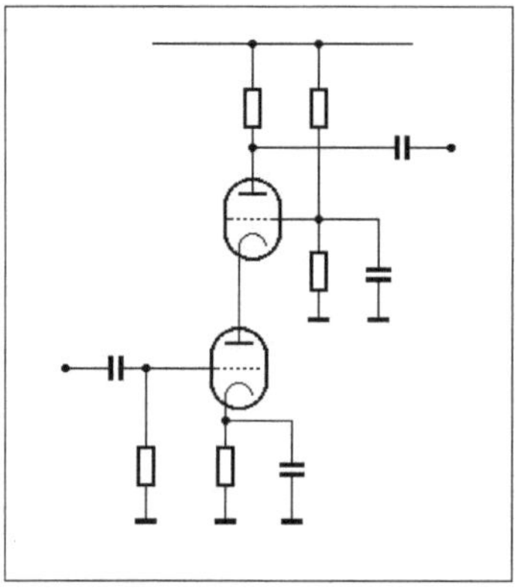

Bild 3.19: Prinzip des Kaskodenverstärkers

Das Kaskodenaudion verwendet die Kaskodenschaltung mit einer Rückkopplung über die Kathode. Das Rückkopplungspoti verändert die Gitterspannung der oberen Röhre und damit über die Anodenspannung der unteren Triode die Steilheit der Schaltung. Man kann die Rückkopplung gerade vor den Schwingungseinsatz einstellen, so dass der Eingangskreis optimal entdämpft wird. Ein Antennensignal von wenigen Mikrovolt kann sich dabei auf HF-Spannungen von mehreren 100 mV aufschaukeln. Das bringt zugleich eine hohe Trennschärfe mit Bandbreiten um 5 kHz und eine große Verstärkung.

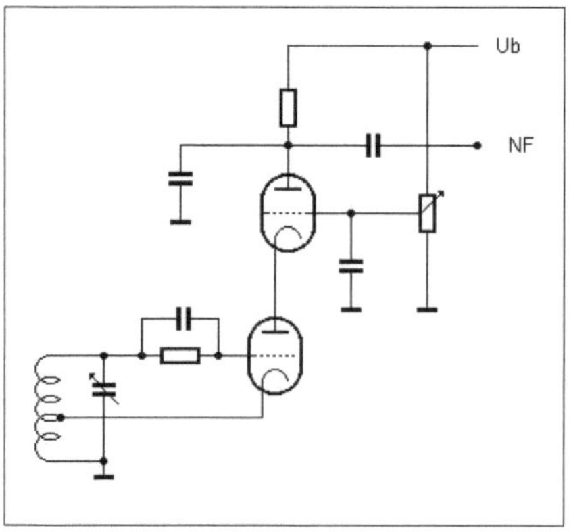

Bild 3.20: Prinzip des Kaskodenaudions

Röhrenempfänger mit kleinen Anodenspannungen verwenden oft Trioden (ECC82 im Radiomann) oder Pentoden (EF95 im RT100). Die Kaskodenschaltung hat auf den ersten Blick einen schwerwiegenden Nachteil: Die ohnehin schon geringe Anodenspannung wird noch einmal etwa halbiert. Da braucht man schon eine besondere Röhre, die auch damit noch klarkommt. Und diese Röhre ist z.B. die ECC88!

Die meisten Röhren sind für Anodenspannungen im Bereich 100 V bis 300 V ausgelegt. Die legendäre ECC86 wurde jedoch für kleine Anodenspannungen von 6,3 V oder 12,6 V entwickelt. Es ging damals darum, Autoradios zu bauen, die ohne Spannungswandler auskamen. Bei einer Anodenspannung von z.B. 12 V erreicht die Röhre noch eine Steilheit von 4,6 mA/V

Tabelle 1: Kurzdaten der ECC86

ECC86	Heizung	Grenzwerte	Betriebswerte	Bemerkungen
für HF-Verst., UKW, Mischer	6,3 V/ 0,33 A	P_A = 0,6 W I_K = 20 mA U_A = 30 V	U_A = 12,6 V I_A = 2,5 mA U_G = 0 V S = 4,6 mA/V	U_A = 6,3 V I_A = 0,9 mA U_G = 0 V S = 2,6 mA/V

Versuche zeigen, dass auch viele andere Röhren schon bei 12 V Anodenspannung betrieben werden können. Allgemein verschiebt sich dabei der sinnvolle Arbeitsbereich hin zu sehr geringen Gittervorspannungen. Und das bedeutet, dass noch ein nicht zu vernachlässigender Gitterstrom fließt. Man kann daher nicht mit extrem hohen Eingangsimpedanzen rechnen. Aber gerade ein Audion wurde immer schon mit Gitterstrom betrieben. Deshalb ergibt sich hier kaum ein Nachteil.

Was an der ECC88 zuerst auffällt, ist die besondere Form der Triodensysteme. Kleine Einbuchtungen in den Anodenblechen sorgen für einen extrem geringen Abstand zur Kathode. Genau diese Form findet man auch bei der Niederspannungsröhre ECC86. Klar, dass ein Spanngitter entsprechend für noch kleinere Anstände zwischen Kathode und Gitter sorgt. Kleine Abstände – kleine Spannung, diese Regel gilt auch umgekehrt, wie man z.B. an Senderöhren sehen kann. Jedenfalls ist die ECC88 schon vom optischen Eindruck her tauglich für geringe Spannungen. Zudem ist die Einzeltriode EC88 sehr ähnlich aufgebaut und hat sich ebenfalls schon als gute Niederspannungstriode bewährt.

Bekannter als die ECC88 war ursprünglich die PCC88, die man in VHF-Eingangstufen von Fernsehern finden konnte. Verwendet wurde sie in Kaskodenschaltung, also mit beiden Systemen in Reihe. Dabei erhält jedes System nur die halbe Betriebsspannung. Die Röhre ist also von vornherein schon für geringere Anodenspannungen ausgelegt. Bei Ua = 90 V und Ug = -1,3 V wird eine Steilheit von 12,5 mA/V erreicht. Das ist schon mal ein gutes Zeichen und lässt hoffen, dass es auch bei noch kleineren Spannungen gut arbeitet. Inzwischen ist die Röhre in der E-Variante mit 6,3 V Heizspannung ja auch unter HiFi-Freunden sehr beliebt.

Tabelle 1: Kurzdaten der ECC88

ECC88	Heizung	Grenzwerte	Betriebswerte	Bemerkungen
für VHF-Eingangsstufen	6,3 V/ 0,365 A	P_A = 1,8 W I_K = 25 mA U_A = 130 V	U_A = 90 V I_A = 15 mA U_G = -1,3 V S = 12,5 mA/V	Cascode-Schaltung

Für das Buch „Röhrenprojekte von 6 bis 60 V" wurde ein einfaches Messverfahren entwickelt, das die Tauglichkeit einer Röhre für geringe Spannungen untersucht. Die Gittervorspannung wird dabei durch unterschiedliche Gitterableitwiderstände erzeugt. Mit einem NF-Generator und einem Oszilloskop wird die Spannungsverstärkung gemessen. Da ein Anodenwiderstand 1 kΩ verwendet wird, ergibt sich bei der Verstärkung 1 gerade eine Steilheit von 1 mA/V.

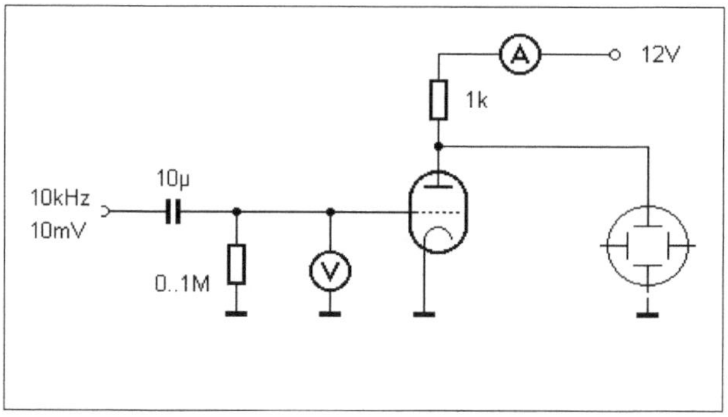

Bild 3.21: Die Testschaltung

Tabelle 3.1: Messdaten der ECC86

ECC86	R_G	U_G	I_A	S
U_B=12V	0	0	2,2 mA	
	1 kΩ	-30 mV	2,1 mA	3,3 mA/V
	10 kΩ	-200 mV	1,45 mA	2,8 mA/V
	100 kΩ	-510 mV	0,58 mA	1,6 mA/V
	1 MΩ	-710 mV	0,28 mA	1,0 mA/V

Wenn es um kleine Anodenspannungen geht, muss sich jede Triode an der ECC86 messen lassen. Die Messungen zeigen, dass beide Röhren sehr ähnlich sind. Zwar ist der Anodenstrom der ECC88 bei Ua = 12 V und Ug = 0 nur etwa halb so groß wie der der ECC86, die Steilheit ist aber etwa gleich. Man kann deshalb davon ausgehen, dass die ECC88 ein guter Ersatz für die inzwischen nur noch schwer erhältliche ECC86 ist.

Tabelle 3.2: Messdaten der ECC88

ECC88	R_G	U_G	I_A	S
U_B=12V	0	0	1,2 mA	
	1 kΩ	-25 mV	1,1 mA	3,3 mA/V
	10 kΩ	-80 mV	1,0 mA	3,0 mA/V
	100 kΩ	-210 mV	0,60 mA	2,0 mA/V
	1 MΩ	-380 mV	0,29 mA	1,0 mA/V

Der Empfänger verwendet zwei Doppeltrioden ECC88, eine in der Audionstufe und eine für den zweistufigen NF-Verstärker. Es handelt sich also um einen 0-V-2. Die Heizungen beider Röhren wurden in Reihe geschaltet, damit die Heizspannung 12 V beträgt und man mit einer einfachen 12-V-Spannungsversorgung auskommt.

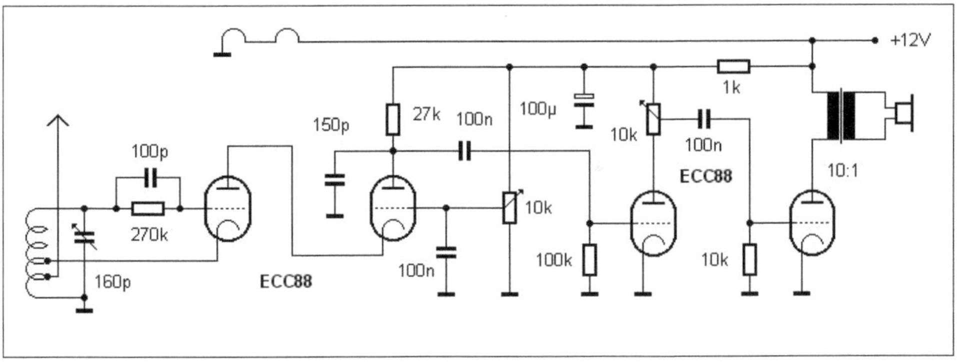

Bild 3.22: Die Schaltung des Empfängers

Ein Audion sollte einen möglichst großen Gitterwiderstand verwenden, damit wenig Gitterstrom fließt, der Schwingkreis hochohmig belastet wird und lose an die Antenne gekoppelt werden kann. Üblich sind Gitterwiderstände von 1 MΩ, wenn man mit hoher Anodenspannung arbeitet und 100 kΩ bei kleiner Betriebsspannung. Für die ECC88 konnte experimentell ein optimaler Widerstand mit 270 kΩ ermittelt werden, da sie auch bei geringer Anodenspannung und wenig Anodenstrom noch eine relativ hohe Steilheit zeigt. Auch der Anodenwiderstand der Kaskodenstufe konnte mit 27 kΩ recht hochohmig ausgelegt werden, was einer hohen Verstärkung dient. Der Rückkopplungseinsatz liegt etwa bei Mittenstellung des Potis (P2 auf dem RT100), sodass die erste Triode eine effektive Anodenspannung um 6 V erhält. Der Anodenstrom beträgt ca. 0,1 mA. Diese Einstellungen erlauben eine lose Antennenkopplung und damit eine hohe Leerlaufgüte des Eingangskreises.

Die Spule auf einem 5-mm-Spulenkörper mit Schraubkern hat insgesamt 20 Windungen mit 0,2-mm-Kupferlackdraht. Die Antennenanzapfung liegt bei zwei Windungen, die Rückkopplungsanzapfung bei insgesamt sieben Windungen. Mit diesen Spulendaten überstreicht der Empfänger etwa den Bereich 5 MHz bis 12 MHz, wobei eine Justierung mit dem Schraubkern möglich ist. An die vier Kontaktstifte wurden zusätzliche Drähte gelötet, mit denen sich der Spulenkörper leichter in das Kontaktboard stecken lässt.

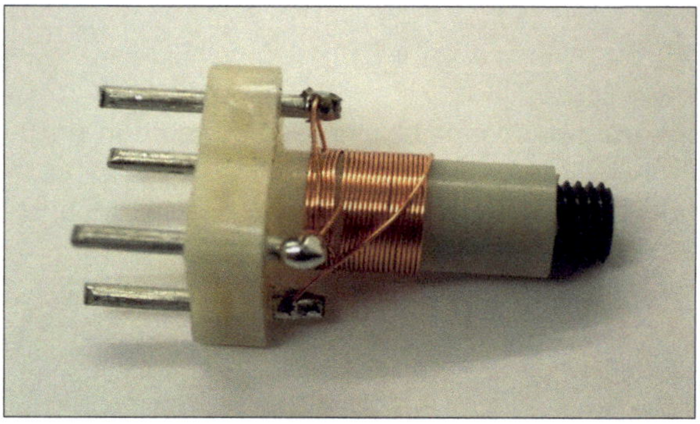

Bild 3.23: Die Empfangsspule

Der zweistufige NF-Verstärker verwendet einen kleinen Ferrit-Ausgangsübertrager mit dem Wicklungsverhältnis 10 : 1. Wenn der angeschlossene Kopfhörer mit beiden Systemen in Reihe eine Impedanz von 64 Ω hat, beträgt der Außenwiderstand für die Endröhre 6,4 kΩ. Die Gesamtverstärkung ist so groß, dass man nicht mehr ohne den Lautstärkeregler (P1) auskommt.

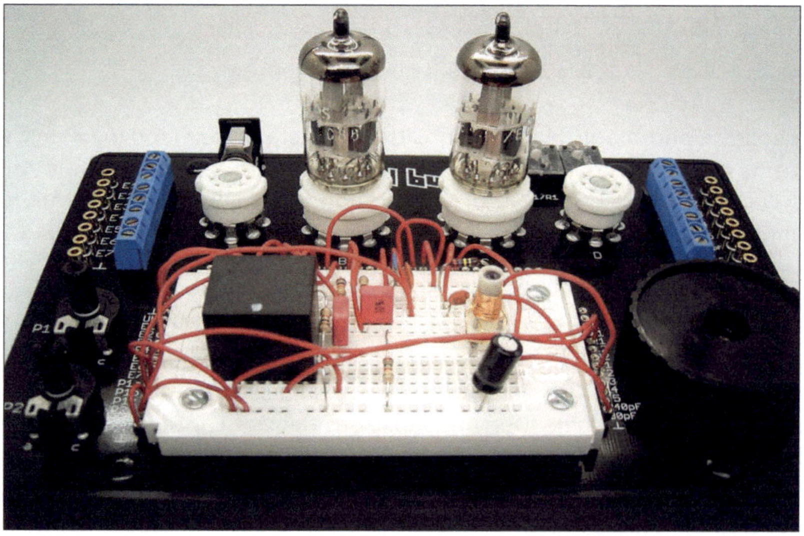

Bild 3.24: Der fertige Empfänger

Der Empfänger wurde an einer Langdrahtantenne mit 10 m Länge betrieben. Alle Rundfunkstationen im 49-, 41- und 31-m-Band werden laut und deutlich empfangen. Der Klang ist sehr angenehm und klar. Der Empfang macht auch wegen der mehr als reichlichen Lautstärke viel Freude. Die lauteren Stationen müssen deutlich zurückgeregelt werden. Im 40-m-Amateurfunkband können mit angezogener Rückkopplung auch CW- und SSB-Stationen empfangen werden. Statt eines Kopfhörers lässt sich auch eine PC-Aktivbox anschließen, sodass man über Lautsprecher hört.

Die Empfindlichkeit des Audions muss sich nicht hinter einem Superhet verstecken, der Klang ist teilweise sogar besser. Um die Empfindlichkeit zu testen, kann man mit angezogener Rückkopplung einmal mit und einmal ohne Antenne hören. Ohne Antenne ist nur ein schwaches Rauschen zu hören, mit angeschlossener Antenne kommt ein deutliches Rauschen und Prasseln hinzu. Das Eigenrauschen liegt also deutlich unter dem Antennenrauschen. Mehr Empfindlichkeit wird nicht benötigt, da der Störabstand nicht mehr gesteigert werden könnte. Das Konzept des besonders rauscharmen Kaskodenaudions bewährt sich auch hier.

Eine andere mögliche Störquelle sind Brummstörungen, die bei ungünstigem Aufbau in den hochohmigen Eingang streuen können. Das RT100 verfügt jedoch über eine durchgehende Massefläche unter dem Steckfeld, die als wirksame Abschirmung funktioniert. Aus dem gleichen Grund zeigt der Empfänger auch kaum eine Handempfindlichkeit, die sich in einer Frequenzverstimmung äußern würde.

Und wenn eine Schaltung auf dem RT100 einmal entwickelt ist, kann sie natürlich leicht in konventioneller Art z.B. auf einem Alu-Chassis aufgebaut werden. Allerdings bringt der Steckaufbau deutliche Vorteile, wenn man kleine Änderungen ausprobieren will. Man könnte z.B. eine Bandspreizung für das 49-m-Band oder für das schmale 40-m-Band zwischen 7,0 MHz und 7,1 MHz verwenden. Schneller als Rechnen und Planen ist dabei das Probieren mit verschiedenen Parallel- und Serienkondensatoren, die gerade in der Bastelkiste vorhanden sind. Bild 3.25 zeigt eine Variante für das 40-m-Band.

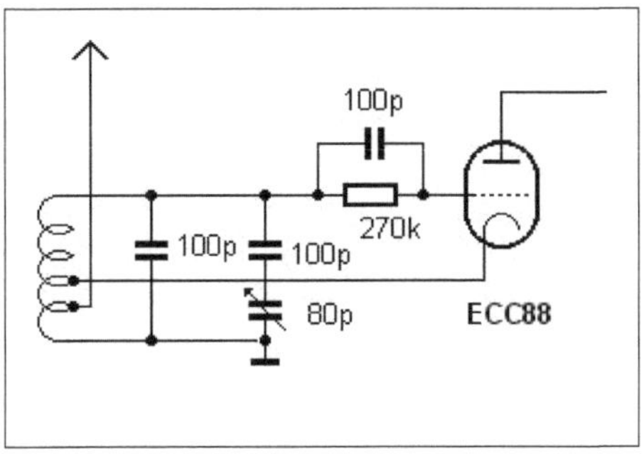

Bild 3.25: Bandspreizung für das 40-m-Band

3.9 Das 6J1-Röhrenradio

Dieser Radio-Bausatz aus dem Franzis-Verlag verwendet die chinesische Ausgabe der EF95, die 6J1. Das nostalgische Kurzwellen-Radio ist ein echtes Röhren-Audion, wie es in der Anfangszeit der Radiotechnik gebaut wurde. Eine Hochfrequenzröhre im Empfangsteil sorgt für die hervorragende Empfangsleistung, während ein modernes Verstärker-IC die nötige Lautstärke bringt. Das Radio kommt mit einer Anodenspannung von 15 V aus.

Bild 3.26: Das Franzis-Röhrenradio

Die Röhre erfüllt drei Aufgaben: Verstärkung, Entdämpfung des Schwingkreises und Demodulation des HF-Signals. Die Pentode 6J1 wird mit einer Verbindung zwischen Schirmgitter und Anode in Triodenschaltung betrieben. Der Gitterwiderstand R1 ist mit der Anode verbunden und erhöht damit die Gittervorspannung. Damit wird bei geringer Anodenspannung ein ausreichend großer Anodenstrom erreicht. Mit der Kathode an der Mittelanzapfung des Schwingkreises wird verstärkte HF-Energie in den Kreis zurückgekoppelt. Die Röhre arbeitet in Hartley-Oszillatorschaltung. Ein Empfangssignal wird dadurch verstärkt. Gleichzeitig bewirkt die Gitterdiode eine Gleichrichtung des HF-Signals und damit eine Demodulation.

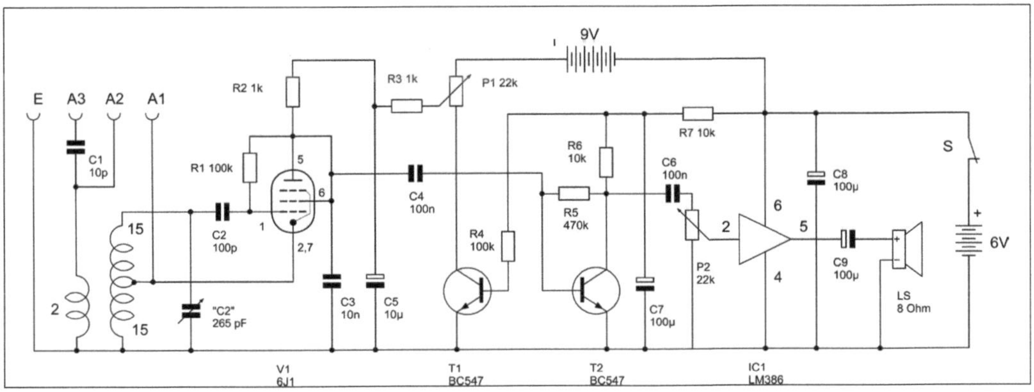

Bild 3.27: 6J1-Audion mit Endverstärker

Durch passende Einstellung der Anodenspannung kann mit dem Rückkopplungsregler P1 die Verstärkung so gewählt werden, dass der Oszillator gerade noch nicht schwingt. Mit diesem Arbeitspunkt gleicht die Röhre alle Verluste aus, die im Schwingkreis auftreten. Der Gütefaktor kann von ca. 50 bis auf über 1000 erhöht werden. Bei einer Empfangsfrequenz von 6 MHz beträgt die Bandbreite etwa 6 kHz, man kann also auch Sender trennen, die dicht nebeneinander liegen.

Die Entdämpfung führt gleichzeitig zu einer Anhebung der Signalamplitude. Am Steuergitter der Röhre können daher HF-Spannungen von mehreren 100 mV auftreten. Die AM-Signale werden an der Gitterdiode demoduliert, indem bei größerer HF-Amplitude der Gitterstrom steigt und die Gitterspannung sinkt. Am Gitter liegt daher zugleich das demodulierte NF-Signal und moduliert den Anodenstrom. Das NF-Signal erscheint damit am Anodenwiderstand R2. T2 bildet einen NF-Vorverstärker für den integrierten Verstärker IC1.

Das Radio verwendet zwei Batterien. Vier Mignon-Zellen mit zusammen 6 V versorgen die Röhrenheizung und den NF-Verstärker. Eine zusätzliche Anodenbatterie mit 9 V liegt in Reihe zur Heizbatterie. Die Anodenspannung beträgt daher bis zu 15 V. Weil der Betriebsschalter am Lautstärkepoti nur einen Kontakt hat, sorgt der Transistor T1 für die Abschaltung der Anodenbatterie. Tatsächlich liegt im ausgeschalteten Zustand eine Spannung von 9 V an der Anode, am Schirmgitter und am Steuergitter. Da aber die Röhrenkathode kalt ist, fließt in diesem Zustand kein Strom. Schaltet man die Betriebsspannung ein, wird T1 leitend und legt das untere Ende von P2 an Masse. Der Betriebsstrom der Anodenbatterie beträgt weniger als 1 mA, sodass sie normalerweise länger hält als die Heizbatterie.

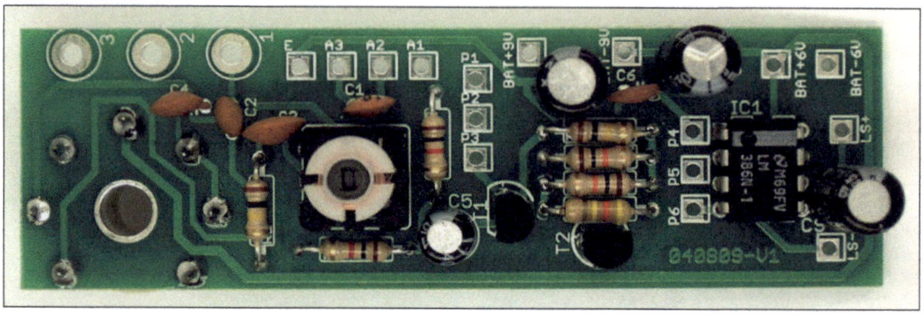

Bild 3.28: Spule und Verstärker

Die gesamte Schaltung findet Platz auf einer sehr kompakten Platine. Alle bedrahteten Bauteile und die Spule liegen auf der Bestückungsseite. Die Röhrenfassung ist von unten eingebaut.

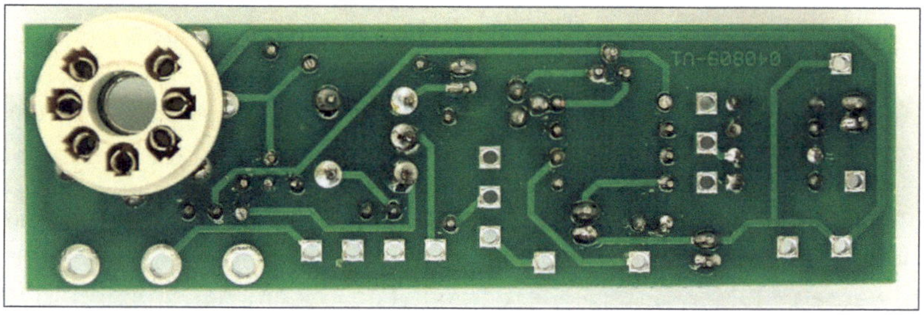

Bild 3.29: Die Röhrenfassung auf der Rückseite

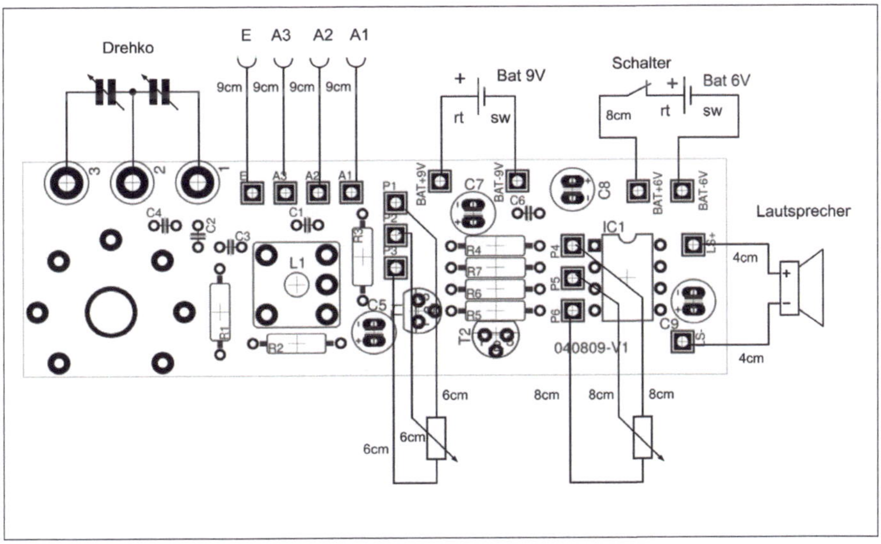

Bild 3.30: Der Verdrahtungsplan

Bild 3.31: Die komplette Verdrahtung

Im Endausbau wird die Platine vom Drehko gehalten. Die Röhre liegt hinter einer Öffnung im Gehäuse, sodass man die glühende Kathode von außen sehen kann.

3.10 80-m-Röhrenaudion

Die Anforderungen an einen Amateurfunkempfänger in Bezug auf die Frequenzstabilität und die Empfindlichkeit sind hoch. Das Ziel war es, mit nostalgischen Röhrengeräten Amateurfunk zu betreiben. Ein Sender mit Quarzsteuerung und einer EL95 (vgl. Kap. 5.7) war schon betriebsbereit. Nun fehle nur noch ein passender Empfänger.

Bild 3.32: Eine Kurzwellenstation mit Röhren

Für den Einsatz im Amateurfunk wurde das Franzis-Röhrenradio zum 80-m-Amateurfunkempfänger umgerüstet. Die entscheidende Änderung betrifft den Schwingkreis. Eine Bandspreizung ist wichtig, damit man den Empfänger genau genug abstimmen kann. Mit fünf parallelen Kondensatoren von 56 pF und dem 20-pF-UKW-Drehko wird nun gerade der Bereich 3500 kHz bis 3620 kHz überstrichen, also der ganze CW-Bereich und der Anfang des SSB-Bereichs. An einer langen Antenne ist der Empfänger ausreichend empfindlich. Die Frequenzstabilität ist gut. In dem Punkt ist das Röhrenaudion einem Transistoraudion deutlich überlegen.

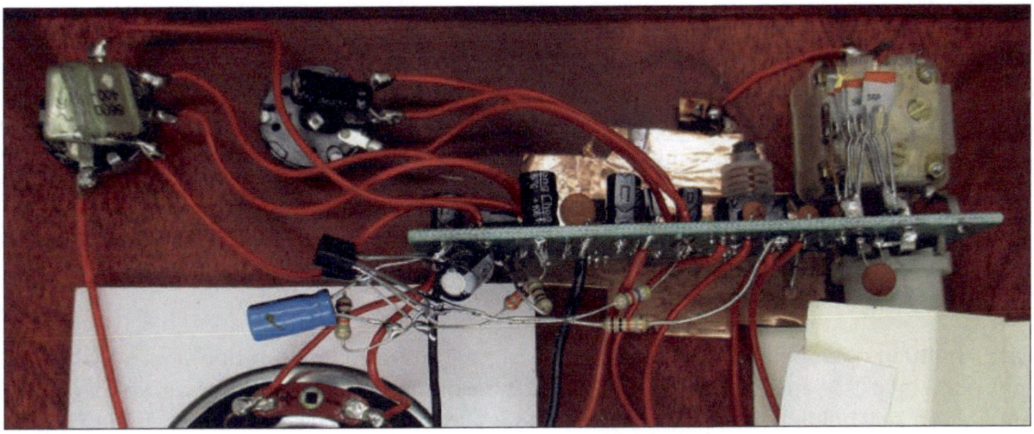

Bild 3.33: Der umgebaute Empfänger

Bei den ersten Gehversuchen mit Röhrenempfänger und Röhrensender war die Sende-Empfangsumschaltung schwierig. Ich musste den Sendeschalter umlegen, dazu den Rückkopplungsregler am Empfänger zurückdrehen und zusätzlich die Lautstärke passend zurückdrehen, so dass gerade noch eine Art Mithörton hörbar wurde. Dann, nach dem Ende eines CQ-Rufs, musste ich sehr schnell alles wieder optimal einstellen, um eine mögliche Antwort nicht zu verpassen. Eine Verbesserung brachte die automatische Stummschaltung, die ich zusätzlich in dem Empfänger eingebaut habe. Der Sender legt mit dem Umschalten eine Gleichspannung auf den Antenneneingang, mit der zwei Transistoren leitend geschaltet werden. Der eine dient als NF-Stellglied und schaltet einen kleinen Widerstand parallel zum Lautstärkepoti. Der andere legt einen Widerstand an den Schleifer des Rückkopplungspotis. Die Rückkopplung wird damit unter den Schwingungseinsatz reduziert, aber nicht komplett runtergeregelt. Die Abschaltung ist durch einen parallelen Basiselko etwas verlangsamt. Deshalb hört man nach dem Umschalten noch für einen sehr kurzen Moment das Pfeifen des Quarzoszillators. Das ist angenehm, weil man dann einschätzen kann, ob man noch auf der gleichen Frequenz hört und sendet.

Zusätzlich wurden noch zwei Kondensatoren über das Lautstärkepoti gelötet. Diese Maßnahme war nötig, weil sich gezeigt hat, dass der NF-Verstärker HF-empfindlich war. Wenn man beim Morsen die Hand an den Lautstärkeregler legt, wurde zu viel HF-eingekoppelt und es gab Störgeräusche. Diese sind nun durch das Tiefpassfilter verschwunden. Zugleich ist der Klang beim Empfang etwas besser. Einen Mithörton gibt es trotzdem noch. Er entsteht durch ein leichtes Restbrummen der Anodenspannung im Sender. Weil die Rückkopplung nicht komplett zurückgenommen wird und auch noch ein Rest Lautstärke vorhanden ist, arbeitet das Audion nun als AM-Empfänger und demoduliert das 100-Hz-Restbrummen des Senders.

4 • Das Transistoraudion

Im Vergleich zum Röhrenaudion kann ein Transistor-Audion kleiner und mit weniger Aufwand aufgebaut werden. Die Empfangsleistung muss aber nicht schlechter sein. Das Audion ist daher auch im Zeitalter der Halbleiter immer noch aktuell und eignet sich besonders für den problemlosen und schnellen Einstieg in die Hochfrequenztechnik.

4.1 Das Eintransistorradio

Die Schaltung nach Bild 4.1 zeigt ein Audion ohne Rückkopplung mit nur einem Transistor und nur einer 1,5-V-Baterrie. Es kann ein niederohmiger Kopfhörer verwendet werden, am besten mit beiden Kanälen in Reihe, sodass man einen Arbeitswiderstand von 64 Ω hat. Die Kopfhörerbuchse ersetzt auch gleich den Schalter, denn wenn man den Hörer abzieht, ist die Stromversorgung abgeschaltet.

Bei der Audionschaltung übernimmt der Transistor gleichzeitig die Demodulation und die Verstärkung des Signals. Die Empfindlichkeit ist so gut, dass man mit einem Draht von zwei Metern als Antenne auskommt. Die Anzapfung der Spule sollte bei etwa 1/5 der Windungen der Schwingkreisspule liegen. Die Schaltung eignet sich für alle AM-Bereiche von Langwelle bis Kurzwelle. Eine Kurzwellenspule kann wie im Detektorempfänger in Kap. 2.3 mit 25 Windungen und vier Anzapfungen gewickelt werden.

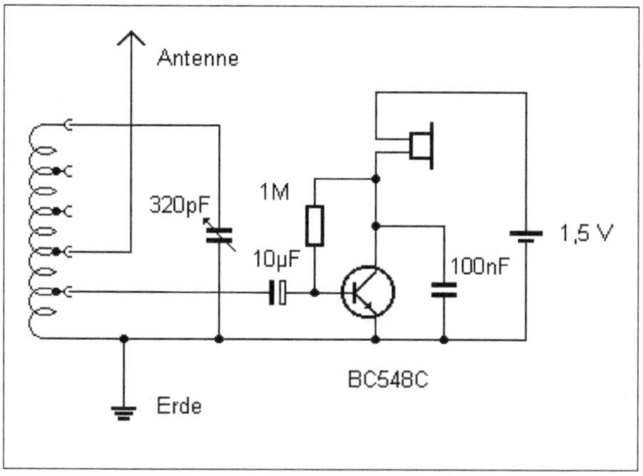

Bild 4.1: Ein Audion ohne Rückkopplung

Das Transistoraudion funktioniert ähnlich wie das Röhrenaudion. Wieder verändert das HF-Signal am Eingang den Arbeitspunkt und wird auf diese Weise demoduliert. Auch hier verschiebt die Basis-Emitterdiode die mittlere Eingangsspannung nach unten, wenn eine größere Amplitude auftritt. Allerdings ist die Zeitkonstante im Basiskreis bei der vorgeschlagenen Dimensionierung so groß, dass die Basis NF-mäßig gegen Masse kurzgeschlossen ist. Der Kollektorstrom steigt also mit der momentanen Signalamplitude.

Der wichtigste Unterschied zum Röhrenaudion liegt darin, dass die Transistorschaltung wesentlich niederohmiger ist. Der Eingangswiderstand ist abhängig vom Kollektorstrom und vom Stromverstärkungsfaktor und liegt bei ca. 5 kΩ. Der Eingang muss daher an eine Anzapfung der Spule gelegt werden, um den Schwingkreis nicht zu sehr zu dämpfen.

4.2 Das Kurzwellen-PC-Radio

Übliche PC-Radios arbeiten meist im UKW-Bereich. Mit geringstem Aufwand lässt sich aber auch ein PC-Radio für den Mittelwellen- oder den Kurzwellenbereich aufbauen.

Das unabgestimmte Audion nach Bild 4.2 ist zum direkten Anschluss an den Mikrofoneingang einer modernen PC-Soundkarte vorgesehen. Für die üblichen Elektret-Mikrofone wird hier eine Betriebsspannung von 2,5 V zur Verfügung gestellt. Der Arbeitswiderstand von 2...3 kΩ befindet sich ebenfalls auf der Karte. Betriebsspannung und Kollektorwiderstand eines einfachen Transistor-Audions sind also bereits vorhanden.

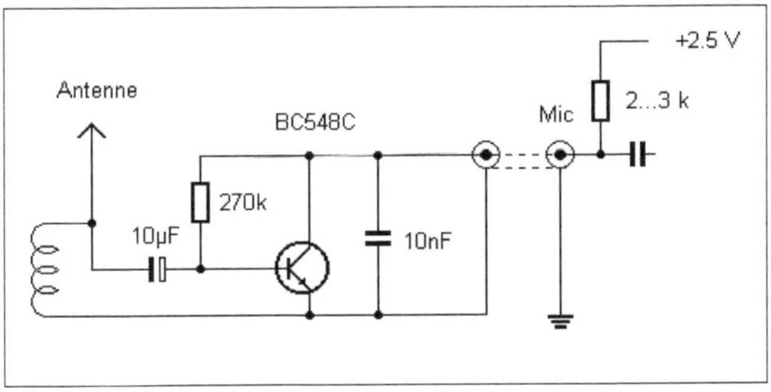

Bild 4.2: Das unabgestimmte PC-Radio

Der Transistor in Emitterschaltung demoduliert AM-Signale an seiner exponentiellen Eingangskennlinie. Da die Basis-Emitter-Diode vorgespannt ist, reichen HF-Spannungen von einigen Millivolt für eine Demodulation. Die Audionschaltung ist daher wesentlich empfindlicher als eine einfache Dioden-Gleichrichtung.

Damit man etwas aus den PC-Lautsprechern hört, muss der Mikrofoneingang eingeschaltet sein. Der entsprechende Regler erlaubt eine Einstellung der Lautstärke. Unter den erweiterten Einstellungen des Mikrofoneingangs verbirgt sich ein zusätzlich einschaltbarer Vorverstärker, den man ebenfalls einschalten sollte. Das Radio braucht nie von der Soundkarte abgezogen werden, da man es mit dem „Ton aus"-Kästchen deaktivieren kann.

Der Empfänger verzichtet auf eine Drehkoabstimmung und ist damit extrem breitbandig. Man empfängt gleichzeitig alle starken Sender vom 49-Meter-Band bis zum 19-Meter-Band. Die Spule wird zweilagig mit 15 Windungen auf einen Bleistift gewickelt. Es ergibt sich eine Induktivität von etwa 2 µH. Die Schwingkreiskapazität von ca. 100 pF setzt sich zusammen aus der Basiskapazität des Transistors und der Antennenkapazität. Damit liegt die Resonanzfrequenz bei ca. 11 MHz. Der geringe Eingangswiderstand des Transistors dämpft den Schwingkreis so weit, dass sich ein Gütefaktor um eins ergibt, das heißt die Bandbreite liegt ebenfalls bei etwa 11 MHz. Der Empfangsbereich liegt zwischen 6 MHz und 17 MHz.

Dieser völlige Verzicht auf die übliche Selektion bringt überraschende Ergebnisse. Die besonderen Ausbreitungsbedingungen auf Kurzwelle bringen es mit sich, dass mal der eine und mal der andere Sender stärker hervortritt. Man hört Nachrichten in mehreren Sprachen gleichzeitig, Musik von Klassik bis Pop oder Volkslieder aus fernen Ländern. Ohne jede Abstimmung schweift man völlig entspannt durch den ganzen Kurzwellenbereich.

Wer Wert auf eine verbesserte Selektion legt, kann den Empfänger mit einem abgestimmten Schwingkreis ausrüsten. Da nun eine hohe Güte angestrebt wird, muss der Transistor über eine tiefe Anzapfung der Spule angekoppelt werden. Die Spulendaten und die Antennenkopplung entsprechen denen aus dem Eintransistor-Radio aus dem vorigen Abschnitt.

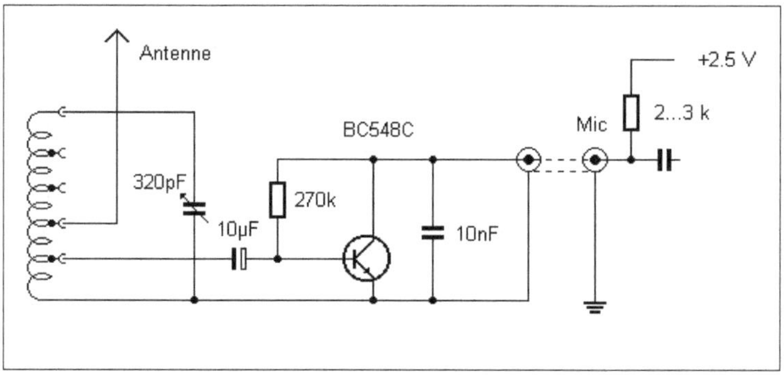

Bild 4.3: Das PC-Audion mit Drehko-Abstimmung

4.3 Transistoraudion mit Rückkopplung

Die bisher vorgestellten einfachen Transistorempfänger kommen noch nicht an die Empfangsleistung eines guten Röhrenaudions heran. Das Transistoraudion ohne Rückkopplung besitzt zwar schon eine relativ gute Empfindlichkeit und kommt mit einer kurzen Antenne aus. Man kann die Empfindlichkeit jedoch durch eine HF-Rückkopplung noch erheblich steigern. Dabei führt man einen Teil des verstärkten HF-Signals wieder an den Schwingkreis zurück. So werden Verluste ausgeglichen und die HF-Amplitude wird größer. Gleichzeitig steigt auch die Trennschärfe erheblich an. Wichtig ist, dass gerade die richtige Energie zurückgekoppelt wird. Sobald nämlich mehr als die Verluste ausgeglichen werden, entstehen eigene Schwingungen, die sich durch ein Pfeifen bemerkbar machen. Die Rückkopplung muss also einstellbar sein.

Die Schaltung nach Bild 4.4 zeigt eine große Ähnlichkeit mit dem entsprechenden Röhrenaudion nach Kap. 3.3. Auch hier wird die Rückkopplung über eine tiefer liegende Anzapfung geführt. Allerdings ist der Transistor entsprechend niederohmiger angekoppelt. Am Ausgang kann wahlweise direkt ein Kopfhörer oder ein NF-Verstärker angeschlossen werden.

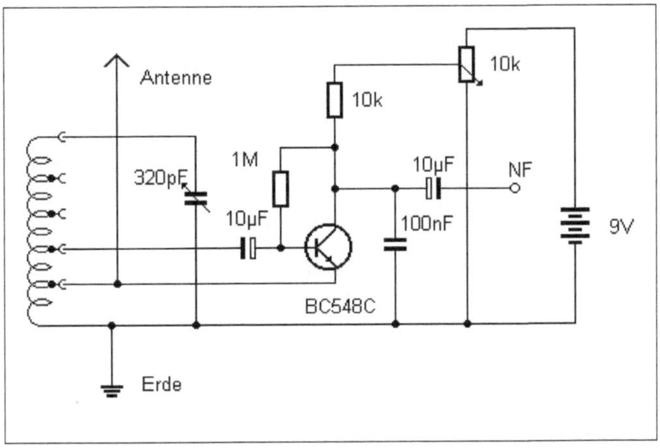

Bild 4.4: Audion mit Rückkopplung

Tatsächlich erreicht die Schaltung eine gute Empfindlichkeit und Lautstärke. Allerdings ist die Einstellung der Rückkopplung sehr schwierig. Der Rückkopplungseinsatz ist hart und neigt zu Pendelschwingungen. Außerdem kommt es bei starken Sendern zu Verzerrungen. Man muss dann die Rückkopplung weiter zurücknehmen. So erreicht man zwar einen relativ guten Empfang starker Sender, die optimale Einstellung der Rückkopplung ist jedoch kaum zu erreichen. In den Modulationsspitzen gelangt der Transistor in einen Arbeitspunkt höherer Steilheit, sodass Eigenschwingungen einsetzen. Es entstehen Pendelschwingungen, also ein periodisches Einsetzen und Unterbrechen der Rückkopplung. Die Pendelfrequenz liegt hier wesentlich tiefer als die Modulationsfrequenz und wird als unangenehmes Knattern wahrgenommen. Man kann zwar den Rückkopplungsregler etwas zurückdrehen und dann einen klaren Empfang erhalten, das unstabile Verhalten an der Grenze zum Rückkopplungseinsatz ist jedoch sehr störend.

Ein weicher Einsatz der Rückkopplung erfordert eine Selbstregelung der Rückkopplung, wie sie bei einem gut dimensionierten Röhrenaudion auftritt. Im ersten Ansatz kann man versuchen, den Basiswiderstand und den Basiskondensator zu verkleinern. Die kürzere Zeitkonstante ermöglicht eine ausreichend schnelle Selbstregelung durch den Basisstrom. Die Schaltung entspricht nun weitgehend der aktiven Entdämpfung nach Kap. 2.8, mit dem Unterschied, dass der gleiche Transistor nun auch die Demodulation leistet.

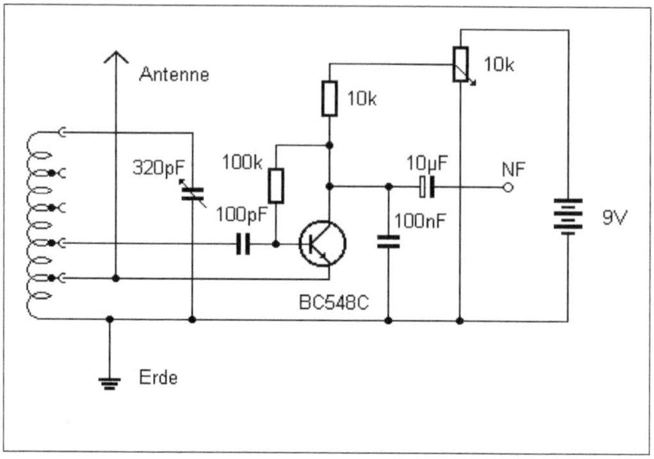

Bild 4.5: Rückkopplung mit kleiner Basiszeitkonstante

Tatsächlich zeigt die Schaltung nun einen weichen Rückkopplungseinsatz. Nur bei stark aufgedrehtem Regler können noch Pendelschwingungen auftreten, diesmal aber mit hohen Pendelfrequenzen um 20 kHz. Man hört ein starkes Rauschen und kann die Schaltung im oberen Kurzwellenbereich als empfindliches Pendelaudion einsetzen.

Der kleine Basiskondensator von 100 pF verbessert zwar den Rückkopplungseinsatz, führt jedoch zu einer geringeren Lautstärke. Die NF-Verstärkung sinkt auf ein Minimum ab, weil die Basis für kleine Frequenzen praktisch offen liegt.

Wie beim Röhrenaudion (vgl. Kap. 3.1) treffen auch hier zwei unterschiedliche Vorgänge aufeinander. Eine höhere HF-Amplitude bewirkt über die Krümmung der Transistorkennlinie ein Ansteigen des Kollektorstroms (Anoden-Demodulation). Gleichzeitig lädt der Basisstrom jedoch den Basiskondensator negativer auf und bewirkt so eine Verringerung des Kollektorstroms (Gitter-Demodulation). Beide Wirkungen heben sich teilweise auf und führen zu einer geringen NF-Ausgangsspannung.

Es hat sich also gezeigt, dass die optimale Dimensionierung der Audionstufe mit einem Transistor auf größere Schwierigkeiten stößt als mit einer Röhre. Eine Lösung besteht in einer Aufgabenteilung. Man verwendet getrennte Transistoren für Rückkopplung und Demodulatorstufe. Die Rückkopplungsstufe erhält im Interesse einer weichen Rückkopplungsregelung eine kleine Zeitkonstante. Die Audionstufe dagegen verwendet einen großen Basiskondensator, der die Basis auch für NF-Signale gegen Masse kurzschließt.

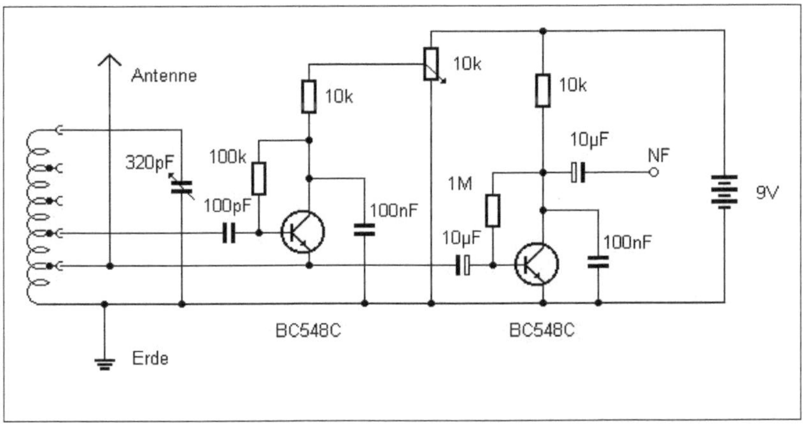

Bild 4.6: Audion mit getrennter Rückkopplungsstufe

Diese Schaltung bringt tatsächlich Empfangsergebnisse, die an ein gutes Röhrenaudion heranreichen. Gute Empfindlichkeit und Lautstärke, ein weicher Rückkopplungseinsatz und ein guter Klang auch bei stärkeren Stationen bieten die Basis für einen leistungsfähigen Kurzwellenempfänger.

4.4 Separate Rückkopplung

Es hat sich bewährt, einen eigenen Verstärker für die Entdämpfung des Schwingkreises zu verwenden und vom eigentlichen Audion zu trennen. Die Schaltung nach Bild 4.7 zeigt einen Differenzverstärker mit zwei PNP-Transistoren in Oszillatorschaltung. Die Verstärkung lässt sich in weiten Grenzen durch Steuerung des Emitterstroms über ein Poti einstellen. Ein Vorteil der Schaltung ist, dass man mit einer einzelnen Anzapfung der Schwingkreisspule auskommt. Sie muss etwa bei einem Drittel der Windungen der gesamten Spule liegen, um den Kreis nicht zu stark zu beeinflussen.

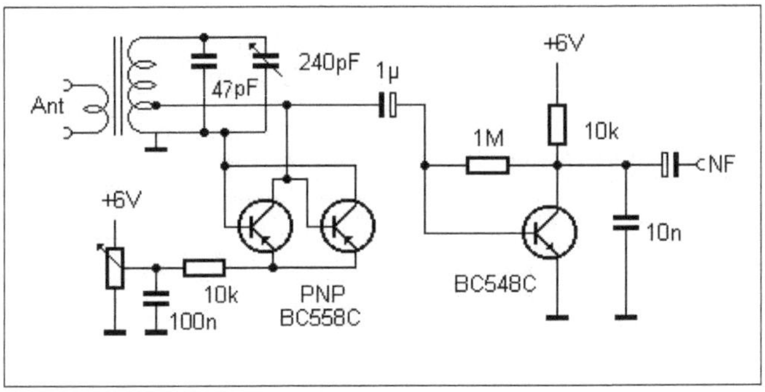

Bild 4.7: Audion mit getrennter Entdämpfungsschaltung

Die Differenzverstärkerstufe weist eine gute Linearität auf, weil die Krümmungen beider Transistorkennlinien sich weitgehend aufheben. Deshalb kommt es bei dieser Schaltung nicht zu einer Verschiebung des Arbeitspunktes mit steigender Eingangsamplitude. Man benötigt keine Kondensatorkopplung und hat damit eine Entdämpfungsschaltung, die weitgehend frequenzlinear arbeitet.

Bild 4.8: Die Platine des Transistoraudions

Auf der Basis dieser Schaltung wurde in Elektor 11/2000 ein Platinenprojekt für ein Kurzwellenaudion vorgestellt. Der NF-Verstärker verwendet einen TDA7052. Die Schaltung arbeitet mit einem NPN-Transistor in Audionschaltung und zwei PNP-Transistoren in einer separaten Entdämpfungsschaltung. Die Spannung am Rückkopplungspoti wird durch die Bereitschafts-LED stabilisiert. Die Spule hat mehrere Anzapfungen, sodass man die Kopplung der Antenne des Audion-Eingangs und der Entdämpferschaltung verändern kann. Im Normalfall überstreicht das Gerät etwa 5 MHz bis 12 MHz. Ein zusätzlicher Kondensator mit 300 pF schaltet die Frequenz auf das 80-m-Amateurfunkband (3,5 MHz bis 3,8 MHz) um, wo man SSB- und CW-Sender empfangen kann.

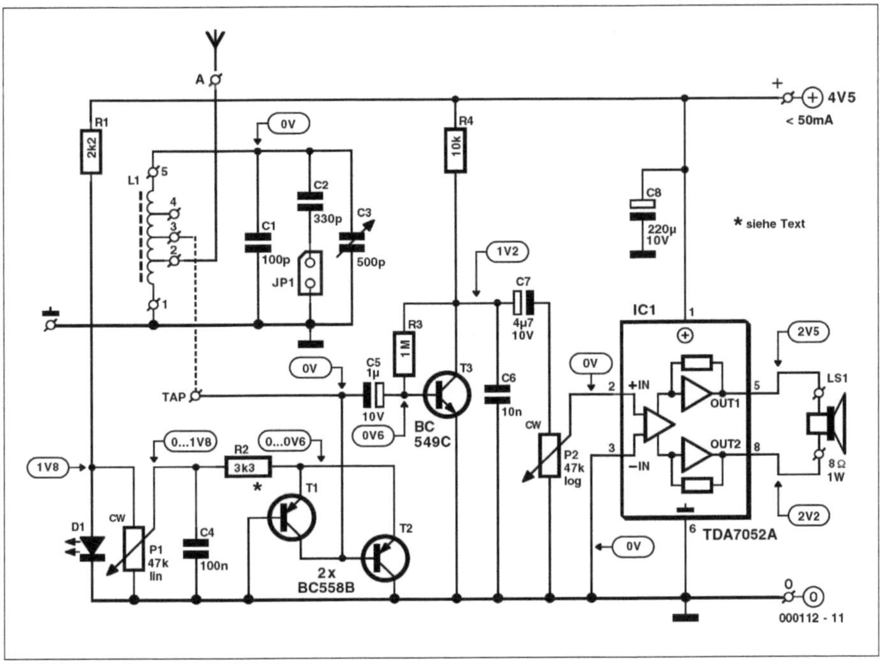

Bild 4.9: Schaltung des Empfängers

Die beiden PNP-Transistoren in Differenzverstärkerschaltung arbeiten praktisch als Oszillator. Man kann daher den fehlenden Träger für SSB- und CW-Empfang zusetzen. Für AM-Empfang stellt man den Strom jedoch so ein, dass alle Verluste gerade ausgeglichen werden und noch keine Schwingungen einsetzen. Bei optimaler Entdämpfung ergibt sich eine sehr gute Verstärkung und Trennschärfe. Auch die Großsignal- und Intermodulations-Probleme vieler anderer Empfänger kennt die Schaltung nicht, weil durch die Entdämpfung nur das Nutzsignal verstärkt wird. In der Praxis kann diese einfache Schaltung in Bezug auf Klang und Empfindlichkeit manchen PLL-Weltempfänger der unteren Preisklasse in den Schatten stellen.

T1 und T2 bilden einen Differenzverstärker, wobei Eingang (Basis von T2) und Ausgang (Kollektor von T1) zusammen an der Spule liegen. Das Ganze wirkt wie ein negativer differenzieller Widerstand und entdämpft den Schwingkreis. Man kann die Schaltung an das heiße Ende oder an eine Anzapfung legen. Bei Spulen mit großer Dämpfung kann es sein, dass die unterste Anzapfung eine zu kleine Impedanz hat, sodass keine Schwingungen einsetzen können. Theoretisch ist der Schwingkreis dann am besten, wenn der Verlustwiderstand gerade durch den negativen Generatorwiderstand der Schaltung aufgehoben wird. Über den Emitterstrom stellt man die Verstärkung ein. Die Antenne dämpft den Kreis ebenfalls. Man muss eine lange Antenne daher an eine tiefe Anzapfung legen.

Die Spule hat vier mal fünf Windungen, also 20 Windungen mit drei Anzapfungen. Eine separate Antennenkoppelspule wird nicht gebraucht, da die Schwingkreisspule mehrere Anzapfungen besitzt. Man sucht jeweils die günstigste Anpassung.

Als Antenne reicht ein Draht mit einer Länge von 50 cm bis 3 m. Man kann problemlos alle starken Sender im 49-m-Band und im 41-m-Band hören. CW-Signale im 40-m-Amateurfunkband hört man mit angezogener Rückkopplung. Mit verbundenem Jumper JP1 kann auch das 80-m-Band abgehört werden.

4.5 Rückkopplung mit Emitterfolger

Vielfach hat sich ein Audion in Kollektorschaltung bewährt. Die Schaltung arbeitet wie eine Diodenschaltung mit Vorspannung, wobei der Eingangswiderstand durch die Stromverstärkung des Transistors erhöht wird. Zwar ist hier eine geringere Spannungsverstärkung zu erwarten, diese kann jedoch durch nachfolgende Stufen leicht ausgeglichen werden.

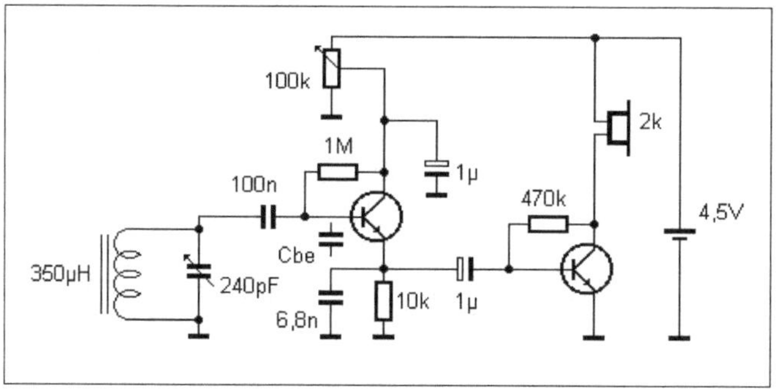

Bild 4.10: MW-Audion in Kollektorschaltung

Ein Vorteil dieser Schaltung ist die Verwendung einer einfachen Spule ohne Anzapfung. Das ist möglich, weil die Kollektorschaltung einen großen Eingangswiderstand besitzt. Auch die Rückkopplung gelingt hier ohne Anzapfung der Spule. Die HF-Spannung wird über einen kapazitiven Spannungsteiler über die Basis-Emitter-Kapazität und den Emitterkondensator in den Schwingkreis eingekoppelt. Die Verstärkung wird über eine Regelung der Kollektorspannung eingestellt. Es ergibt sich eine sehr weich einsetzende und gut einstellbare Rückkopplung. Diese Schaltung eignet sich für einen großen Frequenzbereich zwischen etwa 50 kHz und 4 MHz, also vom Längstwellenbereich bis in den unteren Kurzwellenbereich. Durch Umschaltung von Spulen können mehrere Bereiche verwendet werden.

Die Schaltung lässt sich bei geringerer Betriebsspannung auch ganz ohne einen Rückkopplungsregler einsetzen. Bild 4.11 zeigt ein vierstufiges Mittelwellenradio mit Lautsprecher, das mit nur 1,5 V auskommt. Bei einer Stromaufnahme von nur 10 mA beträgt die Betriebsdauer für eine Mignon-Alkalizelle etwa 200 Stunden. Das Radio funktioniert gut mit der internen Ferritantenne. Mit einem Draht von etwa 2 Metern als Zusatzantenne empfängt man jedoch mehr Sender.

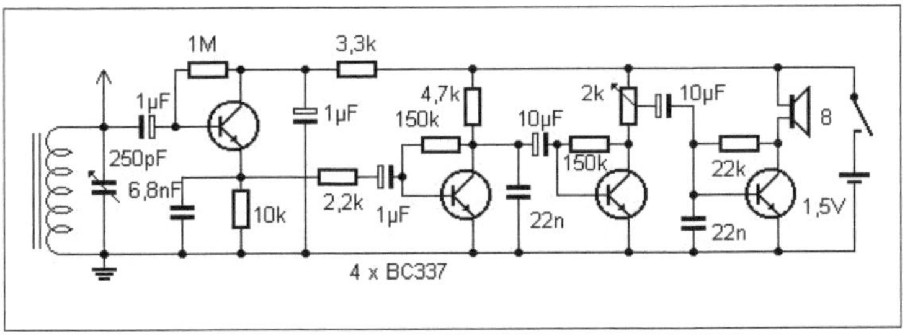

Bild 4.11: Das Mittelwellenradio mit Lautsprecher

Die vierstufige Schaltung weist eine erhebliche Gesamtverstärkung auf. Deshalb besteht prinzipiell die Gefahr von Unstabilitäten durch unerwünschte Rückkopplung von NF- oder HF-Signalen. Die Audionstufe erhält daher eine eigene Glättung der Betriebsspannung, die eine Kopplung über die Versorgungsleitung ausschließt. Die folgenden NF-Stufen arbeiten mit herabgesetzter Grenzfrequenz, um Eigenschwingungen durch parasitäre Kapazitäten auszuschließen.

4.6 Mittelwellenempfänger mit TA7642

Der integrierte Mittelwellen-Empfängerbaustein ZN414 der Firma Feranti wurde später durch den MK484 ersetzt und ist inzwischen als TA7642 erhältlich. Dieser integrierte Baustein mit nur drei Anschlüssen und TO92-Gehäuse ist für eine Betriebsspannung von 1,5 V ausgelegt. Bild 4.12 zeigt die Grundschaltung für einen einfachen Mittelwellenempfänger mit Ferritstab und Drehkoabstimmung. Der Empfänger erreicht eine gute Empfindlichkeit und Trennschärfe und ist in der Empfangsleistung mit einfachen Superhets vergleichbar. Am Abend wird europaweiter Empfang möglich.

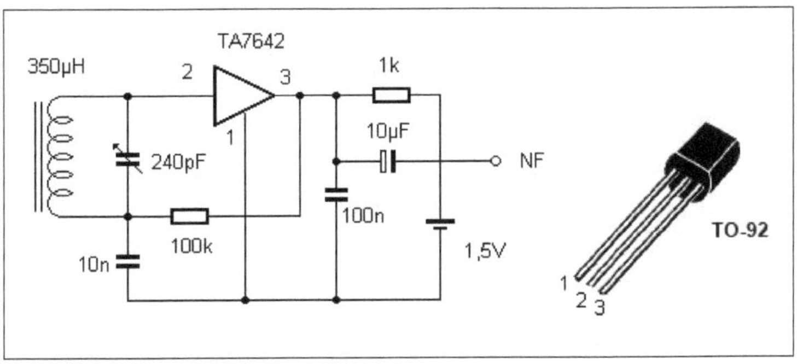

Bild 4.12: Mittelwellenempfänger mit Ferritstab

Die Schaltung verfügt über eine große Gesamtverstärkung und entdämpft den Schwingkreis in Abhängigkeit von der Betriebsspannung durch einen negativen Eingangswiderstand. Daher ist die Stabilität bei einer höheren Spannung als 1,5 V nicht mehr garantiert. Falls es mit einem Schwingkreis hoher Güte zu Eigenschwingungen kommt, kann man einen Widerstand von 200 kΩ bis 1 MΩ parallel zur Spule schalten, um die Stabilität zu sichern.

Schwache und starke Stationen werden weitgehend mit gleicher Lautstärke empfangen, d.h. die Schaltung enthält eine einfache Verstärkungsregelung. Eine große HF-Eingangsspannung erhöht die Stromaufnahme und den Spannungsabfall am Arbeitswiderstand. Damit sinkt die Betriebsspannung am Pin 3 und regelt die Verstärkung zurück.

Bild 4.13 zeigt die Innenschaltung des TA7642. Man erkennt einen Emitterfolger mit T1 als hochohmige Eingangsstufe. T4, T5, T7 und T9 bilden vier HF-Verstärkerstufen. T10 ist der eigentliche Demodulator. Alle anderen Transistoren bilden Hilfsschaltungen zur Stabilisierung der Arbeitspunkte. Der Kollektor der Ausgangsstufe T10 liegt zugleich an der Betriebsspannung aller Vorstufen und regelt bei großer HF-Eingangsspannung die Verstärkung zurück. Da man in integrierten Schaltungen nur sehr kleine Kondensatoren herstellen kann, arbeitet der Empfänger erst ab etwa 500 kHz mit hoher Verstärkung. Die obere Grenzfrequenz ist durch den hochohmigen Aufbau und die Sperrschichtkapazitäten festgelegt. Das IC kann daher nur mit Einschränkungen im Langwellenbereich und im unteren Kurzwellenbereich verwendet werden.

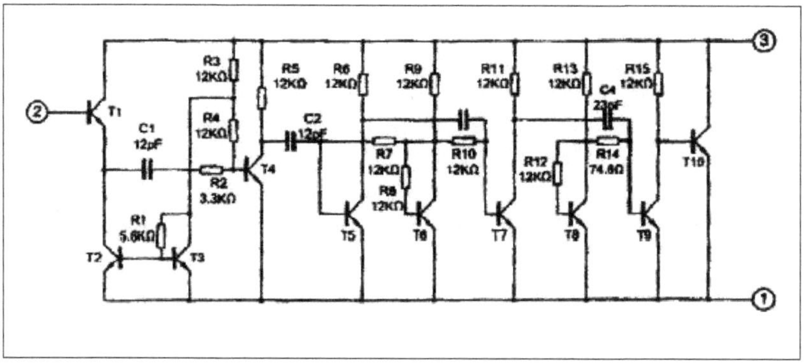

Bild 4.13: Innenschaltung des TA7642

Der Empfänger eignet sich gut zum Aufbau eines Mittelwellen-PC-Radios, das wie das Kurzwellenradio aus Kapitel 4.2 über den Mikrofoneingang der Soundkarte versorgt wird. Die höhere Betriebsspannung von 2,5 V macht es im Interesse der Stabilität erforderlich, einen zusätzlichen Serienwiderstand von 10 kΩ einzusetzen. Der Widerstand sollte mit einem Elko überbrückt werden, um die volle NF-Ausgangsspannung an den Mikrofoneingang zu legen.

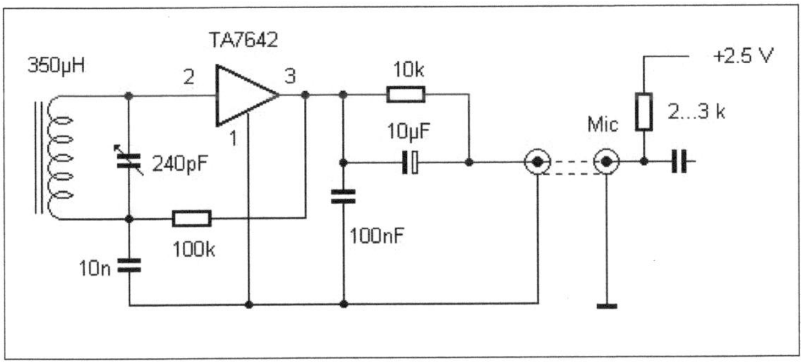

Bild 4.14: Versorgung über die PC-Soundkarte

Der TA7642 ist nur bei wenigen Händlern zu bekommen. Daher kann es sinnvoll sein, eine Ersatzschaltung mit diskreten Bauelementen aufzubauen. Die Innenschaltung des Bausteins zeigt das Arbeitsprinzip. Daher ist es nicht schwierig, die Schaltung auf das Wesentliche zu reduzieren. Bild 4.15 zeigt eine fast gleichwertige Ersatzschaltung mit nur drei NPN-Transistoren BC548C. Der Nachbau besteht aus einer der Emitterfolger-Eingangsstufe, nur einer HF-Stufe und der Demodulatorstufe.

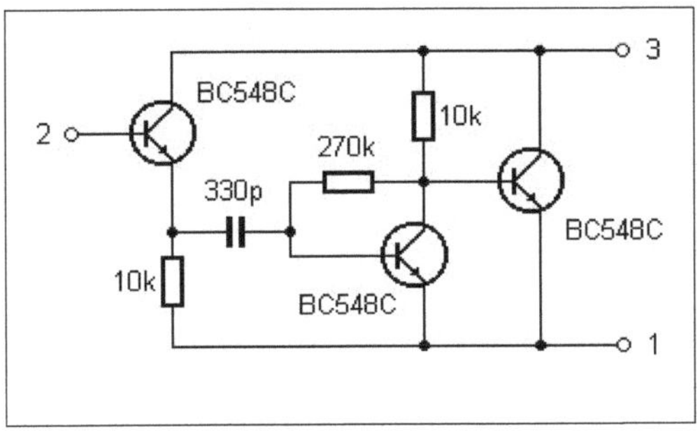

Bild 4.15: Eine Ersatzschaltung für den TA7642

Die Ersatzschaltung zeigt weitgehend ähnliche Eigenschaften, neigt jedoch wegen des größeren Emitterstroms in der Eingangsstufe eher zu Eigenschwingungen, d.h. die Entdämpfung wirkt stärker. Dabei handelt es sich im Prinzip um die gleiche Schwingschaltung wie beim Emitterfolger in Kap. 4.5. Verwendet man eine Spule mit geringer Eigendämpfung, kann es nötig werden, einen Widerstand zwischen 200 kΩ und 1 MΩ parallel zum Schwingkreis einzusetzen, der den negativen Innenwiderstand des Eingangs teilweise kompensiert. Ein weiterer Vorteil der Schaltung besteht darin, dass der größere Koppelkondensator auch einen Betrieb im Langwellenbereich zulässt.

4.7 Das MW-Retroradio

Das Franzis-Radio mit einem TA7642 erinnert äußerlich an ein Röhrenradio aus den 1950er Jahren. Es wurde 2008 zunächst mit einem Messwerk geliefert, später dann im kleineren Gehäuse ohne Messwerk. Inzwischen ist der Bausatz leider nicht mehr erhältlich, weil die Mittelwellensender in vielen Ländern abgeschaltet wurden. Das Konzept ist aber nach wie vor aktuell, weil man vor allem in den Abendstunden viele interessante Stationen aus ganz Europa hören kann.

Bild 4.16: Das Mittelwellen-Retroradio

Der Schwingkreis aus Ferritkern-Spule und Drehkondensator ist zugleich die Empfangsantenne. Das HF-Signal wird an einer Anzapfung der Spule ausgekoppelt und dem Eingang des Empfänger-ICs (Pin 1) zugeführt. Am Ausgang (Pin 3) liegt sowohl die demodulierte NF-Signal als auch eine Regelspannung für die automatische Verstärkungsregelung. Die Spannung sinkt von 1,2 V ohne Signal auf unter 1 V bei hoher Signalstärke. Die Regelspannung gelangt über R4 zurück auf den Eingang und beeinflusst die Verstärkung des Empfängers. Auf diese Weise erscheinen starke und schwache Stationen fast gleich laut.

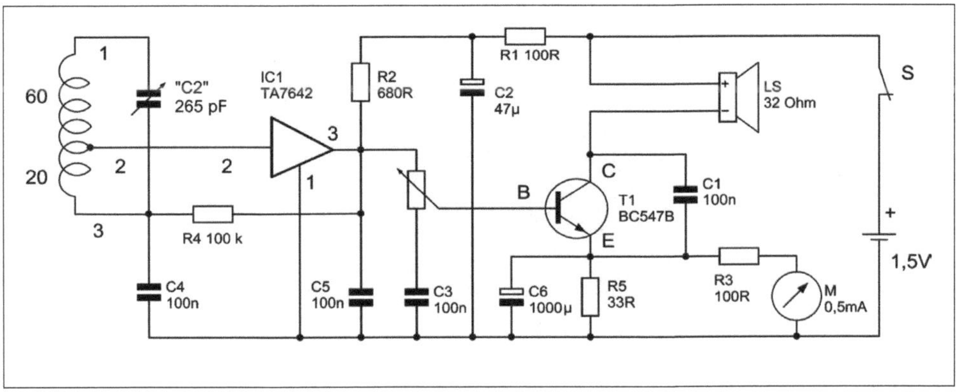

Bild 4.17: Der Schaltplan des Mittelwellenradios

Die Regelspannung zwischen ca. 1 V und 1,2 V gelangt über den Lautstärkeregler auf die Basis des Endstufentransistors T1. Der Arbeitspunkt von ca. 20 mA wird damit weitgehend unabhängig von der Batteriespannung und von Streuungen der Stromverstärkung des Transistors, ändert sich aber mit der Empfangsfeldstärke. Das Anzeigeinstrument zeigt die Emitterspannung und damit zugleich den Emitterstrom von T1. Der Strom wird bis auf ca. 5 mA reduziert, wenn man eine kleine Lautstärke einstellt, weil dann ein zusätzlicher Basiswiderstand bis zu 10 kΩ den Basisstrom reduziert. Das Instrument zeigt alle Änderungen des Emitterstroms und damit zugleich den Zustand der Batterie, die eingestellte Lautstärke und die Signalstärke eines eingestellten Senders.

Die Schaltung ist besonders sparsam und benötigt nur eine einzelne Batterie von 1,5 V. Eine Alkalizelle mit einer typischen Kapazität von 2000 mAh reicht bei hoher Lautstärke für 100 Stunden Betrieb. Bei reduzierter Lautstärke hält die Batterie noch wesentlich länger.

Der Zeigerausschlag geht beim Empfang eines Senders zurück und gibt einen Hinweis auf die genaue Frequenzeinstellung. Das Messgerät erfüllt also zugleich auch die Funktion einer Abstimmungsanzeige, die bei alten Röhrenradios oft mit einer Anzeigeröhre realisiert wurde.

Die Ferritantenne des Radios reagiert empfindlich auf die Richtung. Die größte Signalstärke wird empfangen, wenn sie quer zur Empfangsrichtung steht. Umgekehrt kann man die Richtung des Senders besonders genau auspeilen, wenn man das Radio so dreht, dass der Sender fast ganz verschwindet. Diese Methode kann auch angewandt werden, wenn ein sehr starker Sender schwächere Stationen auf einer benachbarten Frequenz übertönt.

Bild 4.18: Die bestückte Platine

Die kleine Platine ist leicht zu bestücken. Außer dem Empfänger-IC ist ein Transistor als Endverstärker vorhanden. Im Endausbau wird die Platine vom Drehko gehalten

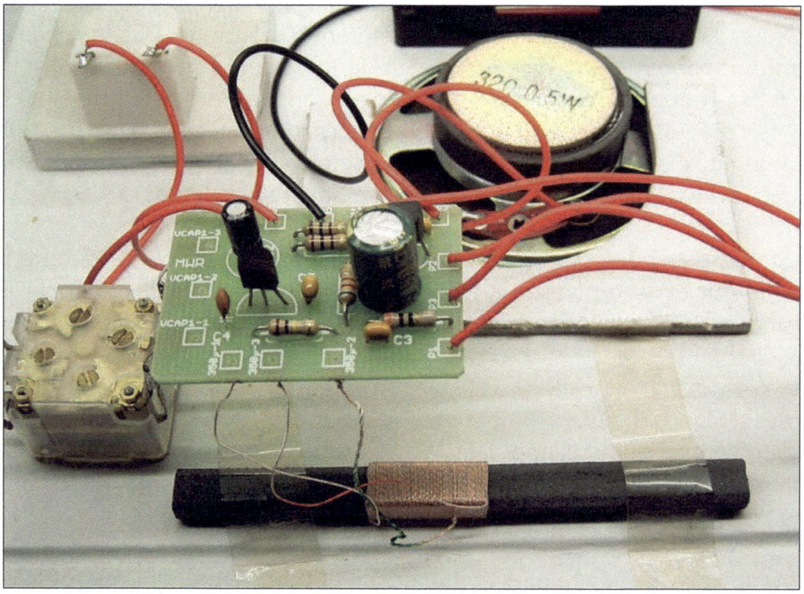

Bild 4.19: Endmontage im Gehäuse

4.8 Emitterfolger-Kurzwellen-Audion

Ein Kurzwellen-Audion mit nur zwei Transistoren und mit einer Batterie von 1,5 V ist ein idealer Einstieg in die Kurzwellen-Empfangstechnik. Der Empfänger wird an einen aktiven PC-Lautsprecher angeschlossen und liefert eine überzeugende Empfangsleistung.
Die Schaltung weist eine Besonderheit auf. Der PNP-Transistor BC558C arbeitet als Au-

dion in Kollektorschaltung (Emitterfolger, vgl. Kap. 4.5). Es wird nur ein sehr geringer Emitterstrom benötigt um den Schwingungseinsatz zu erreichen. Mit dem Poti stellt man das Audion für AM-Empfang gerade vor den Schwingungseinsatz, für CW und SSB knapp darüber.

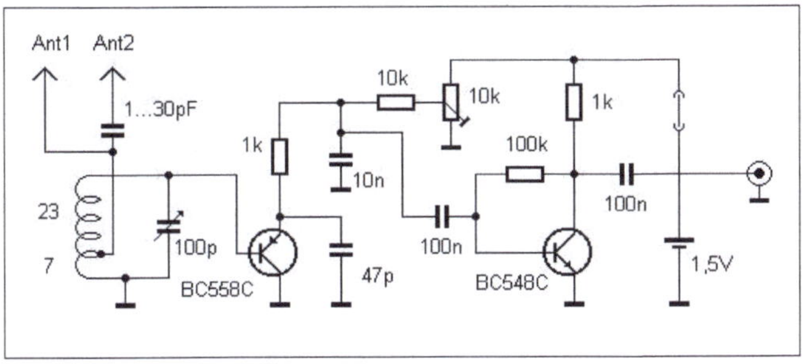

Bild 4.20: Das Audion mit zwei Transistoren

Die ganze Schaltung wurde auf den ausgeschnittenen Deckel einer Cappuccino-Dose gelötet. Als Drehko dient ein 100-pF-Trimmer. Zusätzlich kann man auch mit dem Schraubkern der Spule abstimmen. Obwohl man die Senderwahl mit dem Schraubendreher betreibt, ist die genaue Einstellung einer Station problemlos.

Bild 4.21: Experimenteller Aufbau

Das Audion weist einen weichen Einsatz der Rückkopplung auf und ist relativ leicht zu bedienen. Der Frequenzbereich des Empfängers reicht insgesamt vom 49-m-Band bis zum 31-m-Band. Zwischen 7,0 MHz und 7,1 MHz kann auch Amateurfunk in CW und SSB gehört werden. Als Antenne eignet sich ein Draht ab 3 m Länge.

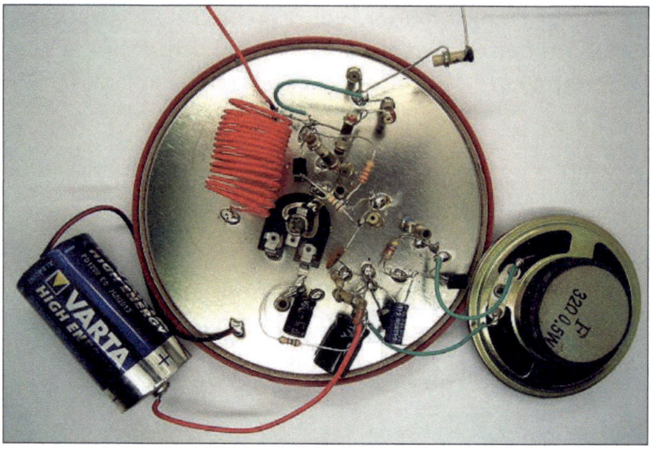

Bild 4.22: Erweiterung auf vier Transistoren

Das Emitterfolger-Audion wurde mit veränderter Abstimmung und für Lautsprecherbetrieb weiterentwickelt. Das Ziel war eine Schaltung ganz ohne HF-Spezialbauteile wie Drehko oder Kurzwellenspule, damit jeder gleich loslegen kann. Ein Lautsprecher, ein alter Blechdeckel und eine 1,5-V-Batterie sind dagegen überall vorhanden.

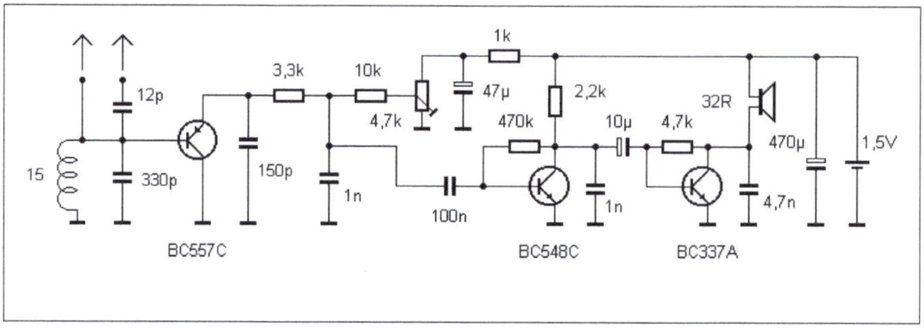

Bild 4.23: Lautsprecherbetrieb

Statt des Drehkos hat das Audion einen Festkondensator, der je nach KW-Band aus mehreren Einzelkondensatoren zusammengelötet wird. Der Kern des Radios ist eine selbstgebaute Variometer-Spule, die einen Feinabgleich durch Verbiegen zulässt. Hier wurden 17 Windungen stramm auf eine Mignon-Batterie gewickelt. Beim Abziehen von Wickeldorn ging die Spule etwas auseinander. Übrig blieben 15 Windungen mit einem Durchmesser von 17 mm.

Wenn die gewünschte Frequenz und die passende Antennenkopplung grob gefunden sind, stellt man das Poti nahe an den Rückkopplungseinsatz, wobei ein Anstieg des Rauschens die gesteigerte Empfindlichkeit verrät. Dann wird die Spule vorsichtig verbogen, bis der gewünschte Sender klar zu hören ist. Im ersten Versuch war das ein starker Sender im 49-m-Band. Am Abend kommen aber noch andere Stationen hinzu. Um die Abstimmung zu vereinfachen, bekam das Radio am Ende noch einen Hebel-Mechanismus zur einstellbaren Verlängerung der Spule. So ist die Frequenz mit etwas Geschick ebenso genau einzustellen wie mit einem Drehko.

Bild 4.24: Abstimmung mit Variometerspule

4.9 Das Retro-Kurzwellenradio

Das Franzis-Kurzellenradio ist ein Transistor-Audion für den Bereich 3,5 MHz bis 9,5 MHz. Hier wurde ebenfalls die Emitterfolgerschaltung verwendet, zusätzlich aber ein NF-Verstärker mit dem LM386.

Bild 4.25: Das Kurzwellen-Transistoraudion)

Der Audion-Transistor T1 erfüllt drei Aufgaben: Verstärkung, Entdämpfung des Schwingkreises und Demodulation des HF-Signals. Der PNP-Transistor arbeitet als Emitterfolger. C2 und die interne Basis-Emitter-Kapazität von ca. 5 pF bilden einen kapazitiven Spannungsteiler. Zusammen mit dem Schwingkreis wird ein Colpitts-Oszillator gebildet. Durch passende Einstellung des Emitterstroms kann die Verstärkung so gewählt werden, dass der Oszillator gerade noch nicht anschwingt. Mit diesem Arbeitspunkt gleicht der Transistor alle Verluste aus, die im Schwingkreis auftreten. Der Gütefaktor kann von ca. 50 bis auf über 1000 erhöht werden. Bei einer Empfangsfrequenz von 6 MHz beträgt die Bandbreite etwa 6 kHz, man kann also auch Sender trennen, die dicht nebeneinander liegen.

Die Entdämpfung führt gleichzeitig zu einer Anhebung der Signalamplitude. An der Basis können daher HF-Spannungen bis ca. 100 mV auftreten. Die AM-Signale werden an der gekrümmten Eingangskennlinie des Transistors demoduliert. Das NF-Signal erscheint dann am Emitter. R1 und C2 bilden ein Tiefpassfilter, das HF-Reste entfernt. T2 bildet einen NF-Vorverstärker für den integrierten Verstärker IC1. Die NF-Stufe verwendet ebenfalls einen PNP-Transistor, damit beim Aufbau keine Verwechslungsgefahr besteht.

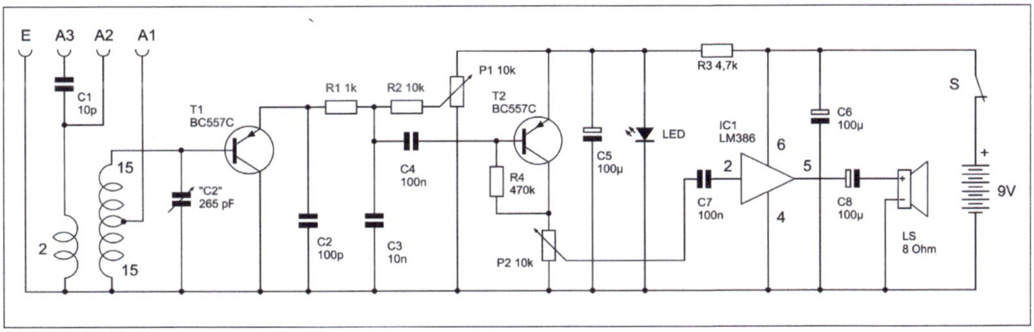

Bild 4.26: Transistor-Audion mit Endverstärker

Eine Besonderheit dieser Audionschaltung ist die direkte Kopplung des Transistors an den Schwingkreis. T1 arbeitet dabei mit einer Kollektor-Emitterspannung von nur ca. 0,6 V. Außerdem wirkt sich die Basis-Emitterkapazität von ca. 5 pF stark auf den Schwingkreis aus. Durch die enge Kopplung wird erreicht, dass der Transistor zugleich wie eine Kapazitätsdiode wirkt und eine Feineinstellung der Frequenz über den Rückkopplungsregler erlaubt. Da die Rückkopplung sehr weich einsetzt, kann man die Frequenz um mehrere Kilohertz ziehen, was vorteilhaft für den Empfang von SSB- und CW-Stationen ist.

Der Lautsprecherverstärker LM386 arbeitet direkt an einer 9-V-Batterie. Die Stromaufnahme hängt stark von der eingestellten Lautstärke ab. Bei geringer Lautstärke nimmt der gesamte Empfänger nur ca. 5 mA auf. Die LED dient nicht nur als Betriebsanzeige sondern gleichzeitig zur Spannungsstabilisierung auf die LED-Durchlassspannung von ca. 1,8 V. Der beiden Transistorstufen erhalten daher immer eine stabile Betriebsspannung.

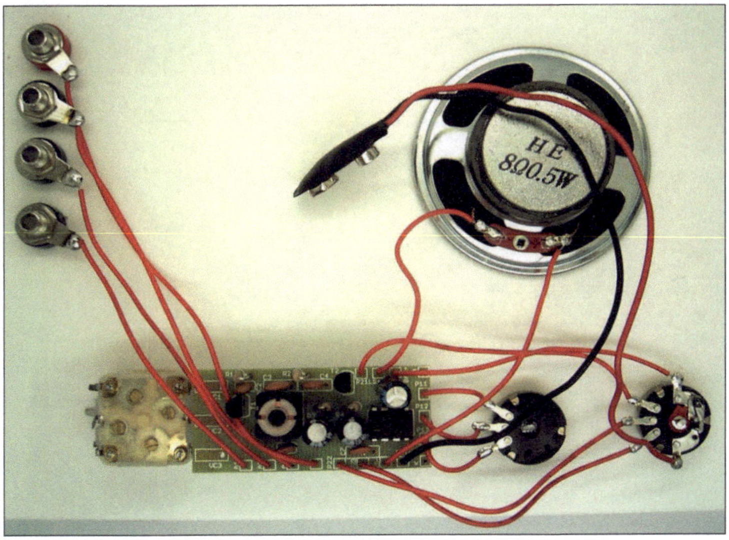

Bild 4.27: Platine und Einbau

Beim Abstimmen der Frequenz wird man einzelne Kurzwellenbänder mit mehreren Sendern finden. Auf Kurzwelle erreicht man zwar auch am Tage eine hohe Reichweite, viele Sender werden jedoch erst am Abend eingeschaltet. Unterhalb 4 MHz befindet sich das 75-m-Band, das auf vielen Kurzwellenradios fehlt. Hier hört man am Abend einige wenige interessante Stationen. Das 49-m-Band bei 6 MHz ist mit zahlreichen europäischen Stationen dicht belegt. Einige Frequenzen werden nacheinander von verschiedenen Sendern benutzt. Das 41-m-Band oberhalb 7 MHz wird erst am Abend stark verwendet. Der Empfänger erreicht auch noch Teile des 31-m-Bands oberhalb 9 MHz. Allgemein erzielt man auf höheren Frequenzen größere Reichweiten. Oft lassen sich auch außereuropäische Stationen empfangen. Zwischen den Rundfunkbändern gibt es zahlreiche Stationen in CW (Morse-Telegrafie), SSB (Einseitenband-Sprechfunk), RTTY (Funkfernschreiber) und Wetterfax (Bildfunk). All diese Stationen können nur mit angezogener Rückkopplung gehört werden.

4.10 40-m-Kurzwellenaudion

Das Franzis-Kurzwellenradio aus dem letzten Abschnitt ist in seiner offenen Bauweise gut für den Kurzwellen-Rundfunkempfang geeignet, hat aber Probleme mit der Frequenzstabilität, wenn es um CW und SSB auf den Amateurfunkbändern geht. Außerdem ist die genaue Frequenz nur sehr schwer einstellbar. Das Radio sollte deshalb zu einem Amateurfunkempfänger speziell für das 40m-Band umgebaut werden. Die entscheidende Verbesserung wurde durch ein Abschirmblech erreicht. Damit wird jede Handempfindlichkeit verhindert und außerdem für eine schwingungsfreie Befestigung der Platine gesorgt.

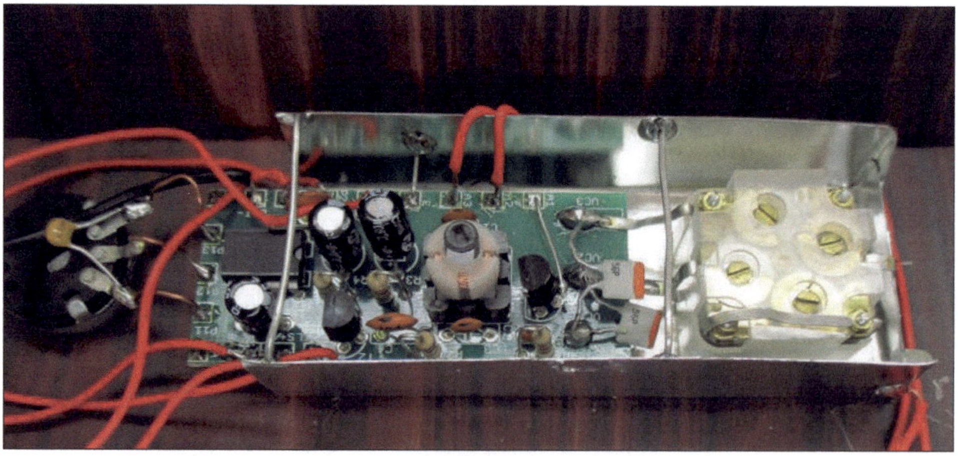

Bild 4.28: Eine Blech-Abschirmung

Das verwendete Weißblech stammt aus einer Cappuccino-Dose. Solche Bleche habe ich immer aufgehoben und gern als Basis für experimentelle Schaltungen verwendet. Das Material ist sehr dünn und kann mit einer normalen Schere geschnitten werden. Die äußeren Maße der Abschirmbox habe ich mit einer Karton-Schablone festgelegt. Dann wurde alles gebogen und verlötet.

Bild 4.29: Masseverbindungen

Den Drehko habe ich umgedreht, sodass nun die UKW-Seite verwendet wird. Die Massefahne der AM-Seite ist mit an die Abschirmung gelötet. Ein kräftiger Massedraht verbindet außerdem den Drehko-Masseanschluss der Platine mit dem Blech, was die Einbauhöhe festlegt. Insgesamt gibt es mehrere Masseverbindungen zum Blech. Zusätzlich habe ich Drahtstreben eingelötet, die das Blech stabiler halten und mechanische Schwingungen verhindern. Alle diese Maßnahmen haben mit dazu beigetragen, dass es nun absolut keine Frequenzänderung mehr gibt, wenn man die Hand annähert und die Drehknöpfe berührt.

Bild 4.30: Kondensatoren im Schwingkreis

Die Bandspreizung verwendet einen Schwingkreiskondensator von 56 pF und einen weiteren Serienkondensator mit 56 pF zu einer Seite des UKW-Drehkos mit 20 pF und seinem parallelen Trimmer mit 10 pF. Die Dimensionierung wurde nicht genau berechnet, sondern mit Material ausprobiert, das gerade da war. Im Endergebnis überstreicht der Empfänger nun das ganze 40-m-Band und den Anfang des 41-m-Rundfunkbands. Die Basis des Audiontransistors liegt nicht mehr am heißen Ende des Kreises, sondern an der Mittelanzapfung, die bisher am Antennenanschluss A1 lag.
Beim Empfang von CW- und SSB-Stationen wurden allerdings noch gewisse Verzerrungen hörbar, die auf die Sperrschichtkapazität des Transistors zurückzuführen sind. In Abhängigkeit vom Signal ändent sich der Arbeitspunkt und damit auch die Eingangskapazität. Es kommt dann zu einer zusätzlichen Frequenzmodulation und unschönen Nebeneffekten. Um diesen Effekt zu verringern, habe ich einen zusätzlichen Kondensator mit 12 pF zwischen Basis und Emitter eingebaut.

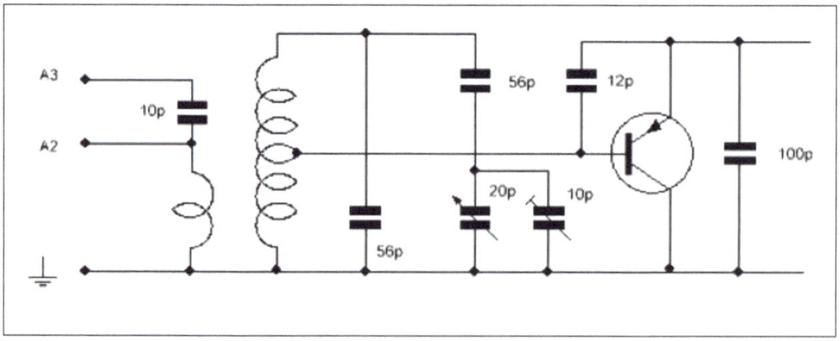

Bild 4.31: Die geänderte Schaltung

Mit dieser Änderung wird der Einfluss der Basiskapazität geringer. Außerdem wird die Rückkopplung vergrößert, so dass man größere Eigenschwingungen einstellen kann. Das Audion arbeitet dann eher schon wie ein Direktmischer. Wenn die Eigenschwingungen wesentlich größer sind als die Empfangssignale, verschiebt sich der Arbeitspunkt weniger stark. Es gibt nun einen größeren Bereich des Rückkopplungsreglers jenseits des Schwingungseinsatzes, den man sehr gut zur Feinabstimmung der Frequenz nutzen kann. Die genaue Einstellung eines SSB-Signals wird damit wesentlich vereinfacht.
Eine weitere Verbesserung des Störabstands konnte durch eine Reduzierung der NF-Bandbreite erreicht werden. Dazu musste ich nur einen Kondensator mit 22 nF über den Lautstärkeregler löten. Am Ende fehlte noch etwas Lautstärke. Aber kein Problem, der LM386 hat ja noch Reserven. Zwischen Pin 1 und Pin 8 habe ich 10 µF in Reihe zu 470 Ω gelegt. Das Audion ist in dieser Form für den Amateurfunk einsetzbar. Es macht Spaß, damit CW zu hören, und das Audion eignet sich gut als Übungsempfänger.

4.11 Kurzwellenaudion-Optimierung

Ist es möglich, ein Transistor-Audion so weit zu optimieren, dass es für den echten Funkbetrieb auf den Amateurfunkbändern taugt, so wie es damals in der Anfangszeit gemacht wurde? Der Grundgedanke ist, wenn ein stabiler und gut abgeschirmter Schwingkries mit höchster Leerlaufgüte extrem löse angekoppelt wird, müsste man damit ein sehr stabiles und empfindliches Audion bauen können. Mein offener Testaufbau auf einer kupferbeschichteten Platine erfüllt diese Anforderungen zwar noch nicht, aber er erlaubt es, beliebige andere Schwingkreise anzuschließen. Zumindest die durchgehende Massefläche wirkt sich positiv auf die Stabilität aus.

Bild 4.32: Testaufbau auf einer Kupferplatine

Im Laufe der Jahre haben sich zwei Audionschaltungen besonders bewährt. Die einfache Variante wird im Franzis-Kurzwellenradio verwendet. Ein einzelner PNP-Transistor sorgt für die Entdämpfung und für die Modulation.

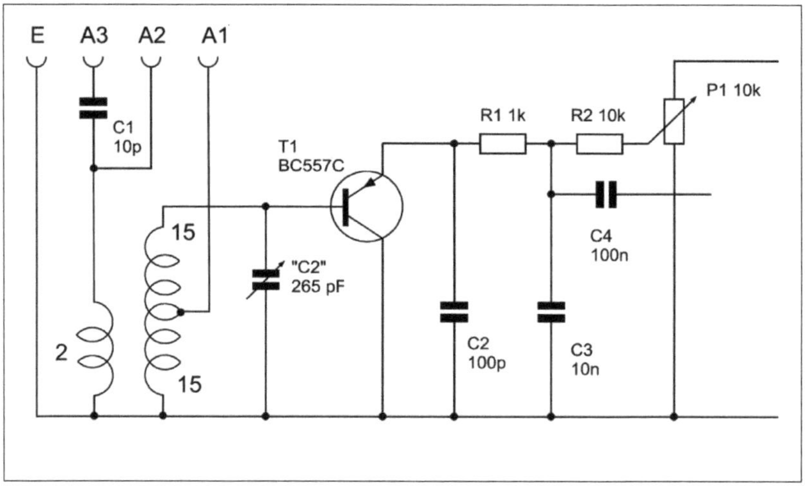

Bild 4.33: Audion in PNP-Emitterfolgerschaltung

Die Schaltung funktioniert bei korrekter Bedienung zwar sehr gut, aber sie hat einige Nachteile für die Nachbausicherheit. Der Transistor ist sehr fest an den Kreis gekoppelt. Deshalb beeinflusst der Rückkopplungsregler die Frequenz. Das kann auch ein Vorteil sein, wenn man es geschickt für eine Feineinstellung nutzt. Insgesamt ist die Verstärkung der Entdämpfungsschaltung gering. Deshalb darf man die Antenne nur lose ankoppeln. Die korrekte Einstellung ist also nicht ganz einfach. Ein weiterer Nachteil ist, dass die Audionstufe keine Verstärkung hat. Man muss daher eine große NF-Verstärkung einsetzen.

Die zweite bewährte Schaltung wurde auch im Elektor-Kurzwellenaudion verwendet. Hier arbeitet die eigentliche Audionstufe in Emitterschaltung und hat bereits eine große Verstärkung. Die Entdämpfung ist davon getrennt und verwendet zwei PNP-Transistoren in Differenzverstärkerschaltung.

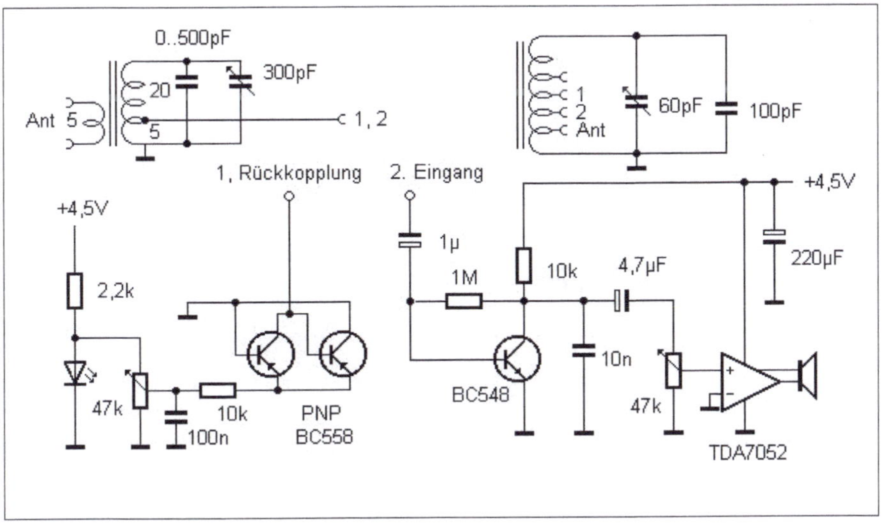

Bild 4.34: Audion mit getrennter Entdämpfung

An dieser Variante habe ich mich beim ersten Aufbau orientiert. Die Entdämpfung hat so viel Verstärkung, dass man damit praktisch jeden Schwingkreis an den Schwingungseinsatz bringt. Die Schaltung eignet sich daher gut für Experimente mit unterschiedlichen Schwingkreisen und auch für eine Bandumschaltung. Anders als beim Original habe ich diesmal alles mit 9 V betrieben und einen LM386 in der Endstufe verwendet. Außerdem gibt es einen 5-V-Spannungsregler für das Audion.

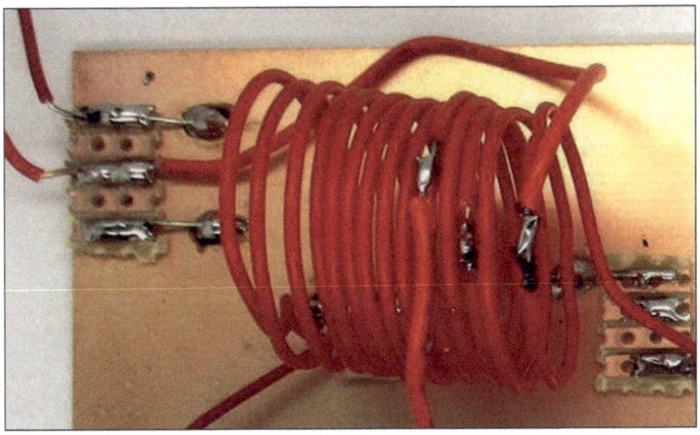

Bild 4.35: Experimentelle Luftspule mit Anzapfungen

Die freitragende Spule wurde aus einem Meter Schaltdraht gewickelt. Diese Bauweise ist zwar das komplette Gegenteil einer stabilen Spule, aber der isolierte Draht kommt der Nachbausicherheit entgegen. Die Stabilität reicht für den Empfang von Rundfunksendern aus. Anzapfungen lassen sich mit dem heißen Lötkolben leicht erzeugen. Bei der fünften

Windung ist die Audionstufe angeschlossen, bei der ersten Windung die Antenne. Weil hier eine lange Antenne verwendet wurde, musste sie extrem lose angekoppelt werden. Alternativ kann man auch eine große Drahtschleife als Antenne verwenden.

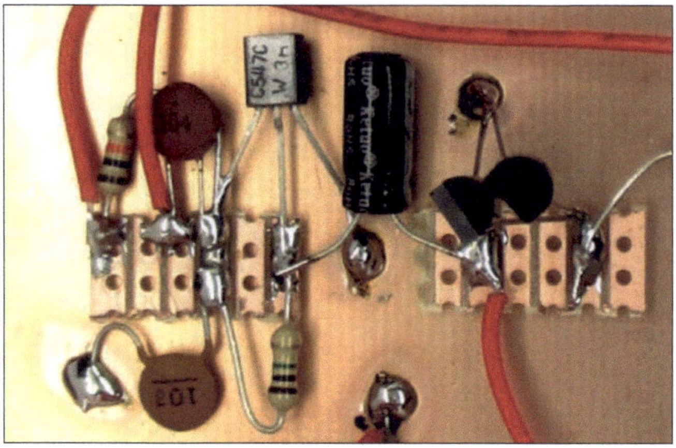

Bild 4.36: Audionstufe mit getrennter Entdämpfung

Das Radio wurde auf einer durchgehenden Kupferplatine aufgebaut. Die einzelnen Baugruppen sind auf kurze Abschnitte einer Streifenplatine gelötet. Bild 4.36 zeigt die NPN-Audionstufe und die beiden PNP-Transistoren für die Entdämpfung Die durchgehende Kupferfläche dient der Stabilität und der Störsicherheit.

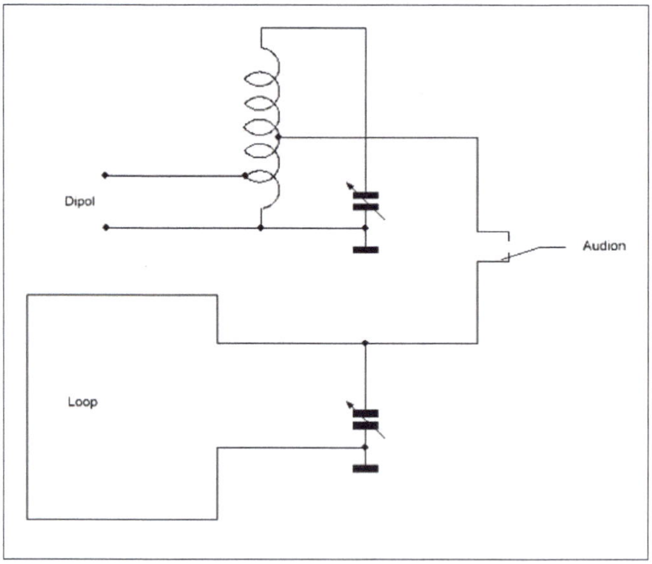

Bild 4.37: Loop-Antenne als Schwingkreis

Dieses Audion ist dafür ausgelegt, ganz unterschiedliche Kreise zu entdämpfen. Dabei kann die Schaltung im Interesse einer losen Kopplung an eine tiefe Anzapfung oder im Interesse einer großen Signalspannung an das heiße Ende des Kreises gelegt werden. Beim Anschluss einer langen Außenantenne arbeitet man mit tiefen Anzapfungen für das Audion und besonders für die Antenne. Dagegen kann eine kleine Loop-Antenne direkt am heißen Ende angeschlossen werden. Beide Varianten wurden mit den beiden Drehkohälften ausprobiert. Die Loop besteht aus insgesamt zwei Meter Litze, die einfach irgendwie über einen Stuhl gehängt wird. Damit hat man in Innenräumen einen recht guten Empfang, weil im Schwerpunkt die magnetische Komponente der Signale empfangen wird. Durch die künstliche Entdämpfung erreicht die Loop die Wirkung einer wesentlich größeren Schleife. Für die einfache Umschaltung verwende ich eine Krokoklemme. Damit lassen sich auch weitere Kreise austesten.

Bild 4.38: Testbetrieb mit Loopantenne und Lautsprecher

Der Drehko hat vier Pakete, zwei waren bisher noch frei. Damit wollte ich auch einmal testen, wie stabil ein Eisenpulver-Ringkern sein kann. Deshalb habe ich einen T50-2-Kern bewickelt und einige Anzapfungen eingefügt. Parallel liegen zwei keramische Kondensatoren mit je 56 pF und eine Hälfte des UKW-Drehkos mit ca. 20 pF. Beim ersten Versuch bin ich im 49-m-Band gelandet, wo viele Rundfunksender sehr klar zu empfangen waren. Bei insgesamt 112 pF bis 132 pF hat man ein Kapazitätsverhältnis von 1 zu 1,18. Das Frequenzverhältnis ist die Wurzel daraus, also 1,085. Im 49-m-Band werden daher ca. 500 kHz überstrichen.

Bild 4.39: Ringkernspule für 40 m

Um das 40-m-Band zu erreichen, habe ich dann vorsichtig Windungen abgewickelt. Damit kam ich dann ungefähr an den Bandanfang 7 MHz. Der Empfänger überstreicht nun das 40-m-Band und einen Teil des 41-m-Bands. Das Audion muss ungefähr bei der halben Windungszahl angeschlossen werden. SSB- und CW-Stationen können dank der Bandspreizung problemlos genau genug abgestimmt werden. Die Frequenzstabilität ist recht gut, allerdings gibt es wegen des offenen Aufbaus immer noch eine gewisse Handempfindlichkeit. In einem abgeschirmten Gehäuse dürfte aber ein brauchbares Audion für den Amateurfunk mit einem Ringkern machbar sein.

Bild 4.40: Test eines JFET-Audions

Am Ende der Versuchsreihe wollte ich es auch mit einem JFET zu versuchen. Frühere Versuche waren wenig erfolgreich gewesen, was ich darauf zurückgeführt hatte, dass ein JFET im Vergleich zu einem bipolaren Transistor eine zu schwach gekrümmte Kennlinie hat. Direkte Vergleiche haben tatsächlich ergeben, dass eine JFET-Schaltung weniger NF-Spannung liefert. Deshalb wurde eine weitere NF-Stufe eingefügt.

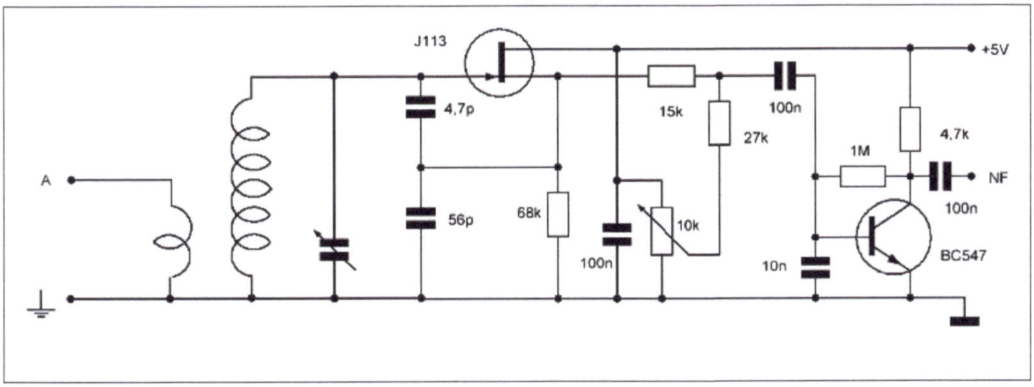

Bild 4.41: Das JFET-Audion

Der JFET wird mit sehr wenig Source-Strom betrieben und hat auch nur sehr kleine Kondensatoren am Eingang. Trotzdem reicht die Verstärkung für eine aktive Entdämpfung aus.

Bild 4.42: Aufbau der aktiven Stufen

Zuerst wurde die neue Audionschaltung auf einem Streifen aufgebaut. Die Schaltung wird mit zwei Krokoklemmen an den gewünschten Schwingkreis und an das Lautstärkepoti geklemmt. So kann man immer noch auf die alte bipolare Schaltung umschalten.

Der Vergleich zeigt deutlich, dass das FET-Audion die bessere Schaltung ist. Die Frequenzstabilität ist wesentlich höher und auch die fast völlig fehlende Abhängigkeit der Frequenz von der Rückkopplungseinstellung ist überzeugend. Und beim CW- und SSB-Empfang kann die Rückkopplung auch stärker überzogen werden, ohne an NF-Lautstärke zu verlieren. Hier wird die schwächer gekrümmte Kennlinie zum Vorteil. Insgesamt hat die Schaltung einen sehr großen Dynamikbereich und verarbeitet schwache CW-Stationen so gut wie starke Rundfunksender.

Alles in allem, es geht nichts über das gute alte Audion. Im Vergleich zu einem Direktmischer ist ein Audion wesentlich einfacher aufgebaut, weil es nur einen einzigen Schwingkreis braucht. Außerdem wird die wesentliche Verstärkung durch die scharf eingestellte Rückkopplung erreicht. Der Kreis hat dabei eine Güte bis über 1000. Das ergibt gleichzeitig eine gute Selektion und verringert die Gefahr von Intermodulationsverzerrungen oder dem Durchschlagen starker Rundfunksender. Dabei kann das Audion auch AM klar empfangen, was mit einem Direktmischer kaum möglich ist.

5 • HF-Oszillatoren

Die Qualität eines Empfängers oder eines Senders hängt stark von der verwendeten Oszillatorschaltung ab. Während frei schwingende Oszillatoren mit Drehko-Abstimmung nur mit großem Aufwand eine gute Stabilität erreichen, ist ein guter Quarzoszillator sehr einfach aufzubauen. Die gute Stabilität eines Quarzoszillators und zugleich die Abstimmbarkeit erreicht man mit PLL-Schaltungen. Die Spitze der aktuellen Entwicklung bilden DDS-Generatoren, die quarzgenaue Ausgangssignale mit sehr kleinen Frequenzschritten ermöglichen.

5.1 LC-Oszillatoren

Übliche Grundschaltungen für HF-Oszillatoren wurden bereits im Zusammenhang mit dem Audion vorgestellt, da jedes Audion mit Rückkopplung wie ein Oszillator arbeitet. Die Erfahrungen mit dem Audion zeigen aber auch die möglichen Schwachstellen eines Oszillators. Die Frequenz ändert sich durch äußere Einflüsse wie Handkapazitäten, Spannungsschwankungen oder Fremdsignale. Im Interesse einer hohen Stabilität müssen alle diese Einflüsse möglichst gering gehalten werden. Entscheidend sind die folgenden Faktoren:

- Schwingkreis hoher Leerlaufgüte
- Geringe Temperaturkoeffizienten der Spule und der Kondensatoren
- Lose Ankopplung der Oszillatorschaltung
- Abschirmung des Oszillators
- Entkopplung und Stabilisierung der Betriebsspannung
- Entkopplung durch Pufferstufen

Bild 5.1 zeigt die prinzipielle Schaltung eines stabilen VFO (Variable Frequency Oscillator) mit Oszillatorstufe und Pufferverstärker. Der erste Transistor ist über einen kapazitiven Spannungsteiler lose an den Schwingkreis gekoppelt. Die optimalen Werte für Kondensatoren und Widerstände richten sich nach dem gewünschten Frequenzbereich und sollten ausprobiert werden. Eine nachfolgende Pufferstufe soll Rückwirkungen auf den Schwingkreis minimieren.

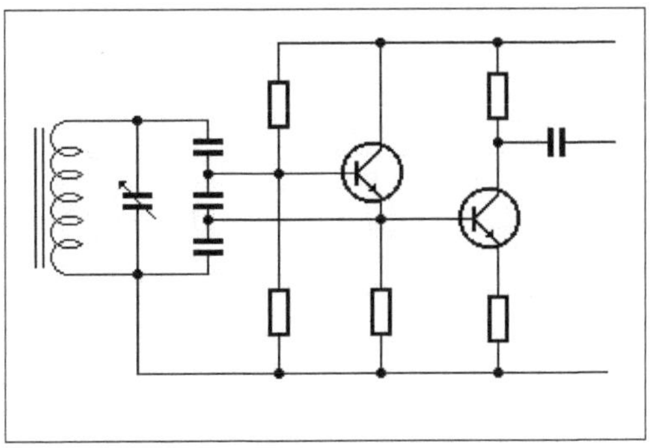

Bild 5.1: VFO mit kapazitiver Kreiskopplung

Entscheidend für die Langzeitstabilität ist auch das Temperaturverhalten der frequenzbestimmenden Bauteile. Gut geeignet sind Styroflexkondensatoren mit ihrem Temperaturkoeffizienten (TK) nahe Null. Aber auch übliche Ferritkerne haben eine gewisse Temperaturabhängigkeit. Nur mit großem Aufwand lassen sich die Temperatureinflüsse durch keramische Kondensatoren mit gegenläufigem TK kompensieren.

Bild 5.2 zeigt die im Amateurfunk häufig verwendete Clapp-Schaltung mit einer Dimensionierung für das 40-m-Amaterufungband und das 41-m-Rundfunkband. In dieser Form lässt der Oszillator sich für Direktmischer zum Abhören von CW-und SSB-Sendern sowie für den digitalen Rundfunk DRM einsetzen. Wichtig sind die mechanische Stabilität und eine gute Abschirmung.

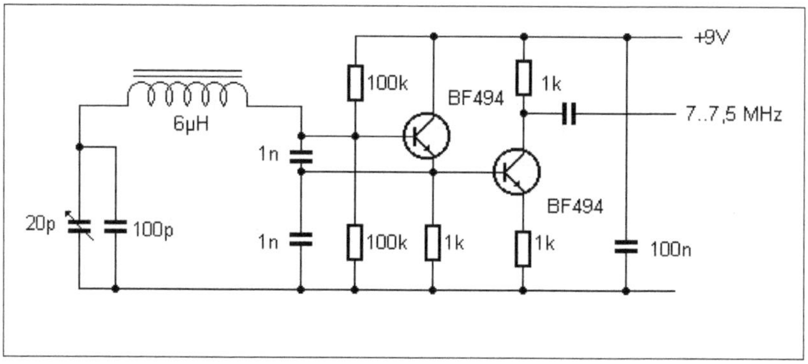

Bild 5.2: Clapp-Oszillator für das 40-m-Band

Die kapazitive Kopplung des Clapp-Oszillators bringt zugleich eine starke Bandspreizung, was besonders im Amateurfunk gewünscht ist. Will man jedoch größere Frequenzbereiche überstreichen, empfiehlt sich die Ankopplung über Anzapfungen der Schwingkreisspule nach Bild 5.3.

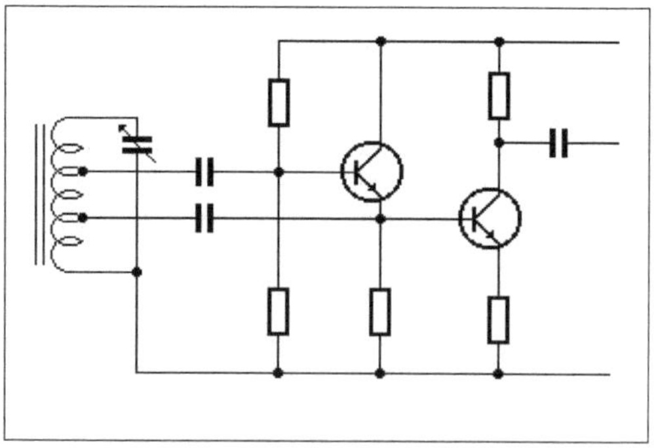

Bild 5.3: Stabiler VFO mit großem Abstimmbereich

5.2 Quarzoszillatoren

Ein Quarz entspricht im Prinzip einem Schwingkreis extrem hoher Güte. Daher lassen sich Quarzoszillatoren guter Stabilität mit geringem Aufwand ohne Induktivitäten realisieren. Bild 5.4 zeigt die häufig eingesetzte Pierce-Schaltung.

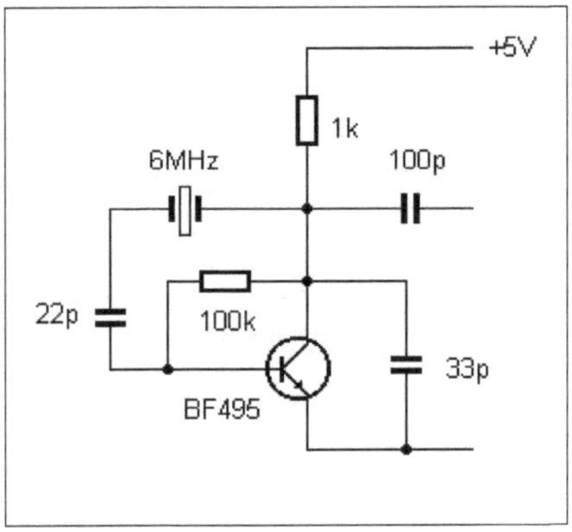

Bild 5.4: Der Pierce-Oszillator

Alternativ kann ein Transistor in Kollektorschaltung mit kapazitivem Spannungsteiler verwendet werden. Diese Schaltung wird z.B. im integrierten Mischer und Oszillator NE612 verwendet. Ein Trimmer erlaubt die Feinabstimmung und ein Ziehen der Quarzfrequenz um bis zu etwa 3 kHz.

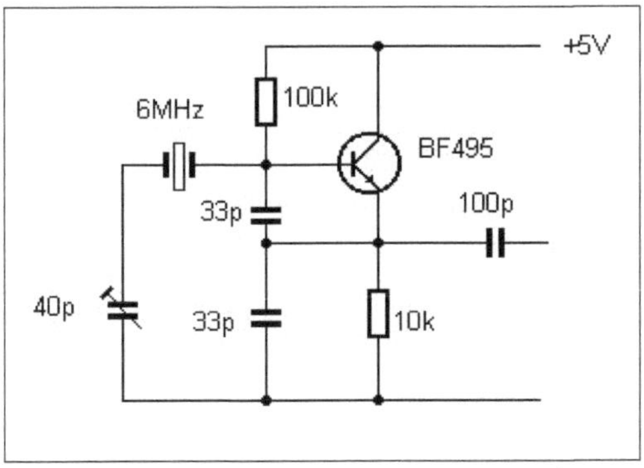

Bild 5.5: Quarzoszillator in Kollektorschaltung

Üblich ist auch der Einsatz von CMOS-Gattern an Stelle eines Transistors. Die Schaltung nach Bild 5.6 wird bei integrierten Oszillatoren in Mikrocontrollern und z.B. auch in CMOS-Schaltungen wie dem Oszillator und Teiler 4060 oder dem schnelleren HC4060 verwendet.

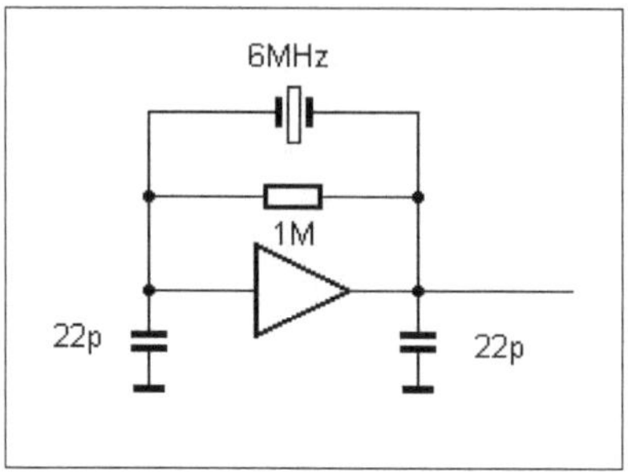

Bild 5.6: Quarzoszillator mit einem CMOS-Gatter

Statt eines Quarzes wird vor allem bei tieferen Frequenzen unter 1 MHz oft auch ein Keramikresonator verwendet. Diese Bauteile sind preiswerter als Quarze, erreichen aber nicht die gleiche Temperaturkonstanz und Genauigkeit wie Quarze.

5.3 Amplitudenmodulation

Der hier beschriebene kleine Mittelwellen-AM-Sender kann eingesetzt werden, um eigene Programme auf einem Mittelwellenradio zu Gehör zu bringen. Die Sende-Ferritspule koppelt direkt auf den Ferritstab im Radio. Der Sender wird mit einem Keramikresonator von 976 kHz stabilisiert, den man z.B. in alten Fernseh-Fernbedienungen findet. Mit dem Trimmer ist eine Feinjustierung möglich. Eine wahrscheinlich schwache Station im Hintergrund wird auf Schwebungsnull abgestimmt, z.B. auf 981 kHz.

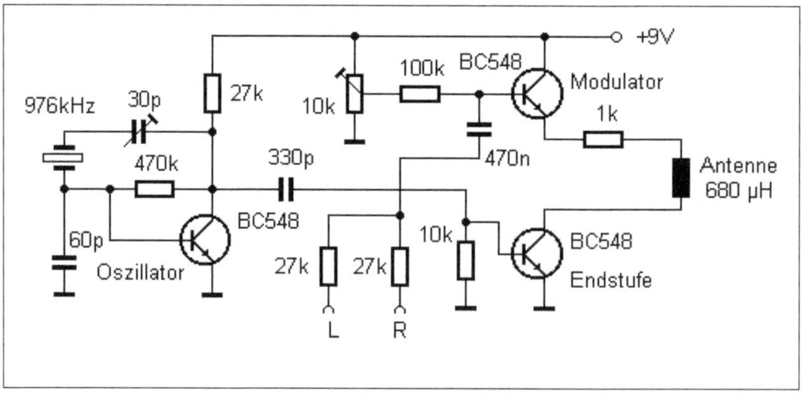

Bild 5.7: Der AM-Modulator

Der Modulator ist als Emitterfolger ausgelegt und moduliert die Betriebsspannung des Endverstärkers. Da man auf Mittelwelle nur Mono überträgt, werden beide Eingangskanäle zusammengefasst. Mit dem Poti wird auf geringste Verzerrungen und besten Klang justiert. Die HF-Verstärkerstufe wurde bewusst bescheiden dimensioniert, um die Reichweite gering zu halten. Das Ausgangssignal kann mit einem Oszilloskop auf seine Qualität untersucht werden. Man sieht deutlich die saubere Amplitudenmodulation.

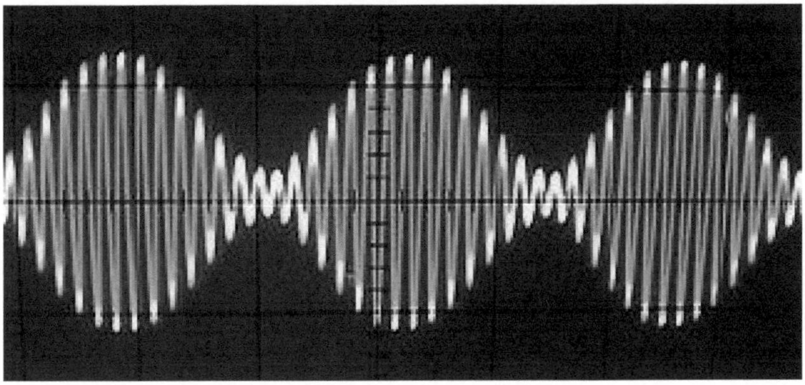

Bild 5.8: Oszillogramm des Ausgangssignals

Der Mittelwellenmodulator wird einfach auf das Radio gelegt. Über ein Kabel wird das Signal z.B. eines CD-Players eingespielt. Nun hat man auf Mittelwelle einen starken Sender mehr, der sich nicht nur durch eine besonders gute Modulationsreinheit auszeichnet, sondern auch noch durch ein immer garantiertes Wunschprogramm.

5.4 Quarzstabiler Mittelwellen-Modulator

Ein Mittelwellenmodulator sollte möglichst stabil sein und vor allem keine FM-Anteile haben. Die besten Lösungen verwenden daher einen Quarzoszillator. Allerdings sind Quarze auf Mittelwellenfrequenzen selten und teuer. Deshalb wird hier ein Teiler durch zehn verwendet. Damit kann man irgendeinen Quarz im Bereich 5 MHz bis 16 MHz einsetzen, um auf Mittelwellenfrequenzen zwischen 500 kHz und 1,6 MHz zu senden.

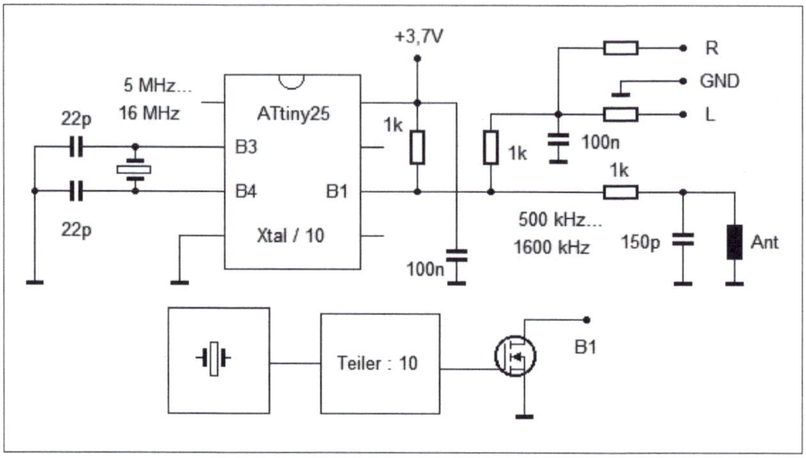

Bild 5.9: Verwendung eines Mikrocontrollers

Als Teiler wird ein Mikrocontroller ATtiny25 verwendet. Der Controller-Quarzoszillator darf bis 20 MHz laufen. Ein sehr kurzes Programm steuert das DDRB.1-Register. An B1 liegt dabei kein üblicher CMOS-Ausgangstreiber, sondern nur der untere Port-FET mit offenem Drain. Der Controller stellt hier Oszillator, Frequenzteiler, Treiber und Sende-Endstufe in einem dar. Die Endstufe könnte leicht bis zu 30 mA liefern, wird aber hier mit stark reduzierter Leistung betreiben, um die gesetzlichen Bestimmungen für induktive Übertragung einzuhalten.

Bild 5.10: Probeaufbau mit Ferritantenne

Der Modulationseingang passt an jeden beliebigen Kopfhörer-Ausgang eines CD-Players, MP3-Players, DAB-Radios usw. Über den Lautstärkeregler stellt man den Modulationsgrad ein. Die Modulation ist absolut rein und verzerrungsfrei und kann problemlos bis zu einem Modulationsgrad von 100% aufgedreht werden. Der Klang steht einem echten Mittelwellensender in nichts nach. Statt der Ferritdrossel kann auch eine Drahtschleife eingesetzt werden, die man nahe am Zielradio aufspannt. Und dann probiert man am besten gleich alle Quarze aus der Bastelkiste, um eine freie, wenig gestörte Frequenz zu finden.

```
,AM-Modulator 8 MHz / 10 = 800 kHz
$regfile = „attiny25.dat“
$crystal = 8000000
$hwstack = 16
$swstack = 16
$framesize = 16

Ddrb = 255
Portb = 0


Schleife:                                                   ,10 Takte:
sbi ddrb,1                                                  ,2
nop                                                         ,1
nop                                                         ,1
nop                                                         ,1
cbi ddrb,1                                                  ,2
nop                                                         ,1
rjmp Schleife                                               ,2

$prog &HFF , &HFF , &HDE , &HFF                             ,Fuses: externer Quarz

End
```

Der AM-Modulator ist bei AK Modul-Bus als bestückte Platine für eine Standard-Frequenz von 900 kHz erhältlich. Alternativ kann auch eine Quarz-Fassung bestückt werden, sodass man beliebige Frequenzen im MW-Bereich verwenden kann. Aber auch Langwelle wurde schon erfolgreich getestet.

Als Antenne eignet sich eine Drahtschleife, die direkt hinter einem Radio platziert wird. Das ist ein guter Ersatz zum inzwischen abgeschalteten Ortssender. Am Abend findet man das eigene Signal mit dem eigenen Programm neben vielen schwächeren Signalen aus großer Entfernung.

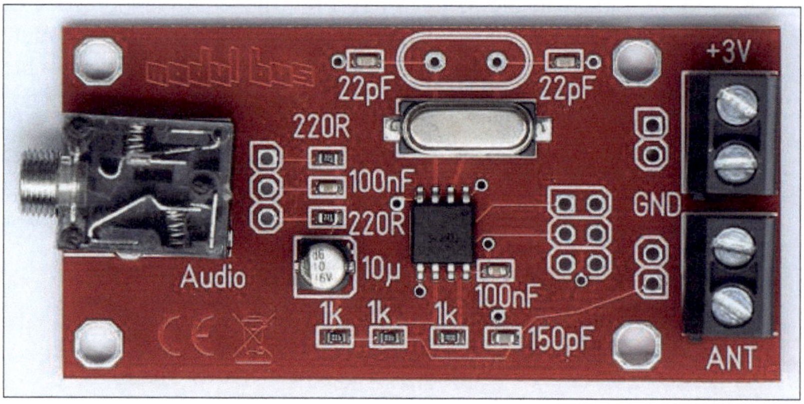

Bild 5.11: Der AM-Modulator

5.5 PLL-Taktgenerator ICS307-2

Auf der Suche nach möglichen Alternativen zum nicht mehr erhältlichen PLL-Chip CY27EE16 wurde der ICS307-2 entdeckt. Dieser Taktgenerator ist etwas einfacher und bietet weniger Möglichkeiten. Dafür aber ist das IC im SIOC-Gehäuse mit 1,27 mm Pinnabstand noch relativ einfach zu handhaben.

Bild 5.12: Testaufbau für den ICS207-2

Das SPI-Interface zum PC besteht nur aus drei Widerständen mit je 10 kΩ. Zusätzlich muss nur noch die Betriebsspannung im Bereich von 3,3 V bis 5 V angelegt werden.

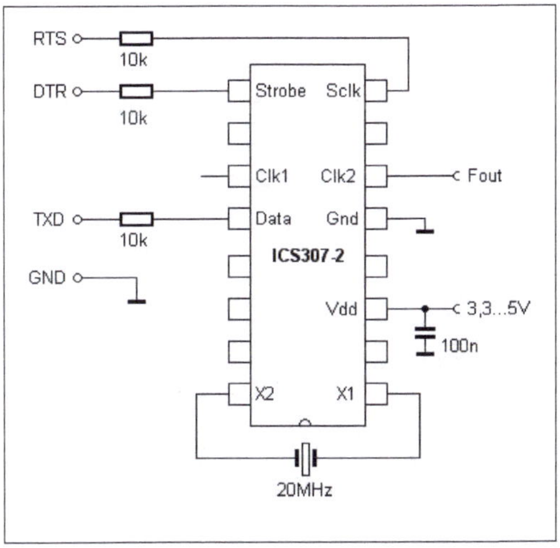

Bild 5.13: Schaltbild des Taktgenerators

Zur Ansteuerung über die serielle Schnittstelle gibt es ein kleines VB-Programm. Am Ausgang Clk2 können Ausgangsfrequenzen zwischen 2 MHz und 120 MHz erzeugt werden. Damit kann ein IQ-Mischer (vgl. Kap. 8) zwischen 500 kHz und 30 MHz betrieben werden. Weitere Anzeigen dienen der Untersuchung von Frequenzabweichungen und Einstellungen während der Programmentwicklung.
Der Baustein besitzt drei interne Teiler mit relativ geringem Umfang, was zu einer geringeren Frequenzgenauigkeit im Vergleich zum CY27EE16 führt. Zur Programmierung werden nur drei Bytes übertragen.

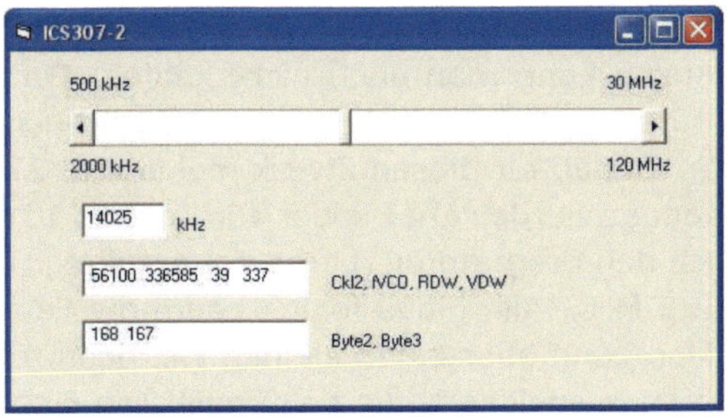

Bild 5.14: VB-Steuersoftware

Die Suche nach den richtigen Einstellungen der einzelnen Zählregister erfolgt nach dem Prinzip „Versuch und Irrtum“, indem alle erlaubten Einstellungen durchgerechnet werden, um so den besten Treffer zu finden. So kann entweder die genaue Frequenz oder eine Nachbarfrequenz im Abstand unter 1 kHz oder an wenigen kritischen Stellen maximal bis etwa 5 kHz erreicht werden.

Bei AK Modul-Bus gibt es eine fertig bestückte Platine zum ICS307-2. Dort findet man auch die benötigte Software. Alle Anschlüsse sind an Schraubklemmen gelegt. Die Platine eignet sich als allgemeiner Taktoszillator für Mikrocontroller-Anwendungen und digitale Elektronik sowie für Hochfrequenzanwendungen. Der Taktgenerator kann auch als preiswerter VFO für Kurzwellenempfänger verwendet werden.

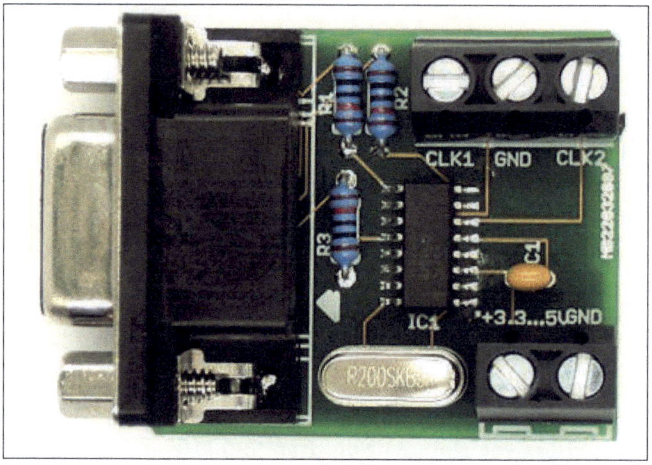

Bild 5.15: Fertig bestückte Platine

5.6 Ein programmierbarer Quarzoszillator

Wenn man mal einen ganz bestimmten Quarz braucht, ist er meist gerade nicht auffindbar. Und manche Frequenzen kann man auch nicht kaufen. Eine Spezialanfertigung ist jederzeit möglich, aber für Einzelstücke sehr teuer. Also braucht man einen programmierbaren Quarzoszillator. Es gab für diesen Zweck mal den CY27EE16, der z.B. im Elektor-SDR (Kap. 8.6) verwendet wurde. Aber leider wird dieses IC nicht mehr gebaut. Bei AK Modul-Bus gibt es noch den programmierbaren Taktoszillator mit einem ICS307-2 für den Bereich 2 MHz bis 120 MHz. Allerdings fehlt diesem die Fähigkeit, eine eingestellte Frequenz zu speichern. Man kann aber einen kleinen Mikrocontroller wie den Tiny13 davorsetzen, der eine Einstellung speichert, die beim nächsten Einschalten wieder verwendet wird. Das wäre dann wirklich ein programmierbarer Quarzgenerator.

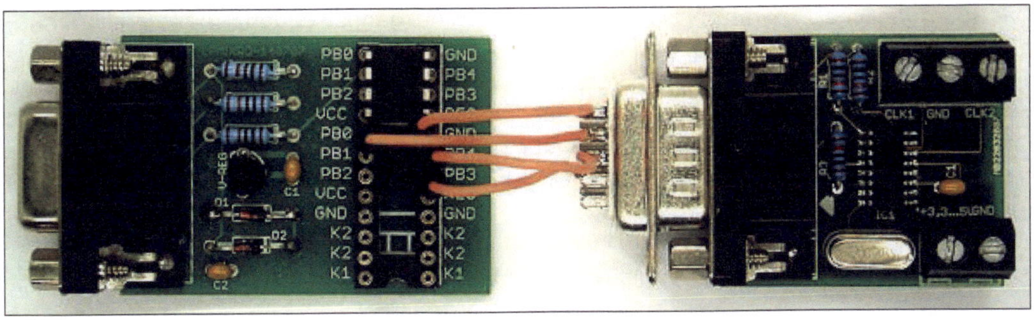

Bild 5.16: Ansteuerung mit einem Tiny13

Der Tiny13 steuert hier direkt die drei Leitungen Data, Sclk und Strobe des Taktgenerators. Im ersten Test wurde dazu der DB9-Stecker verwendet, d.h. die Portleitungen ersetzen direkt die entsprechenden Ausgangsleitungen der RS232. Der Tiny13 muss nun genau die Daten schicken, die vorher direkt vom PC kamen. Es handelt sich um insgesamt 24 Bits, die in drei Steuerbytes liegen. Diese Bytes werden entweder direkt empfangen und in den Generator getaktet oder aber ins EEPROM des Tiny13 geladen, wo sie beim nächsten Start ausgelesen werden.

Die Datenübertragung zum Taktoszillator verwendet den komfortablen Bascom-Befehl Shiftout zur Übertragung der drei relevanten Bytes. Danach wird mit Pulseout ein Strobe-Impuls erzeugt. Für den Empfang ist ein Software-UART mit 9600 Baud zuständig. Den drei Datenbytes B1, B2 und B3 wird ein Kommando vorangestellt, und zwar 65 für die direkte Ausgabe und 66 für die Speicherung ins EEPROM. Diese drei Bytes an den Adressen 10, 11 und 12 im EEPROM werden bei jedem Neustart gelesen und in den Oszillatorchip geschoben.

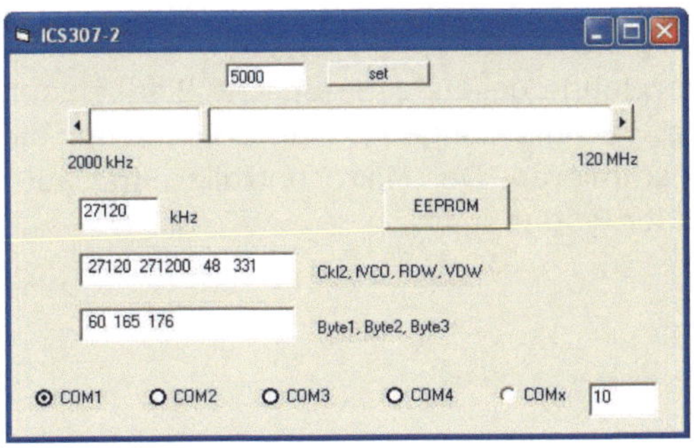

Bild 5.17: Einstellung der Frequenz

Das ursprüngliche Programm zur Einstellung der Ausgangsfrequenz muss etwas angepasst werden, damit es nun die gewünschten vier Bytes über RS232 sendet. Das Beispiel zeigt eine Frequenz von 27,12 MHz, für die die drei Steuerbytes 60, 165 und 176 ermittelt wurden. Die Frequenz kann mit dem Schieber eingestellt werden. Zusätzlich wurde ein Eingabefenster hinzugefügt, dessen Frequenz mit der set-Taste auf den Schieber übertragen wird. Die VB-Software und die Tiny13-Firmware findet man auf der Homepage des Autors.

Bild 5.18: Einstellung der Frequenz

Quarzoszillatoren gibt es im DIP14-Gehäuse mit vier Anschlüssen. Um den programmierbaren Quarzoszillator in gleicher Weise einzusetzen, wurde er auf eine kleine zweiseitig bestückte Punktrasterplatine gesetzt. Die übliche Pinnbelegung wurde übernommen, aber am Pin 1 liegt jetzt der RXD-Eingang. Man braucht nur diesen einen Pin, um den Generator neu zu programmieren. Der Mikrocontroller sitzt auf der Oberseite, der PLL-Chip auf der Unterseite der Platine.

5.7 CW-Sender mit einer EL95

Bild 5.19: Der Eigenbau- Röhrensender

Amateurfunk um 1950, wie hat das damals nur funktioniert? Viele Funkamateure haben mit einem Röhren-Audion (0V2) angefangen und mit einem kleinen Sender, z.B. mit einer EL84 in der Endstufe. Ich selbst habe zwar auch so etwas gebaut. Aber als ich endlich meine Lizenzprüfung ablegen konnte, war ich meinen Empfängern und Sendern schon ein paar Schritte weiter. Ich habe deshalb nie selbst mit einem 0V2 und einem so kleinen Röhrensender gefunkt. Das wollte ich nachholen, einfach um mal zu sehen, wie das gewesen sein könnte.

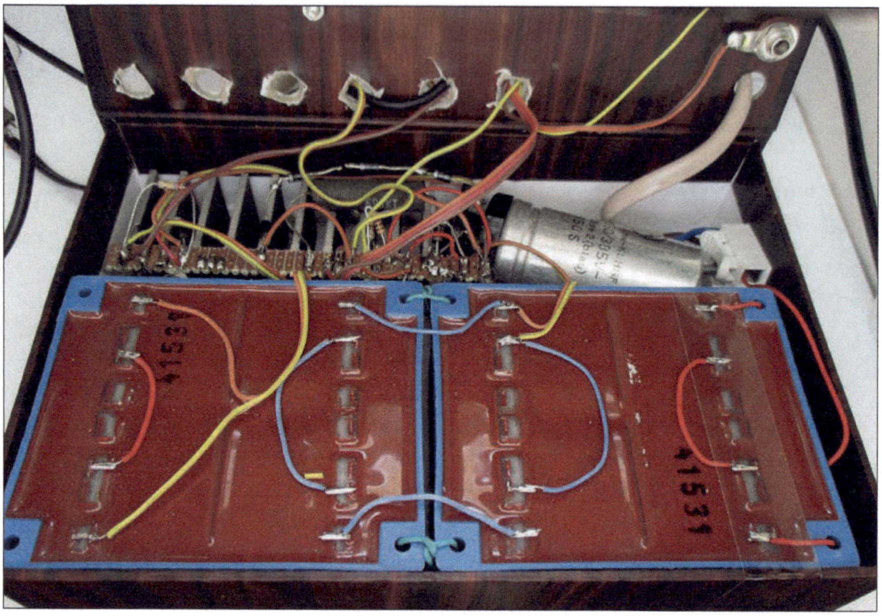

Bild 5.20: Das Netzteil

Zuerst wollte ich ein altes Röhrenradio für den Zweck umbauen. Ein kleines Grundig-Radio war schon im Visier, aber es funktionierte noch so gut, dass ich es nicht übers Herz brachte, es zu zerlegen. Dann habe ich mich entschlossen, auch das Netzteil selbst zu bauen. Zwei passende Trafos lagen noch bereit. Einmal runter auf 12 V und dann wieder hoch auf ca. 200 V. Damit kommt man ohne Spezialtrafo aus. Alles wurde in das Gehäuse eines Franzis-Kurzwellenradios eingebaut.

Bild 5.21: Die Endstufe

Für den eigentlichen Aufbau der Röhrenstufe wurde eine Experimentierplatine für Röhrenversuche verwendet. Die Platine ist für siebenpolige Miniatursockel vorgesehen. Da passte eine 6AQ5A (= EL90), die trotz der geringen Größe eine Anodenverlustleistung von 12 W verträgt, genau wie die wesentlich größere EL84. Mit dieser Röhre konnte ich bis zu 5 W bei 3,5 MHz erzeugen. Aber auch die EL95 ist pinnkompatibel, mit ihr liefert die gleiche Schaltung noch 3,5 W.

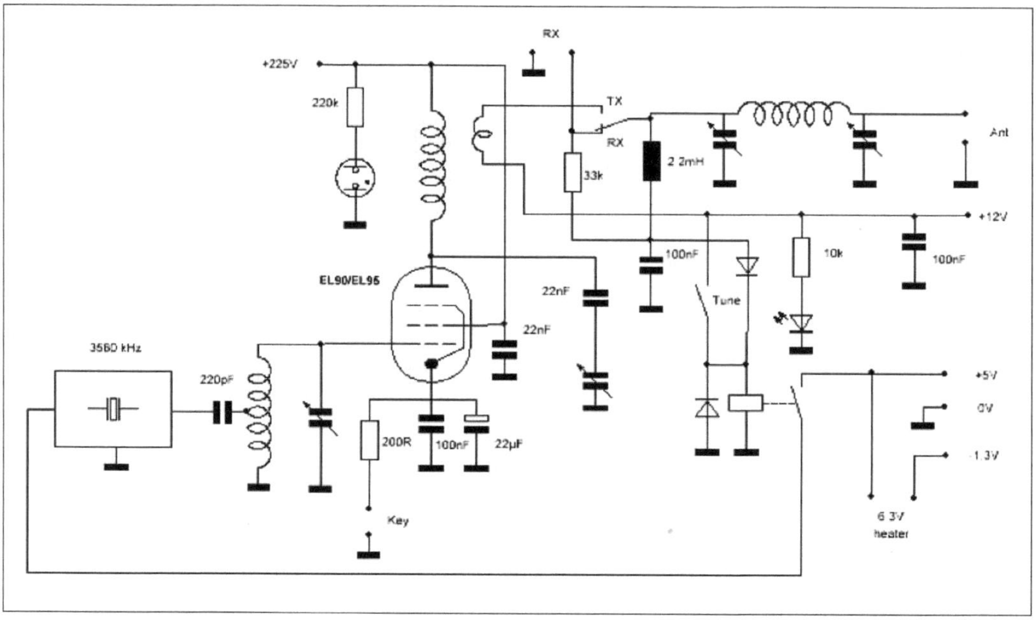

Bild 5.22: Schaltbild des CW-Senders

Es handelt sich um einen quarzstabilen Sender mit Tastung an der Kathode. Zur Ansteuerung dient ein Quarzoszillator. Ich habe den programmierbaren Quarzgenerator aus dem letzten Abschnitt eingesetzt, den ich auf 3560 kHz eingestellt habe. Sobald man 5 V an VCC legt, entsteht das HF-Signal am Ausgang. Der abgestimmte Gitterkreis bringt die Spannung auf ca. 20 Vss.

Die Anodenspannung wird mit einer kleinen Glimmlampe angezeigt. Eine LED zeigt an, wenn der Kippschalter auf Senden gestellt ist. Das Relais zieht dann an und legt 5 V an den Quarzoszillator. Beim Senden wird zusätzlich eine Gleichspannung auf die Antennenleitung gelegt, weil am Ende des Kabels ein weiteres Relais die Sendeantenne umschaltet. Außerdem wird auch eine Gleichspannung auf das Antennenkabel zum Empfänger gelegt, der damit eine Stummschaltung ermöglicht.

Bild 5.23: Der Sender im Betrieb

Im Anodenkreis arbeitet ein Eisenpulverkern mit 20 Windungen. Die Koppelwicklung mit drei Windungen sorgt für die richtige Anpassung und die nötige Isolation von der Anodenspannung. Am Ausgang gibt es ein zusätzliches Pi-Filter zur Anpassung und zur weiteren Oberwellenunterdrückung. Damit ist prinzipiell auch ein Bandwechsel möglich.
Eine kleine Glühlampe mit 6 V/0,4 A (Fahrrad-Scheinwerfer) dient in erster Linie dazu, etwas Verlustleistung aus dem Gehäuse zu nehmen. Weil die Trafos 12 V haben, muss der Spannungsregler viel Leistung vernichten, um 6,3 V bei 450 mA für die Heizung der 6AQ5A zu liefern. Eine gute Alternative ist die EL95, die nur 200 mA für die Heizung braucht.

5.8 AM-Röhrensender

Dieser kleine Mittelwellensender verwendet einen frei schwingenden Oszillator mit einer Ferritantenne. Hier wurden zwei HF-Pentoden EF95 eingesetzt. Eine Röhre dient als abstimmbarer Oszillator, die andere als Modulationsverstärker. Damit man mit einem einfachen Steckernetzteil auskommt, wurden beide Röhrenheizungen in Reihe an 12 V gelegt und die Anodenspannung ebenfalls auf 12 V begrenzt.

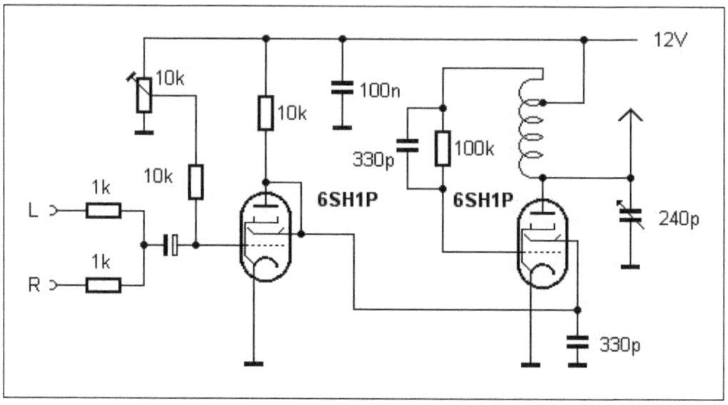

Bild 5.24: Ein frei abstimmbarer Mittelwellensender

Der freischwingende Oszillator wird über das Schirmgitter moduliert. Der vorgeschaltete Modulationsverstärker arbeitet in Triodenschaltung, um trotz der geringen Anodenspannung eine genügend große verzerrungsarme Aussteuerung zu erreichen. Der Arbeitspunkt wird mit einem Trimmer auf geringste Verzerrungen eingestellt. Die Kennlinien beider Stufen sind wegen der Phasendrehung des Modulationsverstärkers gegensätzlich gekrümmt. Mit einer optimalen Einstellung heben sich die entstehenden Verzerrungen weitgehend auf, sodass man einen großen Aussteuerungsbereich bis zu einem Modulationsgrad von ca. 50% erhält. Am Eingang ist eine Stereobuche anschlossen, an die z.B. die PC-Soundkarte als Modulationsquelle gelegt werden kann. Beide Kanäle werden zu einem Monosignal addiert.

Die Schwingkreisspule ist auf einen Ferritstab gewickelt und dient zugleich als Sendeantenne, wenn man sie in die Nähe eines Radios mit Ferritantenne bringt. Alternativ kann auch eine Drahtantenne angeschlossen werden, was allerdings die Gefahr vergrößert, dass das eigene Wunschprogramm auch in der Nachbarschaft zu hören ist.

Bild 5.25: Aufbau des Mittelwellen-AM-Senders

Bild 5.25 zeigt den Aufbau des Senders auf dem Röhren-Experimentiersystem RT100 von AK Modul-Bus. Die Platine enthält bereits alle nötigen Anschlüsse, einen Drehko und das erforderliche Potentiometer. Alle Verbindungen und die Widerstände und Kondensatoren wurden auf der Steckplatine verbunden.

5.9 DDS-Generator mit AD9835

DDS-Oszillatoren erfüllen höchste Ansprüche in Bezug auf Frequenzkonstanz und Rauschfreiheit. Sie sind zudem wesentlich einfacher aufzubauen als PLL-VFOs oder freischwingende Oszillatoren und ermöglichen im Gegensatz zu einer PLL fast beliebige Frequenzen im Abstand von Bruchteilen eines Hertz.

Der Begriff DDS steht für „direkte digitale Synthese" und beschreibt die digitale Erzeugung eines Sinussignals definierter Frequenz. Kern einer DDS-Schaltung ist eine Sinustabelle in einem ROM. Ein DA-Wandler übernimmt Sinuswerte und setzt sie in eine Ausgangsspannung um. Ein Phasenakkumulator dient als Adresszeiger auf die Sinustabelle und bestimmt die aktuelle Position. Durch Addition eines konstanten Summanden wird jeweils die nächste Ausgabeposition in der Sinustabelle berechnet. Von außen muss nur dieser Summand eingestellt werden. Da er proportional zur Ausgangsfrequenz ist, ist seine Berechnung relativ einfach.

Die Qualität des Ausgangssignals ist von der Auflösung des DA-Wandlers und der Größe der Sinustabelle abhängig. Der AD9835 verwendet einen 10-Bit-Wandler und eine Sinustabelle mit 4096 Stützwerten. Der Phasenakkumulator besitzt eine Breite von 32 Bit, wobei nur die oberen 12 Bit die Adresse des aktuellen Ausgangswertes bestimmen.

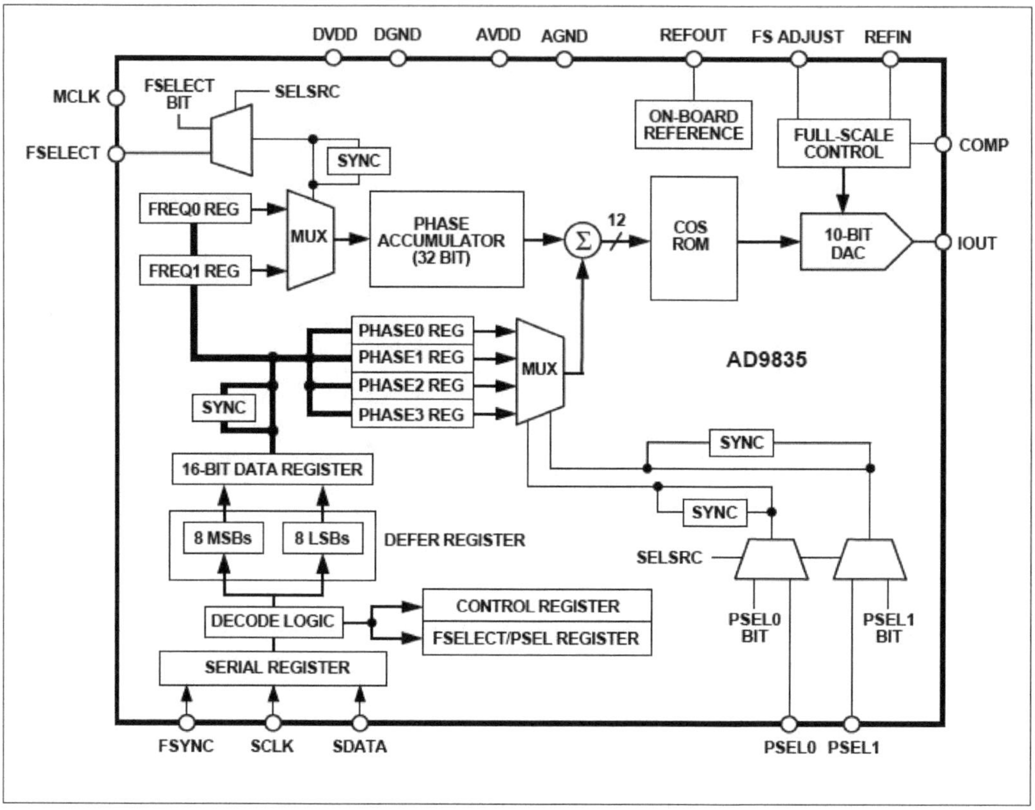

Bild 5.26: Blockschaltbild des AD9835

Bild 5.27 zeigt die komplette Schaltung des DDS-Generators mit Spannungsversorgung und Schnittstelle. Der AD9835 arbeitet mit einer Betriebsspannung von 5 V. Ein Spannungsregler 7805 erlaubt die Verwendung einer Betriebsspannung ab 9 V. Die DDS benötigt einen Quarztakt von 50 MHz, der mit einem integrierten Quarzoszillator erzeugt wird. Die übrige Beschaltung beschränkt sich im Wesentlichen auf einige Bypass-Kondensatoren und zwei Widerstände. R1 liegt am Pin FSADJUST und bestimmt den Ausgangsstrom IOUT am Pin 14. Dieser Strom erzeugt einen Spannungsabfall am Widerstand R2. Man findet hier die sinusförmige Ausgangsspannung, überlagert mit einem Gleichspannungsanteil. Ein einfaches Tiefpassfilter dämpft Frequenzanteile über 22 MHz.

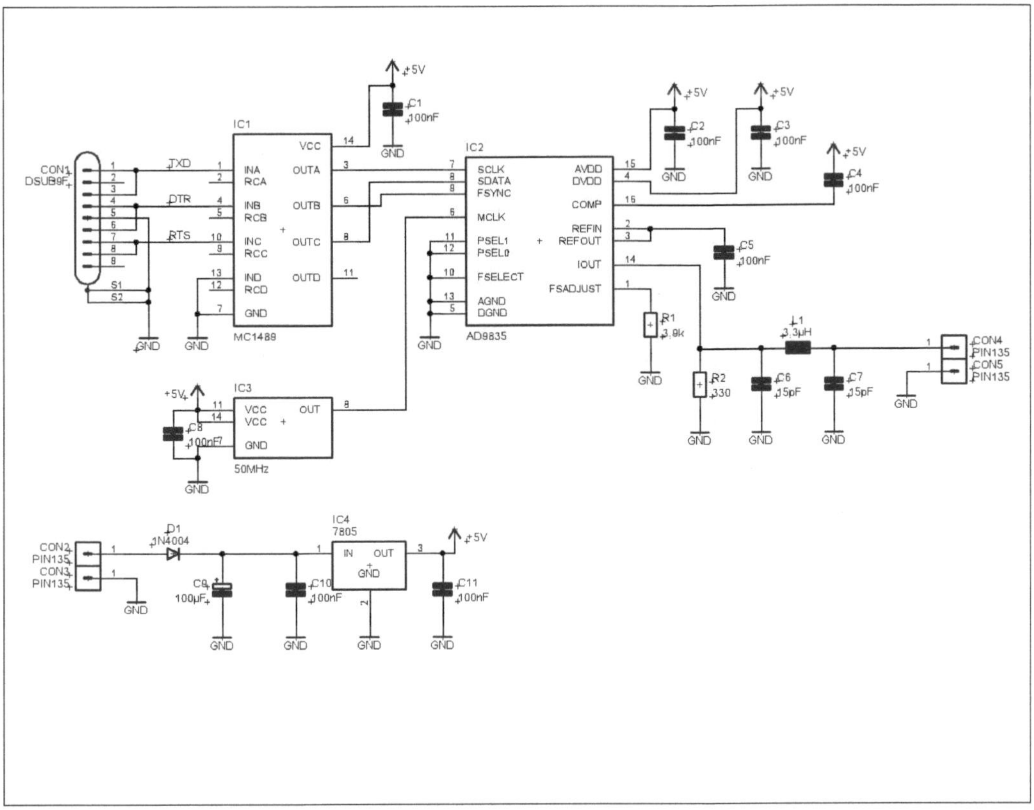

Bild 5.27: Programmierbarer Oszillator mit serieller Schnittstelle

Der DDS-Baustein ist nur im TSPOP-Gehäuse mit einem Pinabstand von 0,65 mm erhältlich. Die kleine Bauweise ist erforderlich, um ausreichend kurze Leitungslängen und eine gute Entkopplung der Betriebsspannung zu erreichen. Die SMD-Bestückung ist nicht ganz einfach und erfordert einiges Geschick. Ein fertig aufgebautes DDS-Modul ist jedoch bei der Firma AK Modul-Bus erhältlich.

Bild 5.28: Der fertig aufgebaute DDS-Oszillator

Bild 5.29 zeigt ein VB-Programm für den DDS-Oszillator von der Homepage des Herstellers, das leicht für eigene Anwendungen angepasst und erweitert werden kann. Es erlaubt die Abstimmung zwischen 0 und 24 MHz bei einer Schrittweite von 1 kHz und einer zusätzliche Feinabstimmung in 100-Hz- und 10-Hz-Schritten. Bei Bedarf kann ein Offset von 455 kHz gewählt werden, sodass die Frequenzanzeige bei einem Superhet mit der ZF von 455 kHz die Empfangsfrequenz zeigt. Zusätzlich wurden Sweep-Funktionen für die Anwendung in der HF-Messtechnik wie z.B. der Messung von Filterkurven eingebaut.

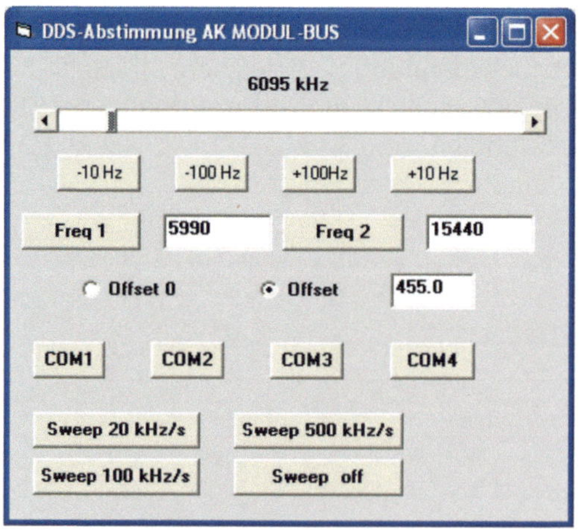

Bild 5.29: Steuersoftware für COM1 bis COM4

5.10 PLL SI5351

Der SI5351 hat einen Quarzoszillator mit 25 MHz und zwei PLLs, die zwischen 600 MHz und 900 MHz eingestellt werden können. Die PLL-Teiler arbeiten mit gebrochenen Teilerverhältnissen, sodass tatsächlich eine fast beliebige Auflösung möglich ist. Der folgende MultiSynth-Teiler verwendet ebenfalls gebrochene Teilerverhältnisse. Damit hat man zwei Möglichkeiten, die Wunschfrequenz zu erzeugen: Man kann die PLL fest auf z.B. 900 MHz einstellen und dann mit gebrochenen Zahlen herunterteilen. Oder man kann die PLL kleinschrittig einstellen und dann ganzzahlig auf die Endfrequenz teilen.

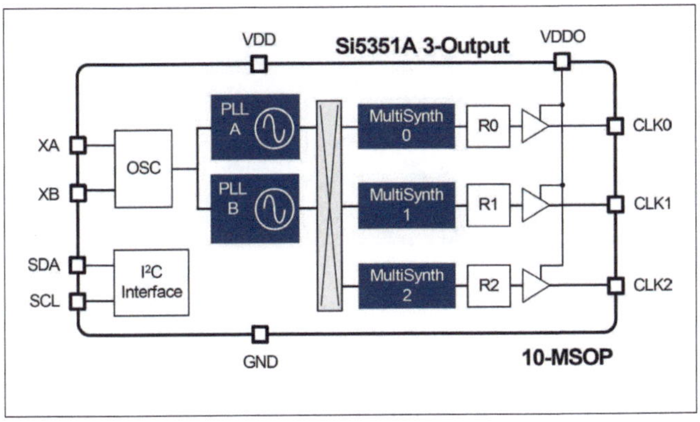

Bild 5.30: Blockschaltung des SI5351

Das ursprüngliche Software Defined Radio für Kurzwelle bis 30 MHz (vgl Kap. 8.6) war immer noch interessant. Allerdings gab es Probleme mit dem abgekündigten PLL-Chip. Dann kam der neue Clock-Chip SI5351 auf den Markt. Für die ersten Versuche wurde das Breakout-Board von Adafruit verwendet. Dazu gibt es auch eine passende Arduino-Library.

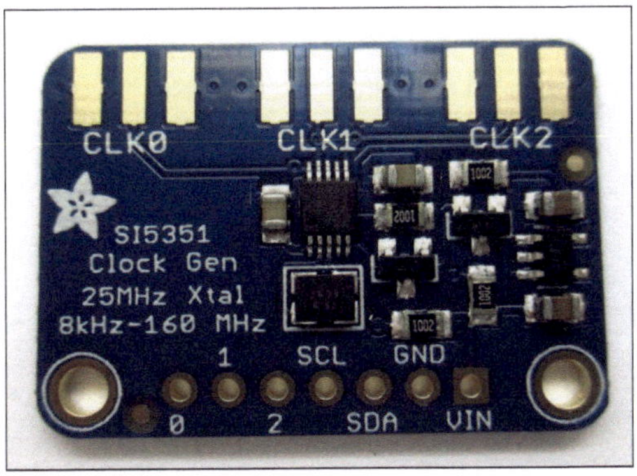

Bild 5.31: Das SI5351-Board von Adafruit

Mit dieser Starthilfe und einem Arduino Uno war es schließlich möglich, das Elektor-SDR-Projekt in eine neue Auflage zu bringen. Der SI5351 wird nun im Elektor SDR-Shield (Kap. 8.7) verwendet. Dank der hervorragenden Eigenschaften eröffnen sich zahlreiche Möglichkeiten bis hin zur digitalen Datenübertragung z.B. mit einem WSPR-Sender oder für HF-Messanwendungen.

Bild 5.32: Der SI5351 (IC1) auf dem Elektor SDR-Shield

Der SI5351 kann nicht nur mit einem Arduino angesteuert werden, sondern auch mit kleineren Controllern. Auch die Ansteuerung mit Bascom ist möglich. Dazu wurde ein Programm von Andrew Woodfield ZL2PD gekürzt und für den ATtiny85 angepasst. Mit seinem Code kann man zwei der PLL-Ausgänge des SI5351 gleichzeitig nutzen, indem beide interne PLLs angesteuert werden. Bei einem geringen Wechsel der Frequenz wird die eigentliche PLL nachgeführt, während die nachfolgenden Teiler konstant bleiben und nur mit ungebrochenen Teilerverhältnissen arbeiten. Dieses Verfahren verspricht ein geringes Phasenrauschen. Die Quelltexte zu diesem Projekt findet man auf der Homepage des Autors.

Bild 5.33: Ansteuerung mit einem Tiny85

6 • Direktmischer

Direktmischer bestehen aus einem Oszillator und einem Mischer und setzen eine Eingangsfrequenz in einem Schritt in die NF-Lage um. Sie eignen sich für den Empfang vom SSB- und CW-Stationen sowie für den digitalen Rundfunk DRM. Gegenüber einem Audion lässt sich eine bessere Frequenzstabilität erreichen. Außerdem ist ein Oszillator mit geringem Phasenrauschen für guten DRM-Empfang wichtig.

6.1 Mischertypen

Mischstufen setzen Empfangsfrequenzen in andere Bereiche um. In einem Superhet dient der Mischer z.B. zum Umsetzen des Empfangssignals auf die Zwischenfrequenz (vgl. Bild 6.1). Ein Direktmischer setzt das Signal dagegen direkt in den NF-Bereich um. Solche Empfänger werden z.B. für einfache Amateurfunk-Anwendungen eingesetzt. Für den DRM-Empfang wird das Signal in die 12-kHz-Lage umgesetzt, wobei es nur eine Frage der Definition ist, ob man dieses Ausgangssignal als NF oder als ZF bezeichnen will.

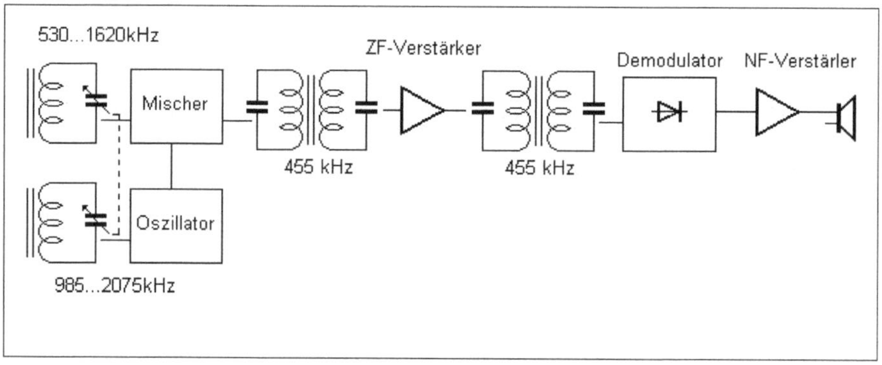

Bild 6.1: Blockschaltung eines Mittelwellen-Supers

Ein Direktmischer verzichtet auf jede Zwischenfrequenz und mischt das Empfangssignal direkt in den NF-Bereich um. Er besteht daher nur aus einem Oszillator und einem Mischer. Eine Spiegelfrequenzunterdrückung ist wegen der endlichen Schwingkreisgüte praktisch nur bei niedrigen Frequenzen (Langwelle) möglich.

Die hier vorgestellten Mischertypen werden anhand der Anwendung in einem Superhet mit nachfolgendem Zwischenfrequenzverstärker vorgestellt. Genau dieselbe Schaltung kann aber auch für einen Direktmischer eingesetzt werden, wenn man statt der ZF direkt eine NF auskoppelt.

Ein besonders einfacher und oft verwendeter Mischer ist die multiplizierende Mischstufe mit einem einzelnen Transistor. Führt man zwei Sinussignale einem Multiplizierer zu, dann enthält das Ausgangssignal neben den beiden ursprünglichen Signalen auch Signale mit der Summe und der Differenz der Eingangssignale. Multiplizieren heißt in diesem Fall, dass die Verstärkung eines Signals in jedem Moment direkt durch den Momentanwert des zweiten Signals eingestellt wird. Benötigt wird also ein steuerbarer Verstärker, dessen Verstärkung z.B. direkt durch ein Oszillatorsignal verändert wird.

Ein einzelner Transistor arbeitet bereits als Multiplizierer, wenn man ihn in einem geeigneten Arbeitspunkt betreibt und beide Signale gemeinsam an die Basis führt. Bei dieser Signalzuführung spricht man auch von einem additiven Mischer. Betrachtet man die Verstärkung des Transistors als Produkt aus Steilheit und Außenwiderstand und bedenkt, dass die Steilheit proportional zum Kollektorstrom ist, dann genügt eine Veränderung des Kollektorstroms durch das Oszillatorsignal, um ein Eingangssignal mit dem Oszillatorsignal zu multiplizieren. Das Eingangssignal sollte dabei so klein sein, dass es nicht selbst zu einer merklichen Änderung der Steilheit führt, also z.B. deutlich unter 1 mV bleiben. Das Oszillatorsignal sollte dagegen den Kollektorstrom möglichst linear und ohne Übersteuerung modulieren.

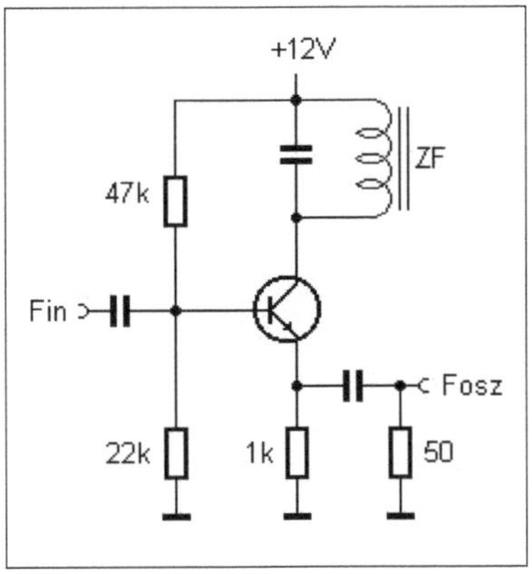

Bild 6.2: Ein Steilheitsmultiplizierer als Mischer

Bild 6.2 zeigt einen einfachen Mischer mit einem NPN-Transistor in der Anwendung in einem Superhet. Das Oszillatorsignal wird hier niederohmig am Emitter eingekoppelt und moduliert direkt den Kollektorstrom. Die Stromgegenkopplung bei Ankopplung an den Emitter sorgt für eine gute Linearität. Das Eingangssignal wird dagegen direkt der Basis zugeführt, wobei nur relativ kleine Eingangsspannungen erlaubt sind, um den Aussteuerbereich nicht zu verlassen. Der Kollektorstrom enthält das gemischte Signal, aus dem die gewünschte Zwischenfrequenz ausgefiltert werden kann. Der Arbeitspunkt des Mischers sollte stabilisiert werden, um gleichbleibende Eigenschaften zu erhalten.

Prinzipiell kann man auch beide Signale der Basis zuführen. Bild 6.3 zeigt eine vereinfachte Ausführung des Mischers, wobei die Stabilisierung des Arbeitspunktes zur Verdeutlichung des Prinzips weggelassen wurde. Wichtig ist nur, dass das Oszillatorsignal ausreichend groß ist, um den Kollektorstrom zu modulieren, und dass das Eingangssignal angemessen klein ist, um Verzerrungen gering zu halten. In einfachen Empfängern verwendet man oft auch selbstschwingende Mischstufen, bei denen der Oszillatortransistor zugleich der Mischer ist. Jedes Transistoraudion kann ebenfalls als Mischer dieses Typs betrachtet werden.

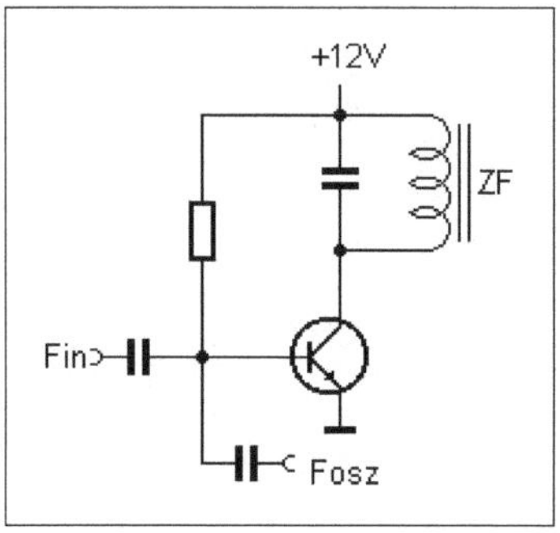

Bild 6.3: Ein vereinfachter Mischer

Die einfache Mischerschaltung nach Bild 6.3 unterscheidet sich praktisch nicht von der Grundschaltung eines Verstärkers in Emitterschaltung. Das bedeutet, dass praktisch jeder Verstärker auch zu einem Mischer werden kann, wenn man ihm zwei Signale unterschiedlicher Frequenz und geeigneter Amplitude zuführt. Darin liegt aber zugleich eine Gefahr, weil meist Frequenzgemische verarbeitet werden müssen. Der Eingangsverstärker in einem Kurzwellenempfänger muss oft sehr starke Signale neben sehr schwachen Signalen verstärken. Dabei ist nicht auszuschließen, dass eines der stärkeren Signale wie ein Oszillatorsignal wirkt und zu Mischprodukten führt. Dieses Phänomen nennt man Intermodulation oder Kreuzmodulation. Es führt zu zahlreichen Störsignalen, die den ungestörten Empfang schwacher Signale beeinträchtigen.

Dasselbe gilt auch für den Transistor in einer Mischstufe wie in Bild 6.2. Außer dem Oszillatorsignal können auch andere Eingangssignale mit hohen Pegeln zu Mischprodukten führen. Die Störfestigkeit einer solchen Mischstufe ist daher nicht besonders groß. Man verwendet sie noch in einfachen Radioempfängern, bei denen weder eine besonders hohe Empfindlichkeit gefragt ist noch übermäßig große Eingangssignale vorkommen. Bei höheren Anforderungen müssen bessere Mischer verwendet werden. Von einem Kurzwellenempfänger, wie er z.B. im Amateurfunk benötigt wird, verlangt man, dass Empfangssignale mit Pegeln weit unter 1 µV neben wesentlich stärkeren Signalen mit bis zu 100 mV störungsfrei empfangen werden können. Dies ist nur möglich, wenn der Mischer für das Eingangssignal extrem linear ist.

Ein besseres Großsignalverhalten erreichen Doppelgate-Feldeffekttransistoren wie der BF961. Als Verstärker weisen sie eine gerade Kennlinie und damit geringe Verzerrungen auf. Über das zweite Gate lässt sich die Steilheit des Transistors modulieren. Bei geeigneter Einstellung der Gate-Spannungen und bei geeignetem Oszillatorpegel erhält man ein gutes Großsignalverhalten. Dual-Gate-FETs sind vor allem wegen ihres geringen Schaltungsaufwands in Kurzwellen- und UKW-Empfängern gebräuchlich.

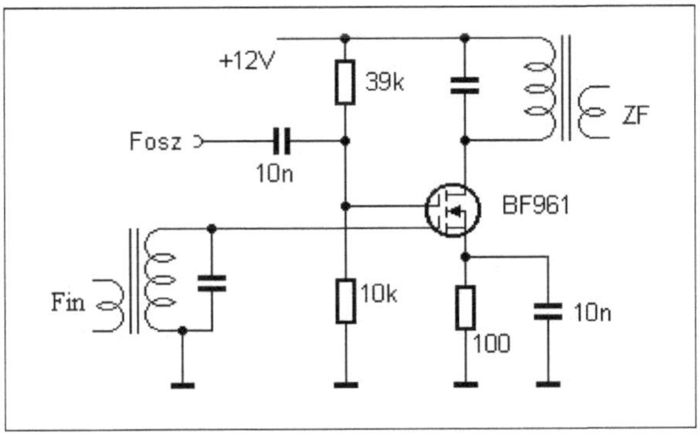

Bild 6.4: Mischstufe mit einem Dual-Gate-FET

Auch eine einzelne Diode kann als Mischer verwendet werden. Bei der Schaltung nach Bild 6.5 addiert man beide Signale zunächst. Die Hüllkurve des entstehenden Signalgemischs enthält bereits die gewünschten Mischprodukte. Man benötigt also nur noch einen Gleichrichter, um sie zu gewinnen.

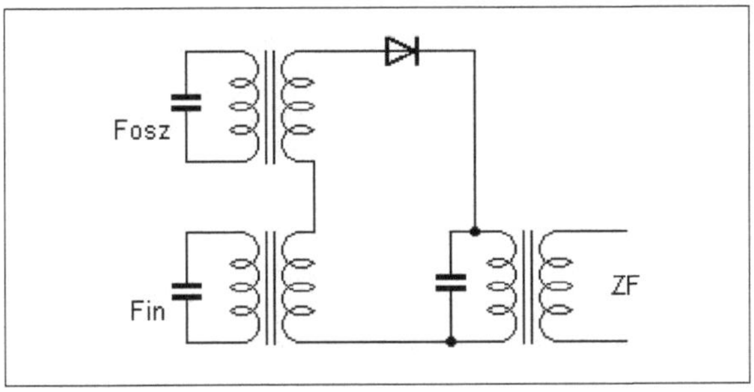

Bild 6.5: Ein Diodenmischer

Ein additiver Mischer hat von seinem Prinzip her eine gute Großsignalfestigkeit. Ein Nachteil ist, dass mehr als zwei Mischprodukte entstehen. Das Oszillatorsignal ist nicht mehr sinusförmig, sondern erscheint durch die starke Übersteuerung der Diode als ein Rechtecksignal. Es enthält damit Oberwellen mit $3*f_{osz}$, $5*f_{osz}$ usw. Jede dieser Oberwellen erzeugt auch entsprechende Mischprodukte. Für einen Demodulator ist das ohne Bedeutung, da die Signale mit einem Vielfachen der Trägerfrequenz weit genug vom NF-Nutzsignal entfernt liegen und durch das ohnehin erforderliche Tiefpassfilter entfernt werden. In einer Empfänger-Eingangsstufe entsteht aber prinzipiell ein Mehrfachempfang, der durch wirksame Filter am Eingang des Empfängers gedämpft werden kann.

Prinzipiell kann als aktives Element in einem Mischer auch ein Transistor oder ein Feldeffekttransistor wie der BF245 verwendet werden. Ein JFET hat den Vorteil sehr kleiner Schaltzeiten und damit geringer Verzerrungen. In der Schaltung nach Bild 6.6

stellt sich eine negative Vorspannung für den Feldeffekttransistor von selbst ein. Der FET wirkt wie ein Schalter, der das Eingangssignal periodisch kurzschließt. Dieser Typ eines großsignalfesten Mischers wird z.B. als zweiter Mischer im DRM-Empfänger nach Kap. 7.4 verwendet.

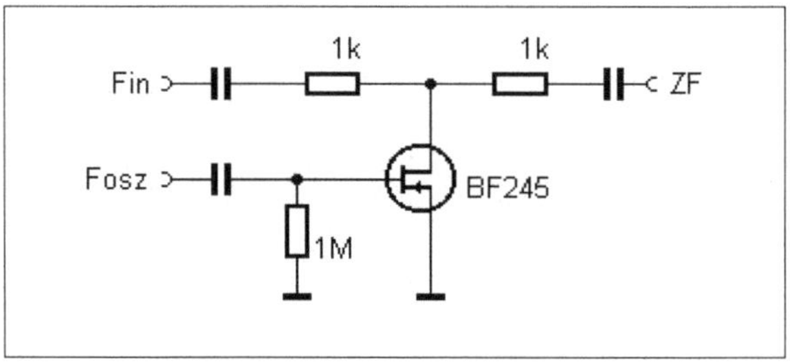

Bild 6.6: Ein JFET-Mischer

Eine Sonderform des Diodenmischers ist der vollständig symmetrisch aufgebaute Ringmischer mit vier Dioden. Die Dioden arbeiten als Umschalter, der im Takt der Oszillatorfrequenz gesteuert wird. Man verwendet meist Schottkydioden, weil sie besonders kurze Schaltzeiten aufweisen und geringe Verzerrungen verursachen. Am Ausgang des Ringmischers tritt bei guter Symmetrie der Breitbandtransformatoren und der Dioden weder das Oszillatorsignal noch das Eingangssignal auf. Ein Ringmischer wird im Eingang des DRM-Empfängers nach Kap. 7.4 und im Direktmischer in Kap. 6.4 verwendet.

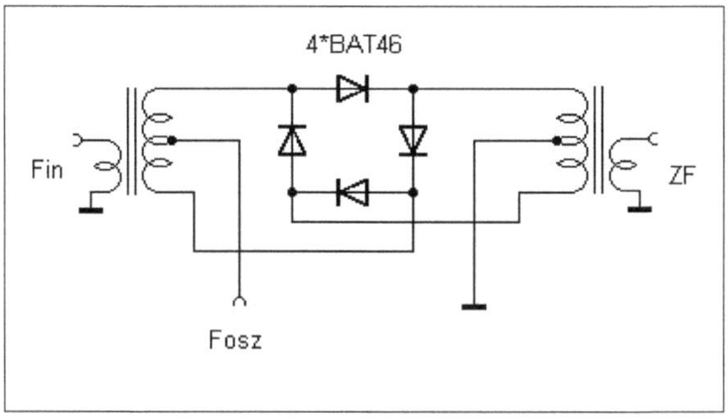

Bild 6.7: Ein Breitband-Diodenmischer

Integrierte Mischer arbeiten oft als vollsymmetrische Multiplizierer. Ein einfacher Mischer mit eingebautem Oszillator ist der NE612. Das IC benötigt nur eine minimale externe Beschaltung und arbeitet bis zu Frequenzen von 300 MHz. Es ist für Batteriebetrieb geeignet und arbeitet mit Spannungen zwischen 4,5 V und 8,5 V.

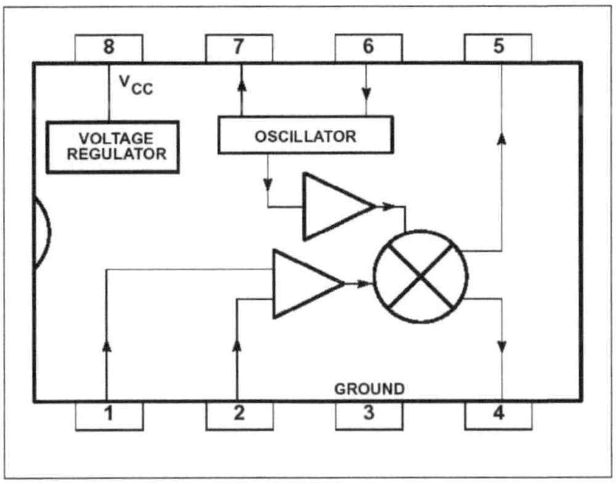

Bild 6.8: Der NE612 mit internem Oszillator

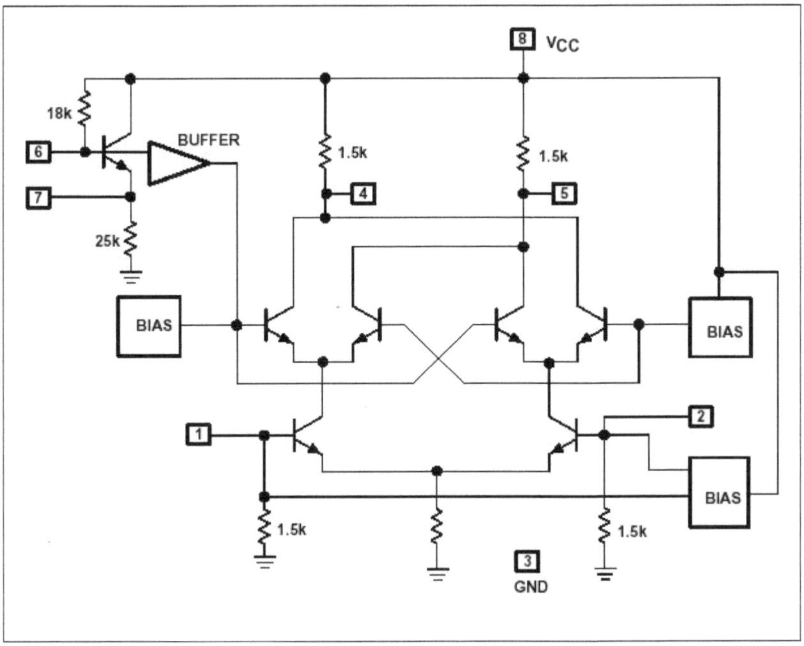

Bild 6.9: Innenschaltung des NE612

Die Innenschaltung des NE612 zeigt, dass alle Vorspannungen bereits intern bereitgestellt werden, sodass man Eingangssignale mit Kondensatoren einkoppeln kann. Auch Kollektorwiderstände sind bereits eingebaut. Der Mischer besitzt am Eingang und am Ausgang eine Impedanz von 1,5 kΩ. Das IC eignet sich sowohl für symmetrischen als auch für unsymmetrischen Betrieb (vgl. Bild 6.10). Der interne Oszillator arbeitet als Quarzoszillator oder mit einem Schwingkreis. Alternativ kann auch ein externes Oszillatorsignal zugeführt werden.

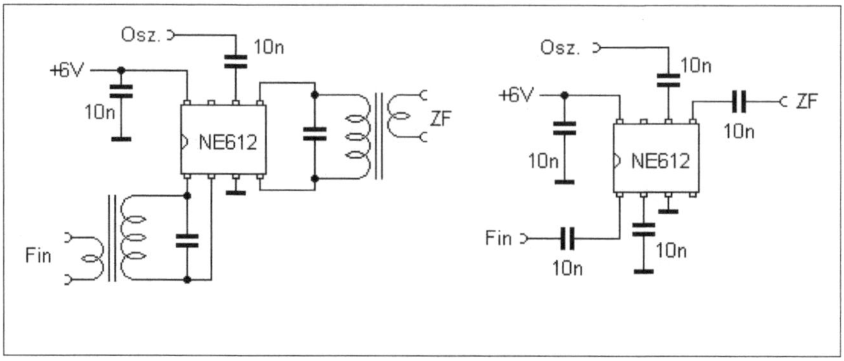

Bild 6.10: Der NE612 als symmetrischer und unsymmetrischer Mischer

6.2 Direktmischer mit BF245

Ein preiswerter, mit vorhandenem Material aufgebauter Direktmischer ist oft auf einen frei abgestimmten Oszillator angewiesen, um zusätzliche Kosten für einen Spezialquarz oder einen professionellen VFO zu vermeiden. Ein Direktmischer sollte einen möglichst großen Dynamikbereich besitzen. Bei schwachen Empfangsbedingungen kann man dann eine bessere Antenne einsetzen. Erfahrungen mit einfachen Audionempfängern haben gezeigt, dass es beim Anschluss einer langen Antenne zu Übersteuerung und Intermodulation kommt. Ein passiver Mischer ohne Mischverstärkung direkt hinter dem Eingangskreis kann die Lösung bringen, wenn er selbst eine gute Störfestigkeit aufweist.

Ein JFET-Mischer ist besonders einfach und zeigt eine gute Großsignalfestigkeit. Betreibt man den FET ohne Gleichspannung, stellt er im Wesentlichen einen gesteuerten Widerstand dar. Ein echter Widerstand hat eine gerade Kennlinie und erzeugt keine Verzerrungen. Der FET kommt diesem Ideal relativ nahe. Deshalb ist ein FET auch bei nicht ganz optimaler Ansteuerung bereits ist sehr guter Schalter, der in einem Mischer auch relativ große Signale ohne Intermodulation verarbeiten kann.

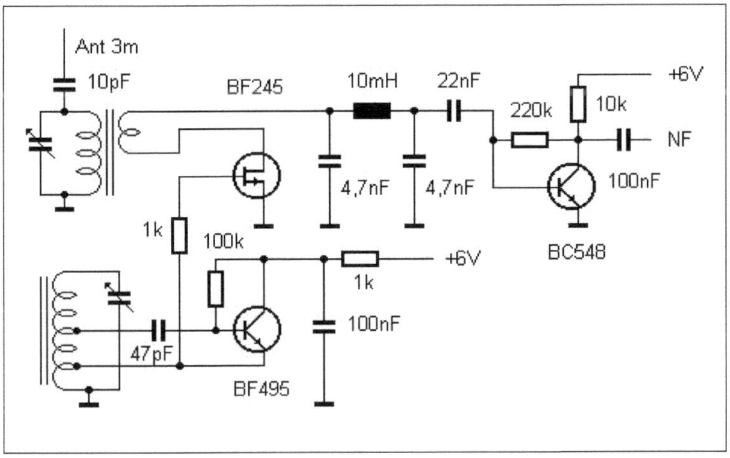

Bild 6.11: Der FET-Direktmischer

Die Schaltung nach Bild 6.11 wurde für den gesamten Kurzwellenbereich ab 5,8 MHz ausgelegt. Oszillator und Eingangskreis verwenden getrennte Drehkos, sodass man die Kreise nicht auf optimalen Gleichlauf abzustimmen braucht. Bei Bedarf kann der Abstimmbereich auf ein bestimmtes Band eingeengt werden, um eine feinere Abstimmung zu ermöglichen. Die Oszillatorspule erhält Anzapfungen bei ca. 20% und 50% der Windungen. Die relativ lose Kopplung mit dem Transistor führt zu einer guten Stabilität.

Am Gate des BF245 reicht eine Oszillatorspannung von ca. 1 Vss bis 2 Vss. Der zusätzliche Gate-Widerstand verhindert eine zu starke Dämpfung des Oszillators, wenn die Eingangsdiode des JFET in den leitenden Zustand gelangt. Der FET wirkt hier als Schalter, der die Signalspannung der Koppelspule im Takt der Oszillatorspannung an Masse legt. Damit entsteht das NF-Signal am Ausgangsfilter. Die Koppelspule erhält etwa 20% der Windungen des Schwingkreises. Durch Änderung des Transformationsverhältnisses kann eine optimale Anpassung gesucht werden, wobei ein kleiner Koppelfaktor eine geringe Bandbreite des Eingangskreises bedingt und eine bessere Störfestigkeit ermöglicht.

Der FET-Mischer weist eine gute Großsignalfestigkeit auf. Intermodulationen können aber auch in der nachfolgenden NF-Stufe entstehen. Deshalb wurde die Bandbreite durch ein eingefügtes Tiefpassfilter begrenzt. Signale weit über 20 kHz werden ausreichend gedämpft, sodass weit abliegende Signale nicht zu Intermodulation führen können. Die Schaltung wurde vor allem für den DRM-Empfang im 49-m- und im 41-m-Band verwendet. Sie zeigt auch bei den dort vorkommenden hohen Feldstärken und bei einer längeren Antenne keine Intermodulation. Damit ergibt sich auch die Möglichkeit, Außenantennen einzusetzen, die weniger stark dem allgemeinen Störnebel im Hausinneren ausgesetzt sind.

Der passive FET-Mischer bringt keine eigene Verstärkung. Die resultierenden NF-Signale liegen daher im Mikrovoltbereich. Eine einzelne NF-Stufe hebt das Signal soweit an, dass es für den Mikrofoneingang der Soundkarte reicht. Die Empfindlichkeit hängt im Wesentlichen von der Antenne ab. Die Schaltung besteht damit den Härtetest und erlaubt sogar den abendlichen Empfang schwacher Amateurfunksignale im 40-m-Band in direkter Nachbarschaft zu Rundfunksignalen erheblicher Feldstärke.

6.3 Diodenringmischer

Dieser Dioden-Ringmischer wurde mit einem DDS-Messsender angesteuert. Der Direktmischer verwendet einen Dioden-Ringmischer TDM2 von Mini Circuits. Mit gleichem Erfolg kann aber auch der TUF-1 verwendet werden. Der Oszillatorpegel wurde mit einem Breitbandverstärker mit einem BF494 von 0 dBm am Ausgang der DDS auf etwa 7 dBm angehoben. Am Ausgang des Mischers wurde eine einzelne NF-Stufe mit dem rauscharmen B548C angefügt. Damit erhält man auch bei schwachen Signalen genügend Signalspannung zur direkten Ansteuerung des Mikrofoneingangs der Soundkarte. Der Mischer ist mit etwa 50 Ω abgeschlossen, sodass sich eine gute Großsignalfestigkeit ergibt. Als Antenne dient eine möglichst lange, frei hängende Drahtantenne. Je nach Empfangsort reicht aber auch schon ein Draht von einem bis drei Metern Länge, der im Raum ausgespannt wird. Der Aufbau ist nicht kritisch, weil weder abgestimmte Schwingkreise noch HF-Vorverstärker eingesetzt werden.

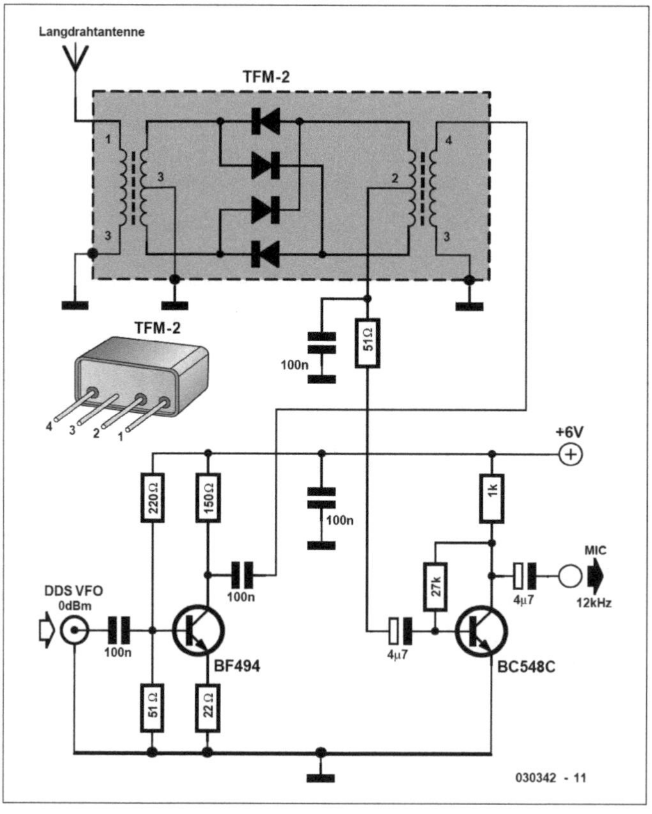

Bild 6.12: Direktmischer in 50-Ω-Technik

Ein fertiger Schottky-Ringmischer ist nicht ganz billig. Aber man kann ihn leicht selbst bauen. Der Mischer besteht aus vier gleichen Schottkydioden BAR28 und zwei Breitbandtrafos. Die HF-Übertrager werden auf Ferrit-Ringkerne Amidon FT37-77 gewickelt. Der Wickeldraht ist 0,2 mm CuL und wird zunächst trifilar mit zehn Windungen aufgebracht. Dazu legt man drei Drähte zusammen und fädelt sie zehnmal durch den Kern.

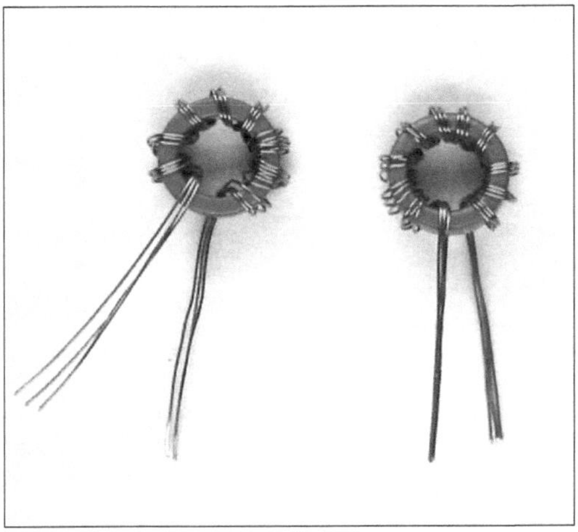

Bild 6.13: Wickeln der Ringkerntrafos

Dann verzinnt man die Drahtenden und sucht mit dem Ohmmeter die zusammengehörigen Enden. Zwei Wicklungen werden in Reihe geschaltet und bilden die Zweiphasenwicklung zum Anschluss an die Dioden. Die dritte Wicklung bildet den Oszillator- bzw. den Signaleingang. Wenn dann noch die vier Dioden richtig angelötet wurden, ist der Mischer fertig. Der Einsatz in der Schaltung nach Bild 6.12 zeigt, dass der Eigenbaumischer ähnlich gute Ergebnisse bringt wie der kommerziell hergestellte.

6.4 Direktmischer mit NE612

Ein weit verbreiteter und preiswerter integrierter Mischer ist der NE612. Das IC enthält einen internen Oszillator und einen vollsymmetrischen Mischer. Bei Verwendung eines externen Oszillators muss das IC an Pin 6 mit 200 mVss bis maximal 300 mVss angesteuert werden.

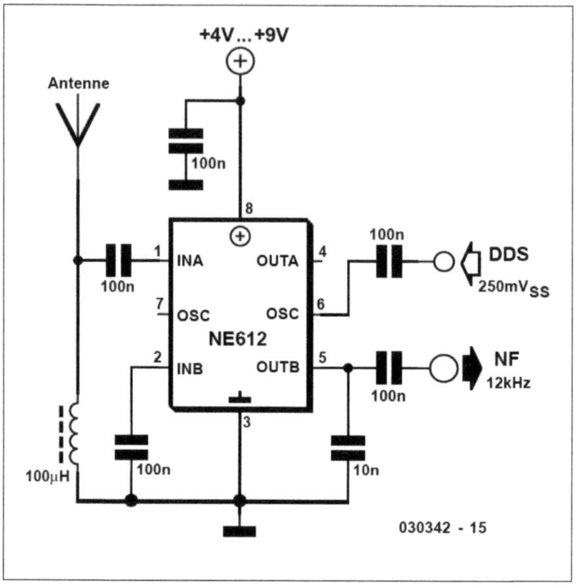

Bild 6.14: Externe Ansteuerung mit einem DDS-Generator

Der Empfänger wird ganz ohne Eingangsselektion an einer Langdrahtantenne betrieben. Am Eingang liegt nur eine kleine Festinduktivität. Mit einer Langdrahtantenne können DRM-Signale mit einem SNR bis 20 dB empfangen werden. Der Mischer kommt damit nicht ganz an den Diodenmischer heran, vermutlich weil das Großsignalverhalten weniger gut ist. Eine Übersteuerung des Mischereingangs führt nämlich zu Intermodulationsprodukten, die sich störend auf das DRM-Signal auswirken können. Ein Vorteil des NE612 ist aber seine Mischverstärkung und damit seine größere Empfindlichkeit. Die Schaltung ist dem Diodenmischer deshalb überlegen, wenn es um kurze Antennen und geringe Signalspannungen geht.

Bild 6.15 zeigt einen frei abgestimmten Empfänger für das 40-m-Band. Der interne Oszillator des NE612 weist auch bei freischwingender Arbeitsweise mit einem abgestimmten Schwingkreis eine gute Konstanz und geringes Phasenrauchen auf. Der ebenfalls abgestimmte Eingangskreis bietet genügend Vorselektion, um eine Übersteuerung durch starke Signale aus anderen Bändern zu vermeiden.

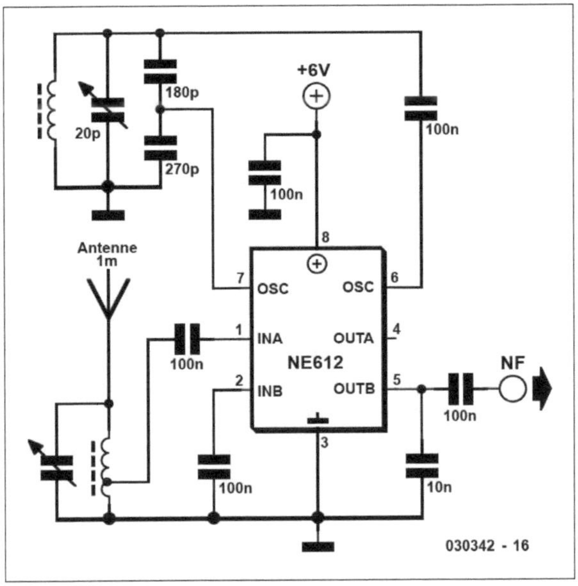

Bild 6.15: Ein integrierter Direktmischer

Mit etwa 20 Windungen auf einem 8-mm-Spulenkörper kann über den Schraubkern sowohl 6 MHz als auch 7 MHz erreicht werden. Ein kleiner UKW-Drehko mit dreifacher Untersetzung erlaubt eine feinfühlige Abstimmung. Der Eingangskreis ist unkritisch und kann auch mit einem Festkondensator von z.B. 120 pF über den Schraubkern fest abgestimmt werden.

Bild 6.16: Einbau in das Gehäuse eines UKW-Tuners

Für den Testaufbau wurde das abgeschirmte Gehäuse mit einem dreifachen Drehkondensator aus einem alten UKW-Tuner verwendet. Bei geschlossener Abschirmhaube hat man eine gute Abschirmung gegen äußere Einflüsse. Mit Styroflexkondensatoren im Oszillatorschwingkreis ergibt sich eine gute Frequenzkonstanz und eine einfache Abstimmung. Ein einmal eingestellter Sender bleibt über Stunden ausreichend stabil.

Einfacher als eine freie Abstimmung ist ein Direktmischer mit einem Quarz. Zwar hat man dann nur einen Empfangskanal, dafür gibt es aber keinerlei Probleme mit der Stabilität. Die Schaltung nach Bild 6.17 verwendet einen Standardquarz mit 6 MHz, der bis auf 6002 kHz gezogen werden kann. Damit konnte man DRM-RTL 2 auf 5990 kHz mit invertiertem Spektrum empfangen. Die Schaltung wurde in der Zeitschrift Funkamateur 4/2004 als Platinenprojekt mit einem Spezialquarz mit 6107 kHz für die Empfangsfrequenz 6095 kHz vorgestellt. Inzwischen ist die Station abgeschaltet. Man kann aber weiterhin mit der passenden SDR-Software AM-Stationen empfangen oder mit einem anderen Quarz auf das 40-m-Amateurfunkband wechseln.

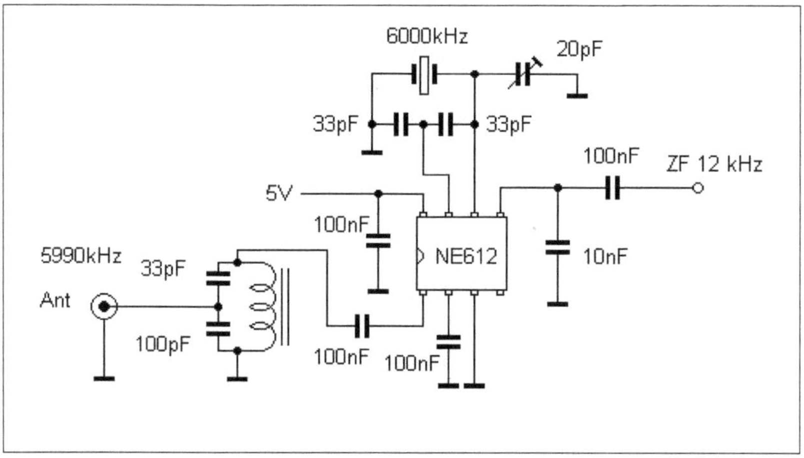

Bild 6.17: Festfrequenzempfänger für 5990 kHz

7 • AM-Superhetempfänger

Während Audionempfänger und Direktmischer nur noch als Hobbyprojekte Bedeutung haben, sind fast alle heute eingesetzten Radios Superhetempfänger. Ein Superhet erreicht vor allem eine bessere Selektion. Außerdem kann eine automatische Verstärkungsregelung (AGC) realisiert werden. Hier werden einfache Schaltungen vorgestellt, die sich mit wenig Aufwand nachbauen lassen.

7.1 AM-Kurzwellenempfänger mit TCA440

Der integrierte Schaltkreis TCA440 vereinfacht den Aufbau eines AM-Supers, weil alle Stufen in einem IC vereint sind. Bild 7.1 zeigt den typischen Aufbau eines frei abstimmbaren Empfängers mit einem Keramikfilter in der ZF-Stufe. Das IC enthält eine geregelte Vorstufe und einen geregelten ZF-Verstärker. Die Regelspannung wird mit einer eigenen Diode am Ausgang des ZF-Verstärkers gewonnen. Die Signalstärke kann an einem S-Meter angezeigt werden. Am NF-Ausgang muss noch ein geeigneter NF-Verstärker angefügt werden.

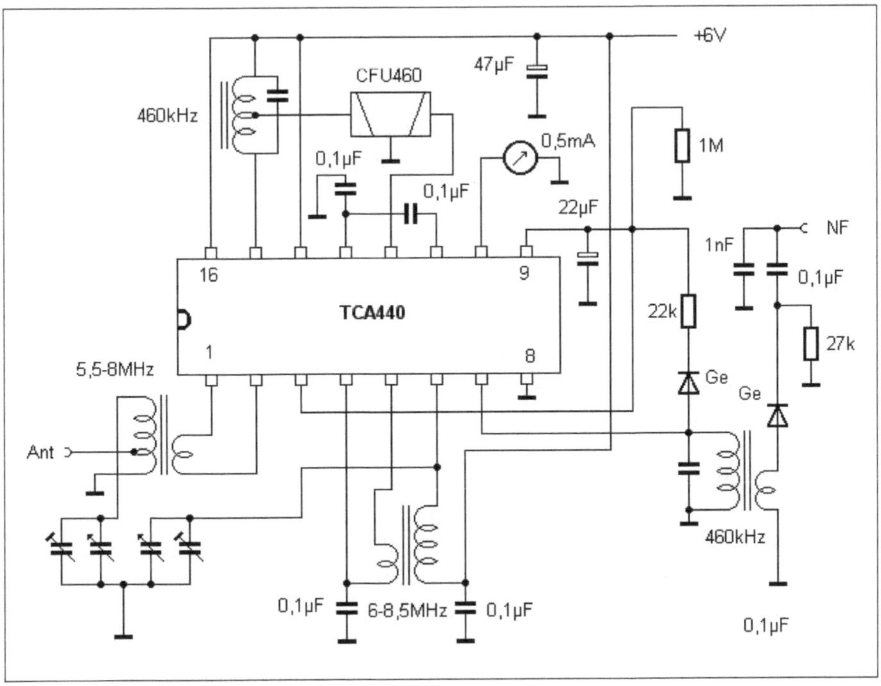

Bild 7.1: Kurzwellensuper mit dem TCA440

Die schwierigste Aufgabe beim Aufbau eines Superhets ist der Aufbau und Abgleich des Oszillatorkreises und des Eingangskreises. Beide müssen mit gutem Gleichlauf um die Zwischenfrequenz versetzt abgestimmt werden.

Bild 7.2 zeigt eine Variante des Empfängers mit Abstimmung der Kapazitätsdioden. Zur Steuerung kann wahlweise ein Poti oder eine externe PLL wie der SAA1057 eingesetzt werden. Ein zusätzlicher zweiter Mischer ermöglicht den Einsatz als DRM-Empfänger.

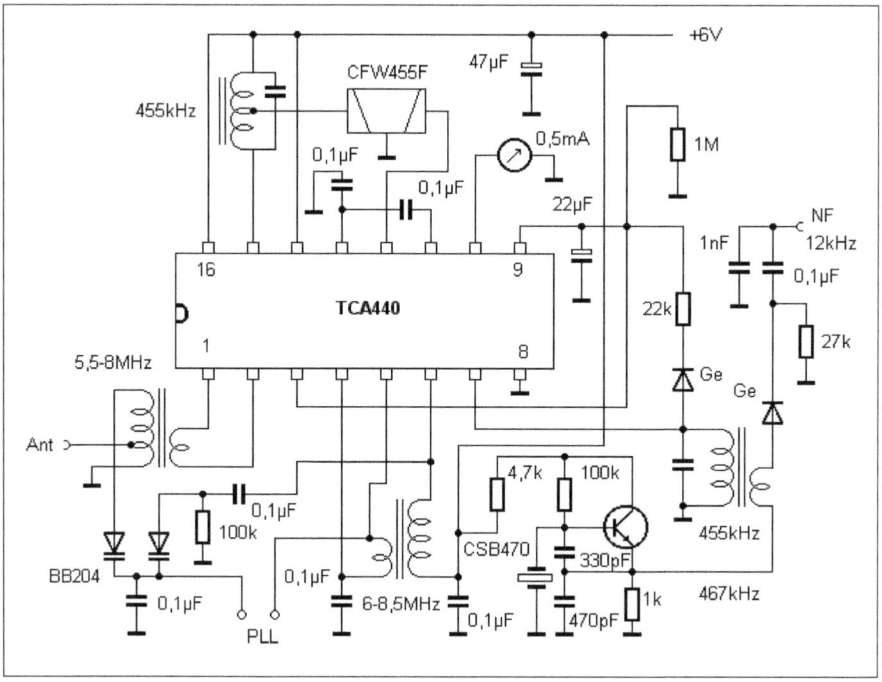

Bild 7.2: PLL-abgestimmter Empfänger

Die eingesetzten HF-Spulen stammen aus ZF-Filtern für 10,7 MHz und bekamen jeweils noch eine zusätzliche kleine Koppelwicklung von zehn Windungen. Frequenzbereich und Kopplungsgrad wurden experimentell ermittelt. Beide Kreise werden über eine zweifache Kapazitätsdiode BB204 abgestimmt. Der Oszillatorkreis wird über seinen Schraubkern so eingestellt, dass die PLL im gewünschten Frequenzbereich einrastet. Der Eingangskreis wird danach auf maximale Amplitude des Ausgangsignals eingestellt. Der Kreis besitzt eine hohe Güte und sorgt für eine ausreichende Spiegelfrequenzunterdrückung. Der Gleichlauf beider Kreise wird ohne Schwierigkeiten im Bereich 5,8 MHz bis 7,5 MHz erreicht, wenn der Eingangskreis im mittleren Bereich genau abgestimmt wird.

Die ZF-Filter verwenden fertige Spulenfilter für 455 kHz und ein Keramikfilter CFW455F. Der zweite Oszillator wird durch einen preiswerten Keramikresonator CSB470 gesteuert. Mit der gewählten Dimensionierung wird die Frequenz um 3 kHz auf 467 kHz gezogen.

Der Oszillator ist ausreichend stabil und ohne spezielle Einstellung genauer als 1 kHz.

Der Demodulator verwendet einen einfachen additiven Mischer mit einer Germaniumdiode. Dies bringt hier gute Ergebnisse, weil die ZF-Spannung am Ausgang des TCA440 bereits bei etwa 1 V liegt. Für eine verzerrungsfreie Demodulation ist es wichtig, dass die Oszillatoramplitude größer als die Signalamplitude an der Koppelspule ist. Ein Vorteil dieses einfachen Demodulators ist, dass er problemlos auch für AM arbeitet, wenn man die Betriebsspannung des zweiten Oszillators abschaltet.

Der TCA440 verfügt über eine erhebliche Gesamtverstärkung, die eine automatische Verstärkungsregelung (AGC) erfordert. Die Regelspannung wird über eine zweite Germaniumdiode gewonnen, die über einen Widerstand von 22 kΩ so schwach mit dem Ausgangskreis gekoppelt ist, dass sie keine Verzerrungen erzeugen kann. Zugleich erhält die Regelung damit einen weichen Einsatz, sodass ein einzelner Störimpuls nicht gleich die Verstärkung zurückregeln kann. Dieses Regelverhalten ist für DRM günstiger als ein schnelles Ansprechen.

7.2 AM/FM-Radio mit dem CD2003GP

Auf der Suche nach einem Radio-IC für AM und FM kam der CD2003GP in den Blick. Wenn man im Internet danach sucht, findet man heraus, dass er manchmal in Uhrenradios eingesetzt wird. Das IC ist auch bei Modul-Bus erhältlich.

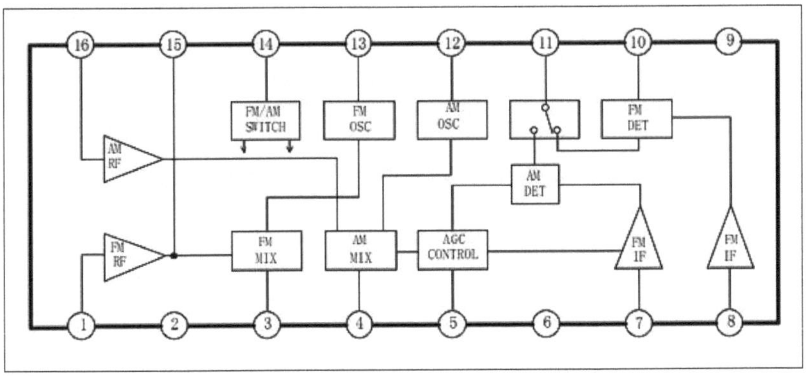

Bild 7.3: Das Blockschaltbild des CD2003

Ein Testschaltbild zeigt den grundlegenden Einsatz. Interessant ist, dass der Vorschlag ganz auf Spulenfilter in der ZF verzichtet. Damit wird der Abgleich sehr einfach. Die Selektion hängt dabei allein von den Keramikfiltern ab.

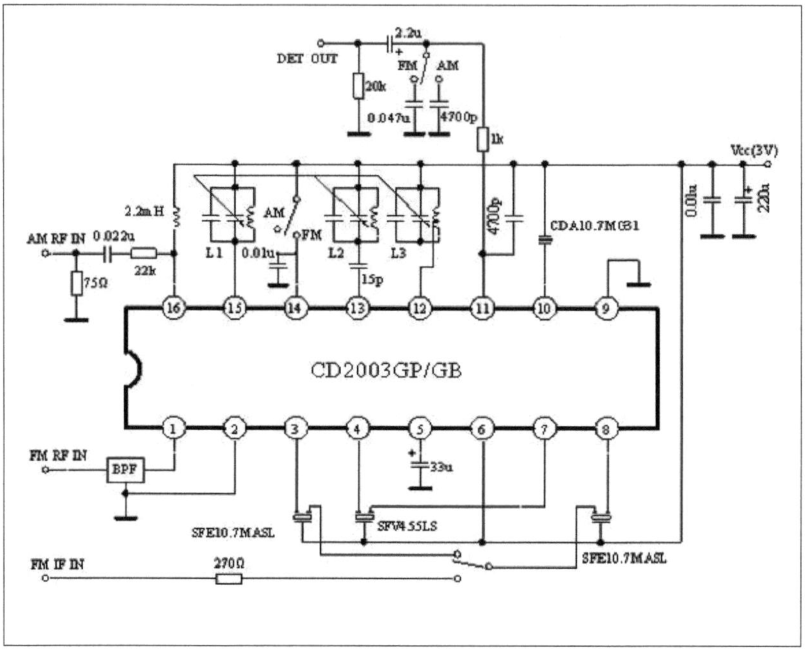

Bild 7.4: Äußere Beschaltung des CD2003

Die sehr einfach gehaltene äußere Beschaltung mit Spulen ohne Anzapfung machen das IC ideal für eigene Experimente. Bild 7.5 zeigt den Aufbau einen kompletten AM/FM-Empfängers für Mittelwelle und UKW. Der Eingangskreis auf Mittelwelle ist eine Ferritantenne, der Oszillatorkreis verwendet eine Festinduktivität mit 100 µH. Auf UKW werden freitragende Luftspulen verwendet, die sich durch leichtes Auseinanderbiegen abgleichen lassen. Das Konzept lässt Raum für Verbesserungen der ZF-Filter. Hier wurden zwei AM-Filter mit einem Zwischenkreis mit einer Festinduktivität verwendet.

Bild 7.5: Ein komplettes AM/FM-Radio

Alles wurde am Ende in das Gehäuse eines Retroradios eingebaut. Ein LM386 treibt einen großen Lautsprecher, was einen sehr guten Klang ergibt. Am Pin 5 des Radio-ICs wurde die ALC-Information abgenommen und mit einem Emitterfolger an das Messinstrument als S-Meter geführt. Das erleichtert die optimale Abstimmung.

Bild 7.6: Einbau in ein Gehäuse

7.3 Der DRM-Empfänger

Elektor hat im Heft 3/2004 einen DRM-Super mit einer Zwischenfreqeunz von 455 kHz vorgestellt, der vielen den ersten Kontakt mit DRM ermöglichte. Anders als bei einem IQ-Empfänger wird hier noch mit einem steilflankigen ZF-Filter gearbeitet. Für die Übergabe des 12-kHz-Signals an den PC reicht ein Mono-Eingang. Der Empfänger ist daher eine Alternative für den Einsatz an älteren Laptops, die nur einen Mikrofoneingang haben.

Ziel der Entwicklung war ein Empfänger mit guter Empfangsleistung, der aber trotzdem ganz ohne Abgleichpunkte auskommt. Es werden keine speziellen Spulen oder Drehkondensatoren benötigt, sondern nur gut erhältliche Festinduktivitäten. Dies kommt all jenen entgegen, die mehr in der digitalen Elektronik zuhause sind und weniger in der HF-Technik. Kein Abgleich, keine speziellen Messgeräte, ein sehr einfacher Software-Abgleich reicht aus, um Toleranzen in den Oszillatorfrequenzen auszugleichen.

Bild 7.7: Der fertig aufgebaute Empfänger

Im Prinzip kann man den Empfänger als DRM-Interface für den PC betrachten. Wie Bild 7.8 zeigt, hat der DRM-Empfänger zwei Verbindungen mit dem Computer: Über die RS232-Schnittstelle erhält der Empfänger die digitale Steuerinformation für die Abstimmung des Empfängers auf die Frequenz des gewünschten DRM-Senders.

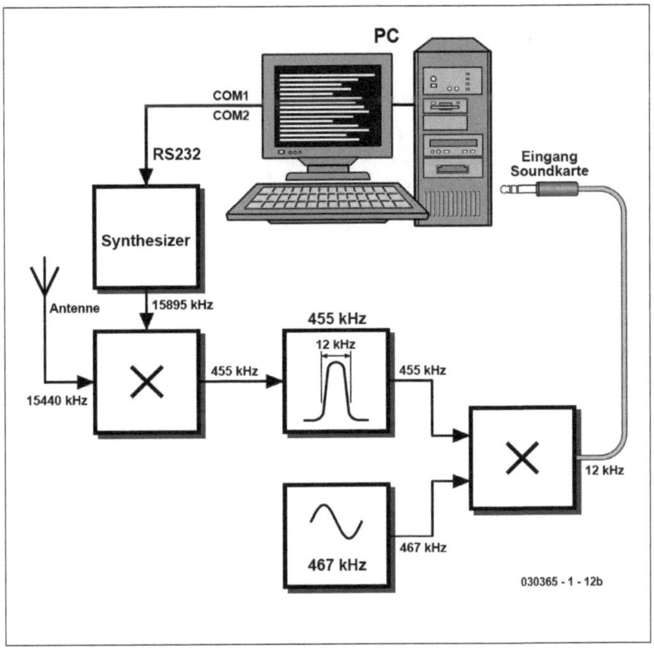

Bild 7.8: Prinzipschaltung des DRM-Empfängers

Am Ausgang des DRM-Empfängers liegt im Gegensatz zu einem normalen Radio kein Tonsignal, das man über Verstärker und Lautsprecher oder Kopfhörer hören könnte. Der DRM-Empfänger mischt das Signal des DRM-Senders quasi auf eine Zwischenfrequenz von 12 kHz herunter. An seinem Ausgang liegt daher ein DRM-typisches Gemisch von modulierten Trägerfrequenzen, die zusammen das Audiosignal als digitalen Datenstrom übertragen. Dieses DRM-Spektrum, ein Frequenzgemisch mit einer Bandbreite von 10 kHz, wird an den Line-Eingang der Soundkarte des PCs angeschlossen. Die Soundkarte digitalisiert das Signal und ein DRM-Empfangsprogramm, das als Herzstück einen DRM-Software-Demodulator/Dekoder enthält, sorgt sowohl für die Demodulation des DRM-Signals als auch für Dekodierung des empfangenen Datenstroms. Das Audiosignal steht dann in Stereo-HiFi-Qualität am Ausgang der Soundkarte zur Wiedergabe über die PC-Lautsprecher zur Verfügung.

Das Blockschaltbild lässt sich im Schaltplan nach Bild 7.9 gut wiederfinden. Der DDS-Oszillator mit IC2 (vgl. Kap. 5.9) liefert sein Signal über T1 an den ersten Mischer (MIX1), einen Dioden-Ringmischer. Die Zwischenfrequenz von 455 kHz durchläuft ein steilflankiges Keramikfilter (Fl1) mit 12 kHz Bandbreite. Ein ZF-Verstärkerstufe mit einem BF494 (T2) hebt den Pegel um ca. 20 dB an, bevor das Signal dem zweiten Mischer zugeführt wird, einem passiven FET-Mischer mit einem BF245 (T4). Der zweite Oszillator wird durch einen Keramikresonator CSB470 stabilisiert, der um 3 kHz auf 467 kHz gezogen wird. Das resultierende 12-kHz-ZF-Signal durchläuft ein einfaches Bandpassfilter und wird noch einmal mit zwei Opamps (IC3) um 20 dB verstärkt und gepuffert, bevor es am Ausgang für den Anschluss an die PC-Soundkarte bereitsteht.

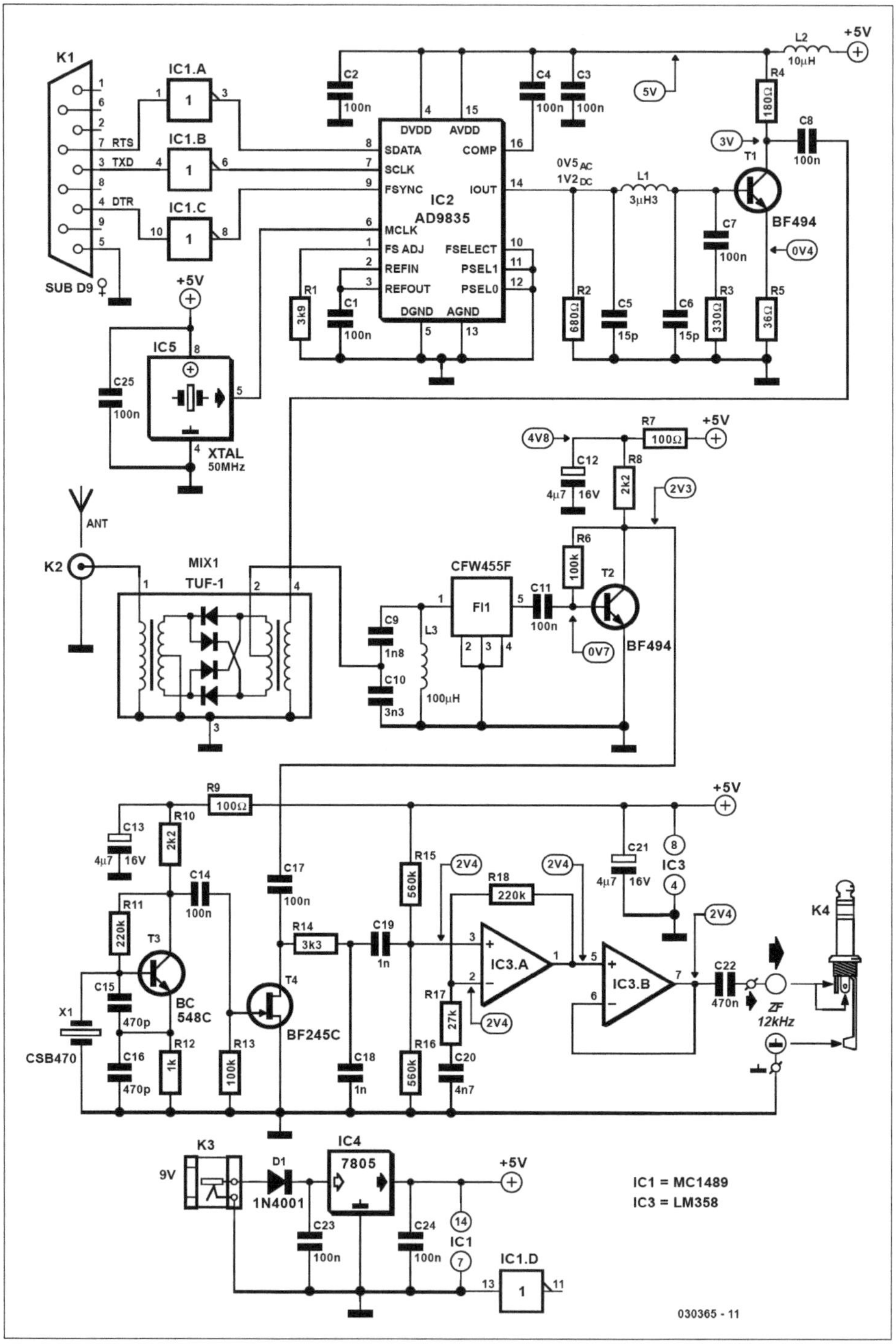

Bild 7.9: Der Schaltplan

Die wichtigste Eigenschaft für guten DRM-Empfang ist die Phasenreinheit des Mischeroszillators. Hier erfüllt der DRM-Empfänger höchste Ansprüche: Der DDS-VFO erzeugt ein extrem phasenreines Oszillatorsignal. Die ebenfalls sehr wichtige Großsignalfestigkeit des Signalwegs wird durch die verwendeten Mischer garantiert. Entsprechend sind die Ergebnisse: An einer Langdrahtantenne werden Störabstände bis über 30 dB in der DRM-Software erzielt.

Diese guten Resultate lassen sich trotz der vereinfachten und abgleichfreien Auslegung der Schaltung erzielen, weil einige Eigenschaften, die beim konventionellen AM-Empfang wichtig sind, bei DRM keine so große Rolle spielen. Der Dynamikbereich der PC-Soundkarte ist zusammen mit der DRM-Software groß genug, um die üblicherweise vorkommenden Pegelunterschiede von bis zu 30 dB problemlos zu verarbeiten. Das spart eine automatische Verstärkungsregelung (ALC). Eine hohe Empfindlichkeit ist für DRM ebenfalls nicht erforderlich. Sehr schwache DRM-Signale unter etwa 10 µV lassen sich auch bei höherer Gesamtverstärkung nicht besser empfangen, weil der tatsächliche Störabstand bei der großen Bandbreite von 10 kHz nicht ausreicht. Mehr Verstärkung würde nur das Rauschen anheben. Es hat sich auch gezeigt, dass der Empfänger ohne abgestimmten Vorkreis auskommt. Zum einen liegt die Spiegelfrequenz im Abstand von 910 kHz (2 x 455 kHz) nämlich fast immer außerhalb benachbarter Rundfunkbänder, zum anderen werden Störsignale vom DRM-Dekoder erstaunlich gut toleriert.

Der Antenneneingang mit einer Impedanz von ca. 50 Ω ist breitbandig direkt mit dem Dioden-Ringmischer TUF-1 verbunden. Der Mischer setzt das Signal niederohmig auf 455 kHz um. Der TUF-1 ist für einen Frequenzbereich von 2 MHz bis 600 MHz ausgelegt. Tatsächlich kann man jedoch auch unter 2 MHz arbeiten, wobei die Eingangsimpedanz sinkt und einen stark induktiven Anteil bekommt. In der Praxis arbeitet der Empfänger jedoch auch noch im Mittelwellenbereich bis herab zu 500 kHz problemlos. Verwendet man eine aktive Antenne oder einen Vorverstärker mit geringem Innenwiderstand, kann auch im Langwellenbereich erfolgreich gearbeitet werden. So ließ sich z.B. DLR auf 177 kHz mit einer Loopantenne mit zweistufigem Vorverstärker nach Kap. 9.6 empfangen.

Am Ausgang des Ringmischers liegt ein breitbandiges Anpassglied für 455 kHz. Die Impedanz wird über einen Resonanzkreis mit kapazitiver Anzapfung etwa im Verhältnis 1 zu 10 hochgesetzt und passt dann zum Eingangswiderstand des Keramikfilters CFW455F mit ca. 1,5 kΩ. Hier ist keine große Genauigkeit nötig, da auch die tatsächliche Antennenimpedanz meist höher als 50 Ω liegt. Der Schwingkreis mit einer Festinduktivität 100 µH wird bei so geringer Güte ($Q < 10$) betrieben, dass die Bandbreite über ca. 50 kHz liegt und die Toleranz der Bauteile unkritisch ist. Man braucht daher keinen Abgleich der Spule. Trotzdem trägt der Anpasskreis zur Weitabselektion des ZF-Filters bei.

Das Filter CFW455F hat eine Bandbreite von 12 kHz, wobei 10 kHz für DRM gefordert werden und etwas mehr nicht schadet. Tatsächlich ist etwas mehr Bandbreite sogar wichtig, um gewisse Frequenzabweichungen des zweiten Oszillators zu verkraften. Wenn der zweite Oszillator nicht genau auf 467 kHz, sondern z.B. auf 467,5 kHz schwingt, verschiebt sich die erste ZF auf 455,5 kHz. Die Software muss dann den ersten Oszillator um 500 Hz höher abstimmen. Am Ende erscheint aber wie gefordert ein Signal von 12 kHz.

Die leicht verschobene erste ZF passt immer noch durch das ZF-Filter. So konnte ein teurer Spezialquarz im zweiten Oszillator vermieden werden. Der zweite Oszillator auf 467 kHz verwendet stattdessen einen preiswerten Keramikresonator CSB470. Die Frequenz wird durch die große Kapazität des Oszillators um 3 kHz nach unten gezogen und erreicht eine maximale Abweichung von etwa 1 kHz.

Auf das ZF-Filter folgt eine einzelne ungeregelte Verstärkerstufe, die den Signalpegel um ca. 20 dB anhebt. Da keine Vorverstärkung oder Mischverstärkung vorliegt und das ZF-Filter eine zusätzliche Signaldämpfung bewirkt, sind die Signalpegel ausreichend klein, um eine Übersteuerung sicher zu vermeiden.

Ein passiver FET-Mischer setzt das Signal auf 12 kHz um. Der JFET BF245 arbeitet wie ein HF-Schalter, der das Signal im Takt des Oszillators kurzschließt. Dieser einfache Mischer hat einen großen Dynamikbereich und verarbeitet Signale bis über 100 mV ohne erkennbare Verzerrungen. Der nachfolgende NF-Verstärker mit dem Doppel-OPV LM358 hebt den Pegel noch einmal um ca. 20 dB an und enthält ein einfaches Bandpassfilter.

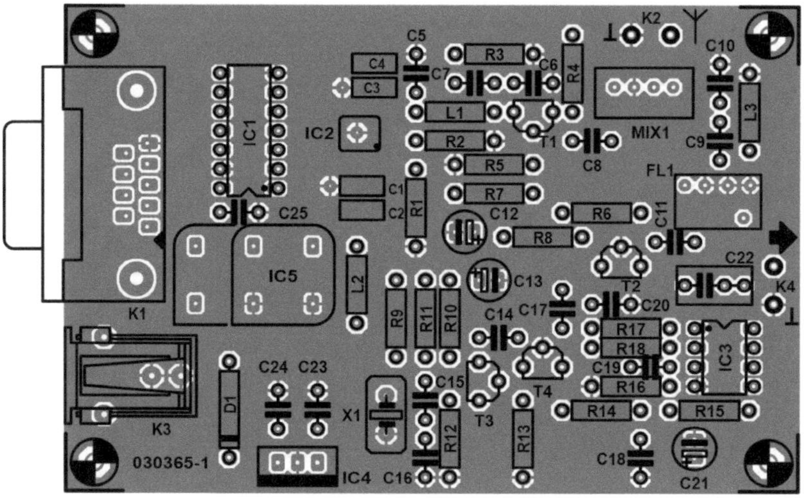

Bild 7.10: Der Bestückungsplan

Die Platine des Empfängers ist auf der Oberseite mit konventionellen bedrahteten Bauteilen bestückt. Auf der Unterseite befindet sich die DDS in SMD-Bauweise. Zusätzlich wurden im Interesse kurzer Leitungsführung und geringer Induktivitäten einige SMD-Kondensatoren ebenfalls auf der Rückseite untergebracht.

Inzwischen gibt es nur noch wenige aktive DRM-Stationen. Der Empfänger lässt sich aber mit passender Software nach wie vor für den Kurzwellen-Rundfunk, für digitale Stationen aller Art und für den Amateurfunk einsetzen.

8 • IQ-Mischer und Software Defined Radio

Ein IQ-Mischer ist ein zweifacher Mischer mit einer Phasendifferenz von 90 Grad zwischen beiden Oszillatorsignalen. Damit ist es möglich, die Spiegelfrequenzen zu unterdrücken und ohne aufwändige Vorselektion zu arbeiten. Dies ist ein wesentliches Prinzip der meisten SDR-Konzepte.

8.1 SDRadio

In der Vergangenheit hatten nur Kurzwellenempfänger der oberen Preisklasse eine Panoramaanzeige, wählbare Bandbreiten und ähnlichen Luxus. Inzwischen verlagern sich aber immer mehr Eigenschaften eines Empfängers in die Software, während die Hardware immer spartanischer werden darf. Das Konzept heißt „Software Defined Radio" (SDR) und ist vor allem im Amateurfunk hochaktuell.

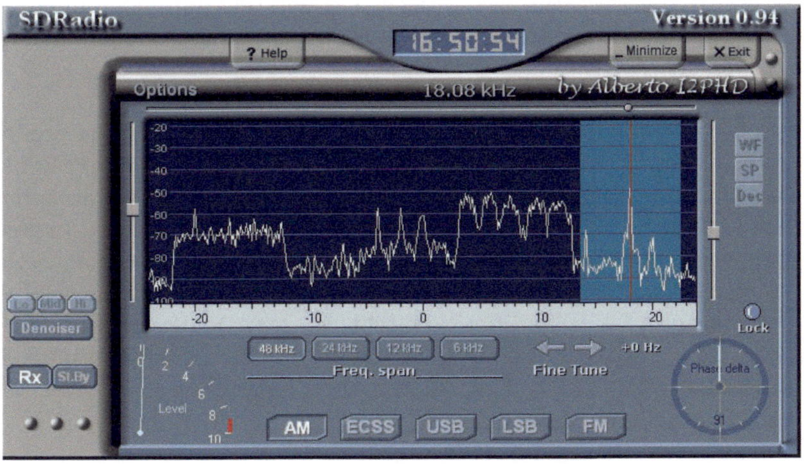

Bild 8.1: SDRadio im Einsatz

Eines der ersten und einfachsten Programme ist das SDRadio des italienischen Funkamateurs Alberto, I2PHD. Dieses PC-Programm realisiert zusammen mit der Soundkarte und einem einfachen IQ-Mischer als HF-Frontend einen hervorragenden Kurzwellenempfänger für alle Betriebsarten von AM bis SSB. Ohne Nachstimmen des Empfängers kann ein Bereich bis 48 kHz allein mit der Maus abgestimmt werden. Man sieht jederzeit, was auf den Nachbarfrequenzen passiert und kann flexibel auf Störungen reagieren, indem man z.B. die Empfängerbandbreite anpasst.

Die erforderliche Hardware ist ein IQ-Mischer, im Prinzip ein Direktmischer in Form einer zweifachen Mischstufe mit phasenverschobenen Oszillatorsignalen. So erreicht man die Unterdrückung von Spiegelfrequenzen.

8.2 Spiegelunterdrückung

Jede einfache Mischstufe erzeugt neben der Wunschfrequenz auch noch ein Signal auf der Spiegelfrequenz, das man oft mit viel Aufwand herausfiltern muss. Anders der I/Q-Mischer, der im Prinzip aus zwei Mischstufen besteht und selbst für eine Spiegelunterdrückung sorgt. Das Prinzip lässt sich für sehr einfache Empfänger verwenden und ist vor allem im Zusammenhang mit Software-basierten Empfängern sinnvoll.

Die am häufigsten eingesetzten Empfängertypen sind der Geradeausempfänger, der Superhet und der Direktmischer. Beim Geradeausempfänger sorgt ein Schwingkreis am Eingang für die komplette Selektion. Ein Beispiel ist das Audion, wobei eine aktive Entdämpfung für die notwenige Trennschärfe sorgt. Ein Geradeausempfänger kennt keine Spiegelfrequenzprobleme, hat aber eine relativ geringe Dämpfung der Nachbarkanäle. Anders der Superhet: Hier sorgen mehrere Zwischenfrequenzkreise für eine gute Nahselektion. Allerdings kommt nun die Spiegelfrequenz ins Spiel. Ein Superhet mit einer Zwischenfrequenz von 455 kHz hat prinzipiell eine Nebenempfangsstelle im Abstand von 2 * 455 kHz = 910 kHz. Auf Mittelwelle reicht ein Vorkreis, um diese ungewollte Empfangsstelle ausreichend zu dämpfen. Viele Kurzwellenempfänger zeigen aber tatsächlich eine deutliche Spiegelfrequenz.

Der Direktmischer ist ein besonders einfacher Empfänger, der z.B. im Amateurfunk erste Erfolge verspricht. Ohne Umweg über eine Zwischenfrequenz wird direkt in die NF-Lage gemischt. Das Prinzip wurde auch mit Erfolg für sehr einfache DRM-Empfänger verwendet, wobei das „NF-Signal" eigentlich eine 12-kHz-Zwischenfrequenz ist. In beiden Fällen rückt die Spiegelfrequenz aber so nahe an die Sollfrequenz heran, dass man keine Chance mehr hat, sie herauszufiltern. Bild 8.2 zeigt das Problem an einem Beispiel. Ein Signal auf 3990 kHz soll auf 12 kHz heruntergemischt werden. Der Mischeroszillator arbeitet auf 3990 kHz + 12 kHz = 4002 kHz. Dabei entsteht nun die Spiegel-Empfangsstelle von 4002 kHz + 12 kHz = 4014 kHz. Jetzt kann man nur hoffen, dass gerade kein starkes Signal auf dieser „falschen" Frequenz steht.

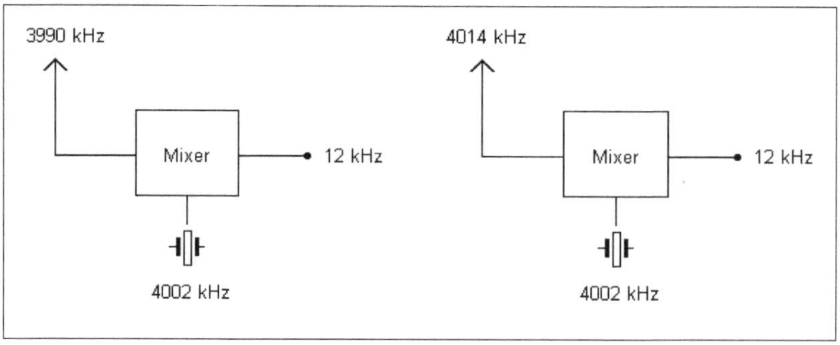

Bild 8.2: Spiegelfrequenzen

Der I/Q-Mischer löst das Problem der Spiegelfrequenz. Man verwendet hier zwei exakt gleiche Mischer, die zwar die gleiche Oszillatorfrequenz bekommen, aber eine um 90 Grad unterschiedliche Phasenlage. Die Ausgangssignal für das gleiche Eingangssignal sind dabei ebenfalls um 90 Grad phasenverschoben. Die Signale müssen nun noch einmal phasenverschoben werden und kommen dann zu einem Addierer. Hier heben sich die Signale der Spiegelfrequenz auf, während das Wunschsignal verstärkt wird. In umgekehrter Richtung wurde das Verfahren zur Erzeugung von SSB-Signalen eingesetzt. Hier besteht dieselbe Aufgabe: Mischen ohne Spiegelfrequenz, die in diesem Fall dem andern Seitenband entspricht. Das Verfahren wurde z.B. im Amateurfunk als Phasenmethode bekannt.

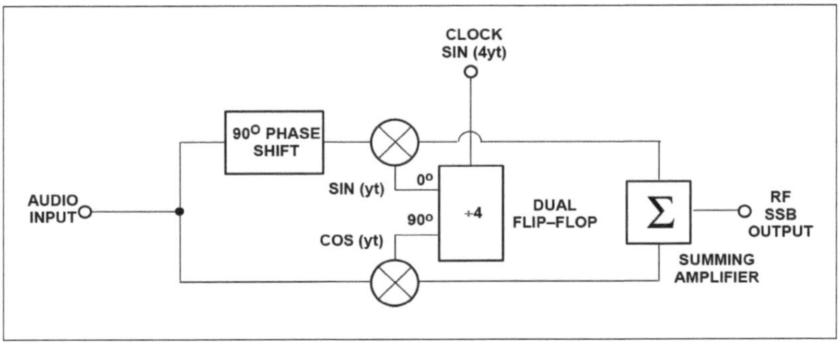

Bild 8.3: SSB-Erzeugung nach der Phasenmethode

Die Schwierigkeit der Phasenmethode bestand allerdings darin, ein ganzes Frequenzband von 300 Hz bis 3000 Hz gleichmäßig in der Phase zu drehen. In der so genannten „dritten Methode" nach Weaver wurden zwei weitere Mischer eingesetzt, die ebenfalls phasenverschobene Oszillatorsignale erhielten.

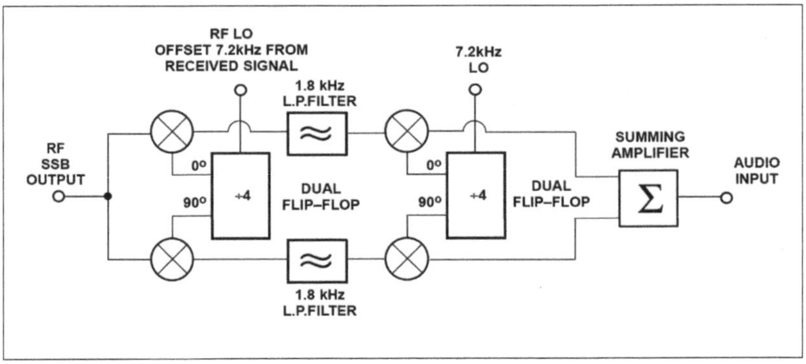

Bild 8.4: Signalzweig nach der „Dritten Methode"

Inzwischen sind die Voraussetzungen für den I/Q-Mischer noch günstiger geworden, weil die Signalverarbeitung per Software gewaltige Fortschritte gemacht hat. Für einfache Versuche gibt es hervorragende Programme wie das SDRadio oder SDR#. Man muss nur noch zwei um 90 Grad phasenverschoben gemischte Signale an den linken und den rechten Kanal der PC-Soundkarte liefern. Alles Weitere macht dann die Software.

8.3 IQ-Mischer

Eine Phasenverschiebung des Oszillatorsignals erhält man am einfachsten mit einer digitalen Schaltung. Zwei D-Flipflops im 74AC74 teilen eine Eingangsfrequenz durch vier und erzeugen gleichzeitig die um genau 90 Grad verschobenen Ausgangssignale.

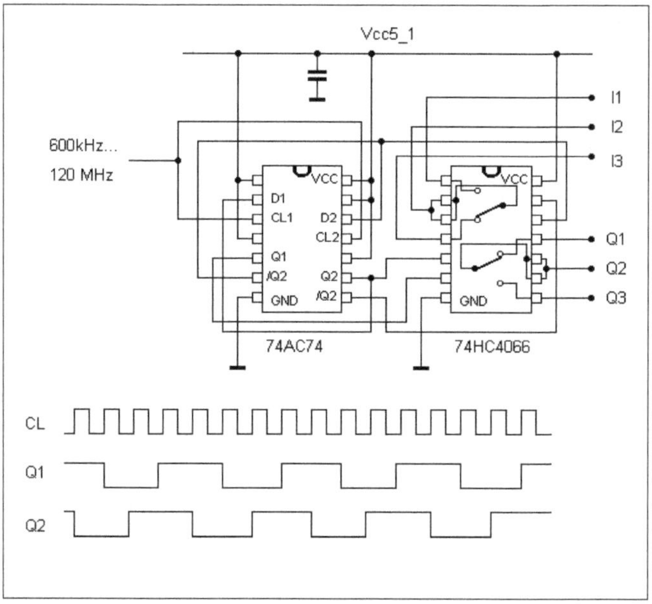

Bild 8.5: Der IQ-Mischer

Als Taktoszillator diente ursprünglich ein programmierbarer Quarzoszillator auf der Basis des CY27EE16. Dieser Chip ist nicht mehr erhältlich und kann inzwischen durch den SI5351 ersetzt werden. Im Prinzip könnte man auch einen frei schwingenden Oszillator auf der vierfachen Empfangsfrequenz verwenden, allerdings ist dann eine gute Stabilität nur mit höherem Aufwand zu erreichen.

Die verwendeten Mischer bestehen aus vier Analogschaltern im 74HC4066, die einen guten Gleichlauf zwischen beiden Kanälen versprechen und eine große Signalfestigkeit aufweisen. Je zwei Analogschalter sind zu einem Umschalter verbunden, sodass man einen Balancemischer realisieren kann. Bild 8.6 zeigt einen I/Q-Direktmischer für den Frequenzbereich von 500 kHz bis ca. 30 MHz.

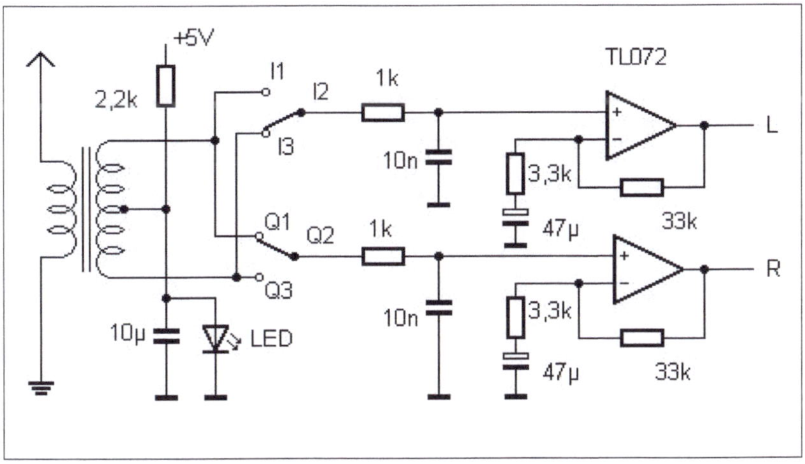

Bild 8.6: Ein Breitbandempfänger

Ein Breitband-Übertrager mit 10:20+20 Windungen wurde auf einen kleinen Ferritkern gewickelt. Auf die eigentlichen Mischer folgen einfache Tiefpassfilter. Der nachfolgende 20-dB-Verstärker erhöht die Empfindlichkeit des Empfängers. Bild 8.7 zeigt einen Probeaufbau der Schaltung.

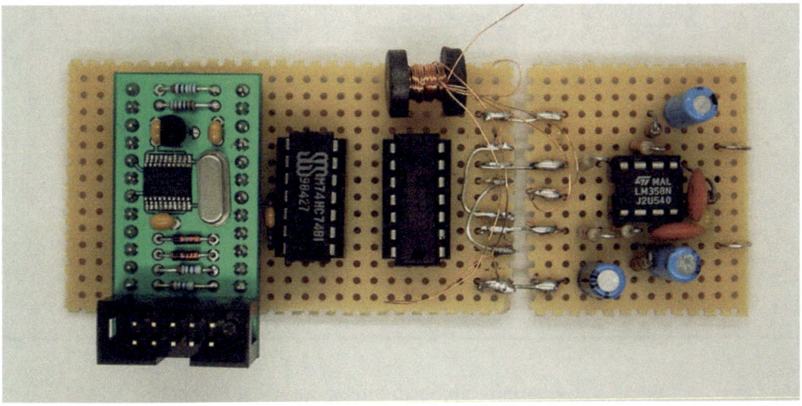

Bild 8.7: Probeaufbau des kompletten Empfängers

Mit dem I/Q-Mischer kann eine Spiegelfrequenzunterdrückung bis etwa 40 dB erreicht werden. Verbindet man nur einen der beiden Kanäle mit der Soundkarte, entsteht das für einen einfachen Direktmischer typische Ergebnis (Bild 8.8). Ein Signal von 11 kHz erscheint sowohl bei +11 kHz als auch bei -11 kHz. Mit beiden um 90 Grad phasenverschobenen Eingängen wird dagegen das Wunschsignal angehoben und das Spiegelsignal unterdrückt (Bild 8.9). So kann allein durch Software ein Band von 48 kHz abgestimmt werden.

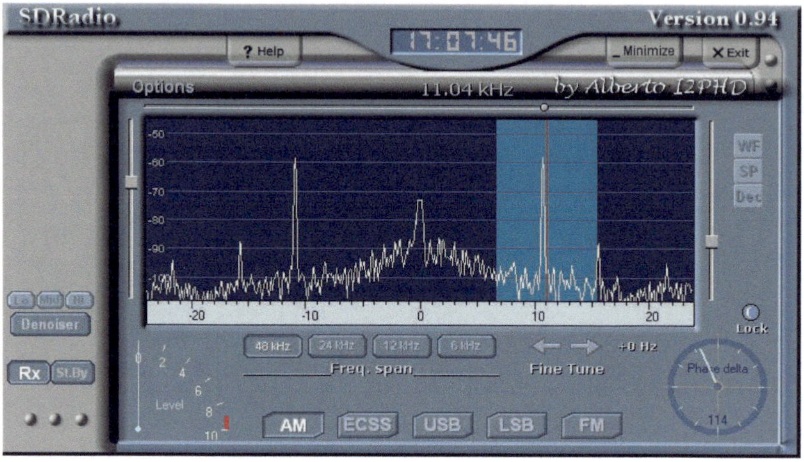

Bild 8.8: Spiegelfrequenz mit nur einem Mischer

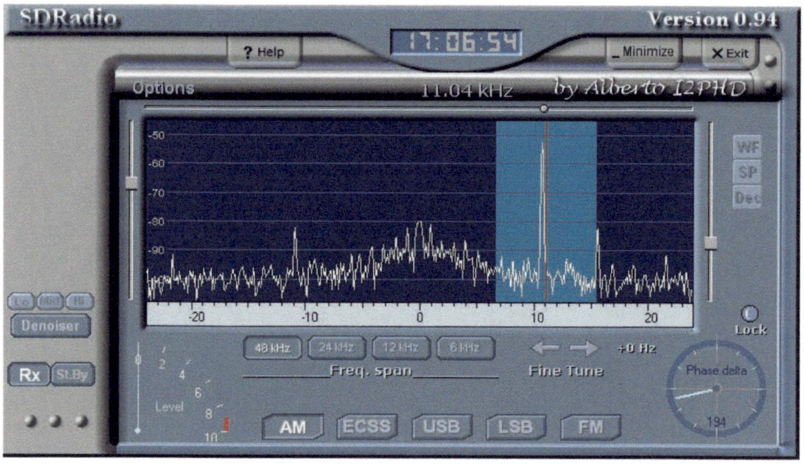

Bild 8.9: Gedämpfte Spiegelfrequenz mit zwei Mischern

Dieser einfache Empfänger zeigt erstaunlich gute Empfangsergebnisse auf Mittelwelle und auf Kurzwelle, insbesondere eine hohe Empfindlichkeit und gute Frequenzstabilität sowie eine hervorragende Trennschärfe, die allein durch die Software erreicht wird.

Eine grundlegende Schwäche der einfachen Schaltung besteht darin, dass der Mischer auch auf den ungeraden Vielfachen der Oszillatorfrequenz arbeitet. Da ein schaltender Mischer prinzipiell auch Obertonmischung aufweist, ist ein Tiefpassfilter oder ein Schwingkreis sinnvoll.

8.4 Schaltungs-Optimierung

Der IQ-Mischer besteht aus zwei identischen Mischstufen, die mit einem um 90 Grad phasenverschobenen Signal angesteuert werden. Wichtig ist eine exakt gleiche Verstärkung und äußerste Linearität. Deshalb haben sich CMOS-Analogschalter als Mischer bewährt. Als Oszillator diente ursprünglich der programmierbare Quarzoszillator auf der Basis des CY27EE16, der inzwischen besser durch einen SI5351 ersetzt wird. Damit lässt sich eine Arbeitsfrequenz bis ca. 30 MHz erreichen.
Die Schaltung verwendet Analogschalter vom Typ 74HC4066 und einen digitalen Teiler mit dem 74AC74, der die Oszillatorfrequenz durch vier teilt und die Phasenverschiebung erzeugt. Damit der Einstieg in diese Technik leicht fällt. wurde von der Firma Modul-Bus eine Platine entwickelt, die den gesamten Mischer/Oszillator als Modul bereitstellt. Nach außen führen nur die beiden Mischer I und Q in Form von Analogschalter-Umschaltern mit jeweils drei Anschlüssen.

Bild 8.10: Die IQ-Mischerplatine

Hier sollen die verschiedenen Schaltungsvarianten genauer analysiert werden. Für den ersten Versuch reicht bereits ein extrem einfacher Empfänger mit nur einem zusätzlichen Widerstand. Er empfängt bereits starke Rundfunksignale an einer ausreichend langen Drahtantenne.

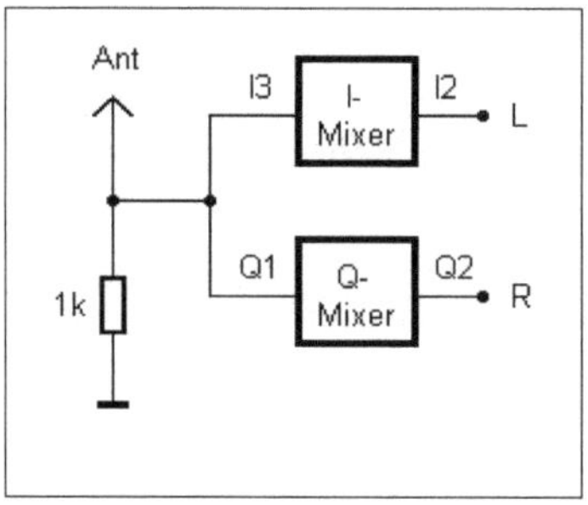

Bild 8.11: Der erste Versuch

Der Empfänger wird verbessert, wenn man einen symmetrischen Balancemischer einsetzt. Mit einem kleinen Übertrager mit Mittelanzapfung erreicht die Schaltung eine Spiegelunterdrückung von ca. 40 dB.

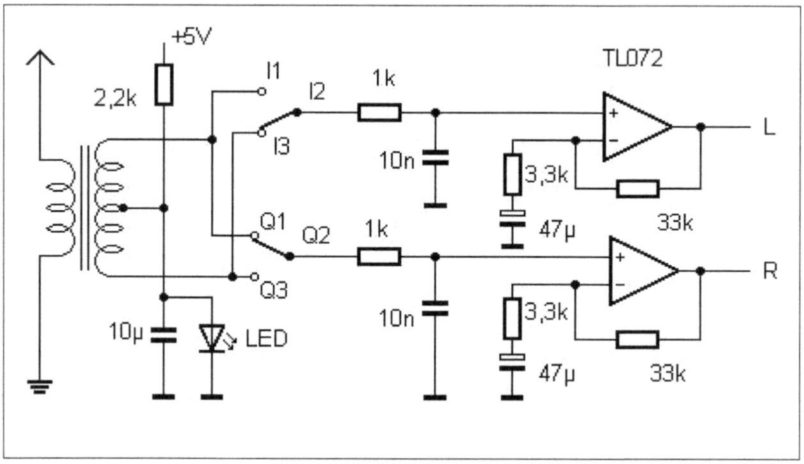

Bild 8.12: Symmetrischer Mischer

Ein HF-Übertrager kann immer auch die Ursache für zusätzliche Unsymmetrie sein. Der folgende Versuch verwendet deshalb einen symmetrischen Mischer mit vier NF-Ausgangskanälen, die durch zwei Differenzverstärker zusammengeführt werden. Die Idee dabei ist, alle Ausgänge jeweils genau mit 10 kΩ zu belasten. Ob das bei dieser Schaltung wirklich gegeben ist, soll im Folgenden noch untersucht werden. Die Filterkondensatoren von 2,2 nF wurden so gewählt, dass die Tiefpass-Grenzfrequenz weit über der Bandgrenze von 24 kHz liegt. Dann können sich nämlich Toleranzen im Durchlassbereich kaum noch als zusätzliche Phasenverschiebungen auswirken. Die einfachen Tiefpassfilter dienen nur dazu, übermäßige HF-Reste von den Operationsverstärkern fern zu halten. Die eigentliche Filterung bleibt dem Antialiasing-Filter der Soundkarte überlassen.

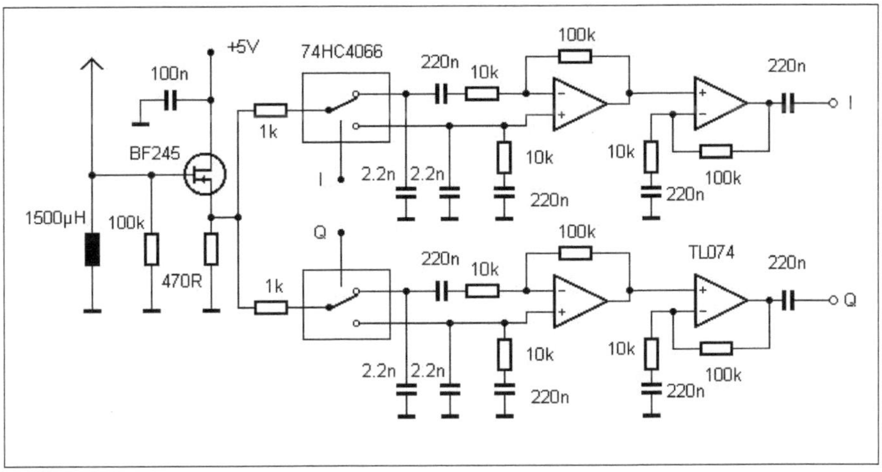

Bild 8.13: Mischer ohne Übertrager

Die Schaltung erreicht auf Anhieb eine gute Spiegelunterdrückung von mehr als 40 dB. Die große Gesamtverstärkung von ca. 40 dB bringt Vorteile für schwache Signale, wenn auch extrem starke Rundfunksender bereits einen Antennenabschwächer erforderlich machen. Eine Schwäche der Schaltung ist die geringe obere Grenzfrequenz. Oberhalb etwa 12 MHz sinkt die Empfindlichkeit stark ab. Ein Versuch zeigte, dass die beiden 1-kΩ-Widerstände vor den Mischern das Problem sind. Wenn man beide überbrückt, bleibt die Empfindlichkeit bis über 25 MHz erhalten. Nur leider wird damit die Spiegelunterdrückung etwas schlechter.
Die Schaltung funktioniert zwar schon relativ gut, aber es gibt doch noch etwas zu verbessern. Das folgende Detailschaltbild zeigt den verwendeten Differenzverstärker. Man sieht, dass diese Stufe nicht vollständig symmetrisch ist. Das führt dazu, dass der Differenzverstärker keine hohe Gleichtaktunterdrückung hat. Das bringt zwar keine Probleme mit der Spiegelunterdrückung, kann aber dazu führen, dass Signale unter 24 kHz direkt von der HF-Stufe über den Mischer in den ZF-Zweig gelangen.

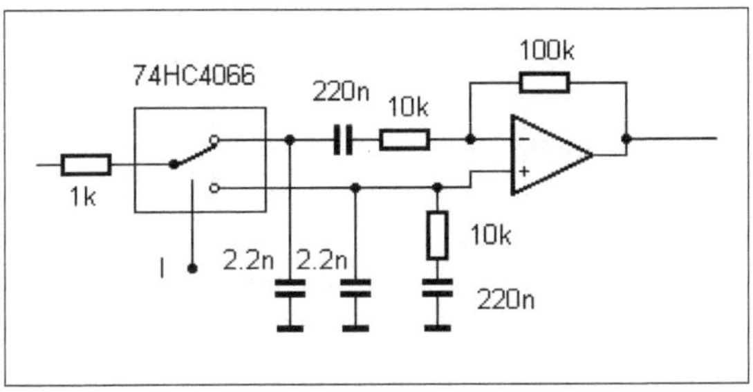

Bild 8.14: Der verwendete Differenzverstärker

Also wurde testweise ein üblicher Differenzverstärker ausprobiert. Allerdings war nun zwar die Gleichtaktunterdrückung gut, die Spiegelunterdrückung jedoch gering.

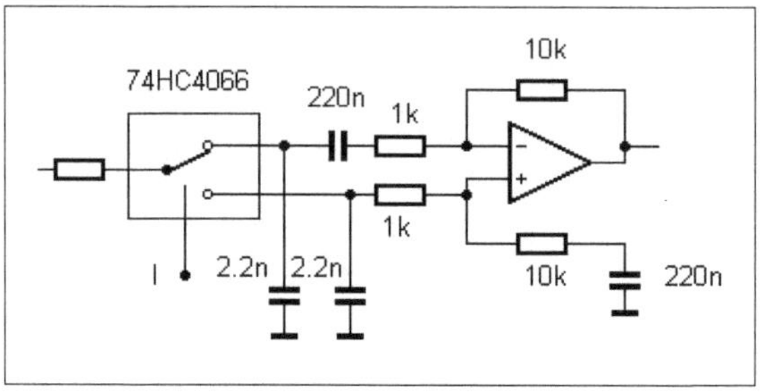

Bild 8.15: Symmetrischer Differenzverstärker

Die Ursache des Problems liegt im unterschiedlichen Eingangswiderstand der beiden Eingänge. Obwohl die Schaltung auf den ersten Blick symmetrisch aussieht, hat der invertierende Eingang eine Impedanz von ca. 0,5 kΩ, der nichtinvertierende jedoch 11 kΩ. Das Prinzipschaltbild mit gerundeten Spannungsangaben (Bild 8.16) bei einer gedachten Ansteuerung mit +1 V und -1 V zeigt, warum dies so ist. Der nichtinvertierende Eingang legt die Spannung an beiden OPV-Eingängen fest, da er nicht gegengekoppelt ist. Der obere 1-kΩ-Widerstand liegt daher zwischen +1 V und -1 V, was zu einer Eingangsimpedanz von nur noch 0,5 kΩ führt. Damit wird die wichtigste Regel der IQ-Schaltungstechnik verletzt, dass alle vier Phasen gleich belastet werden sollen.

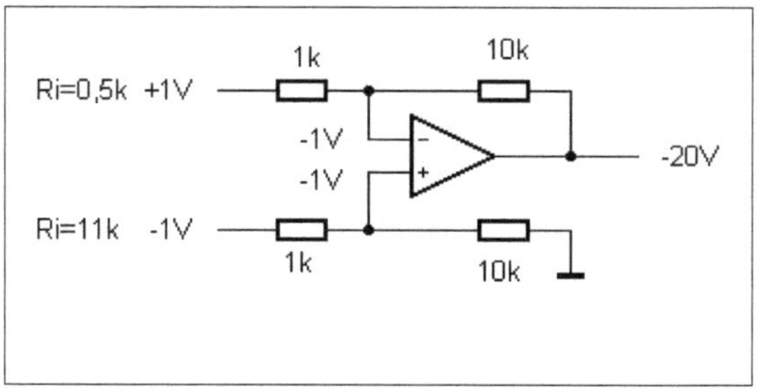

Bild 8.16: Unsymmetrische Eingangsimpedanz

Da gibt es eine mögliche Lösung in Form des so genannten Instrumentenverstärkers. Zwei voll gegengekoppelte OPV werden als Impedanzwandler vorgeschaltet. Die Schaltung sieht vorn die gleiche, theoretisch unendlich hohe Impedanz. Auch diese Variante wurde erprobt. Das Ergebnis war wieder eine gute Spiegelunterdrückung. Allerdings zeigte der Empfänger insgesamt eine größeres Rauschen, geringere Empfindlichkeit und mehr Verzerrungen.

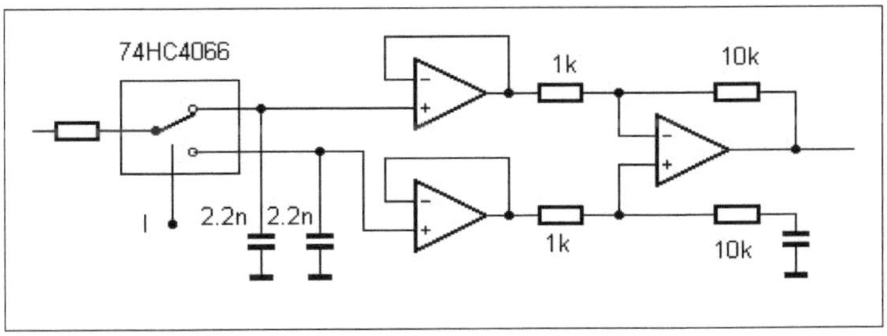

Bild 8.17: Instrumentenverstärker

Theorie und Praxis passen hier nicht gut zusammen. Der Grund ist darin zu suchen, dass ein üblicher OPV sich bei der relativ großen Frequenz bis ca. 24 kHz keineswegs mehr wie ein idealer OPV verhält. Ein LM324 hat z.B. ein Verstärkungs-Bandbreiteprodukt von 1 MHz. Bei 20 kHz beträgt die Leerlaufverstärkung nur noch etwa das 50-fache. Die Differenz zwischen beiden Eingängen ist nicht mehr fast null. Ein voll gegengekoppelter OPV muss sich redlich quälen, der Eingangsspannung zu folgen. Bei den höheren Frequenzen entstehen dann Verzerrungen. Hier muss man dazu noch beachten, dass am Ausgang des Mischers auch Signale weit über 20 kHz entstehen können, deren Verzerrungsprodukte teilweise wieder im Durchlassbereich liegen. Diese Überlegungen haben dazu geführt, den Instrumentenverstärker wieder zu verwerfen.
Die Versuche haben deutlich gezeigt, dass der symmetrische Eingangswiderstand der Schaltung wichtiger ist als eine hohe Gleichtaktunterdrückung. Wenn nämlich die HF-Eingangsschaltung sehr linear arbeitet und außerdem ein Hochpass von 24 kHz verwendet wird, gibt es eigentlich keine Probleme mit durchschlagender ZF. Also wurde zur ursprünglichen Schaltung mit etwas anderer Dimensionierung zurückgekehrt. Der effektive Eingangswiderstand beträgt nun ca. 5 kΩ an beiden Eingängen. Ein Vorwiderstand von 100 Ω bietet einen guten Kompromiss zwischen hoher HF-Grenzfrequenz und guter Entkopplung zwischen I- und Q-Mischer. Außerdem soll jetzt der TL084 verwendet werden, der zwar nicht ganz so rauschfrei ist, aber bei einfacher 5-V-Betriebsspannung ein Bandbreitenprodukt von 10 MHz aufweist.

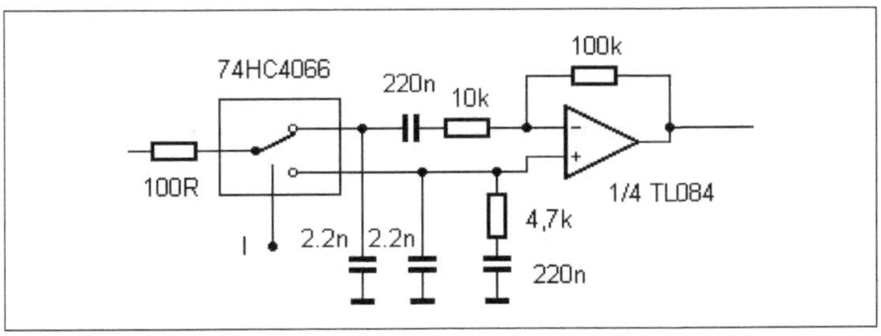

Bild 8.18: Gleiche Eingangsimpedanzen

Die Gesamtschaltung ist nicht für höchste Empfindlichkeit optimiert, sondern eher für eine hohe Großsignalfestigkeit und geringe Verzerrungen auch bei starken Rundfunksignalen. Auch starke DRM-Stationen werden nicht verzerrt. Deshalb konnten SNR-Werte bis weit über 30 dB beobachtet werden. Die im Amateurfunk üblichen hohen Empfindlichkeiten werden hier nicht erreicht. Man kann jedoch selektive Vorverstärker einsetzen, um auch diese Anforderungen zu erfüllen.

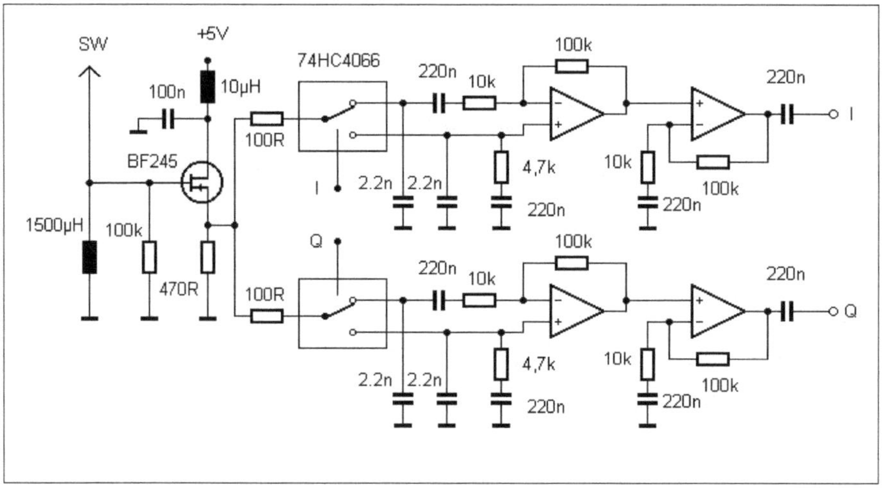

Bild 8.19: Der optimierte Mischer

Bild 8.19 zeigt die vorerst letzte Version des Empfängers. Was noch fehlt, sind Tief- oder Bandpassfilter für einzelne Bereiche. Wenn man z.B. ohne ein vorgeschaltetes Filter Mittelwelle empfangen möchte, schlagen Kurzwellenstationen auf der drei- oder fünffachen Frequenz durch. Die Dämpfung der falschen Signale ist jedoch beim IQ-Empfänger einfach, weil zwar Obertonmischung, aber keine Spiegelfrequenz auftritt. Im Prinzip reichen Tiefpassfilter.

Bild 8.20: Alles auf einer Platine

Mit einer optimierten Schaltung erreicht das Software Defined Radio mehr Empfindlichkeit und eine bessere Spiegelsignalunterdrückung. Am Ende wurde alles auf eine gemeinsame Platine gesetzt.

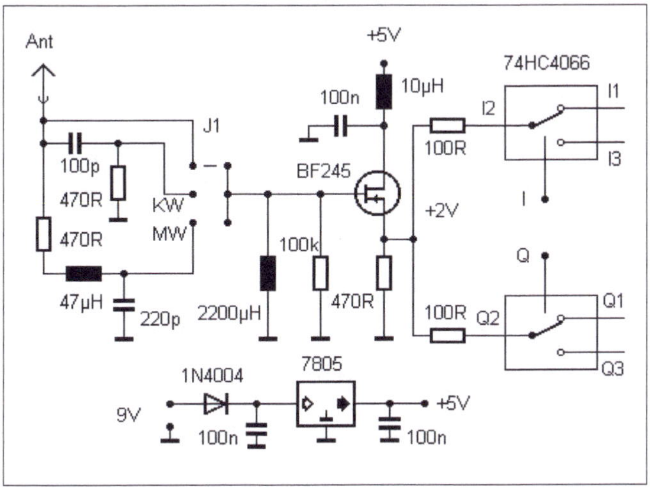

Bild 8.21: Die HF-Eingangsstufe

Die HF-Eingangsstufe verwendet einen FET-Sourcefolger für eine niederohmige Ansteuerung der Mischer. Am Eingang kann wahlweise eine Breitbandeinstellung, ein Kurzwellen-Hochpassfilter oder ein Mittelwellen-Tiefpassfilter gewählt werden. Das Tiefpassfilter mit einer Grenzfrequenz von ca. 1,6 MHz hilft gegen Obertonmischung und Störungen durch Kurzwellensignale beim Empfang von Mittelwellenstationen.

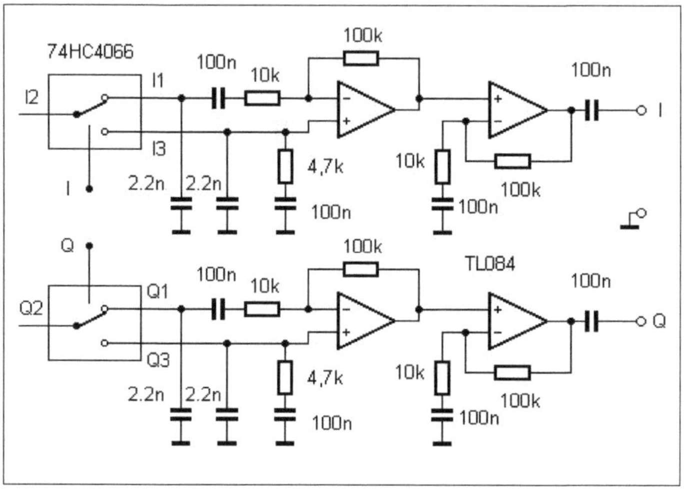

Bild 8.22: Zweistufiger IQ-Verstärker

Die ZF-Verstärker sind zweistufig mit einer Gesamtverstärkung von 100 ausgelegt. Der Eingang ist auf gleiche Eingangsimpedanz aller vier Phasen optimiert. Damit wird die Spiegelunterdrückung verbessert. Der Empfänger erreicht damit eine Spiegelunterdrückung von 40 dB und mehr.

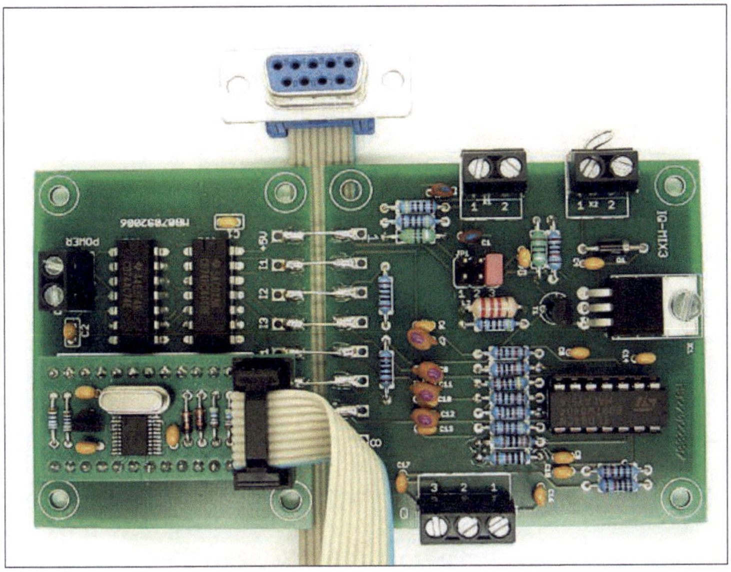

Bild 8.23: Anschluss an die Mischerplatine

Die Platine passt direkt an den IQ-Mischer. Zusammen mit dem programmierbaren Quarzoszillator hat man einen vollständigen Empfänger mit Abstimmung über die serielle Schnittstelle. Die Stromversorgung erfolgt nun von der rechten Platine aus über einen Spannungsregler. Die Schraubklemme am IQ-Mischer bleibt frei, allerdings kann hier 5 V für eventuelle Zusatzschaltungen entnommen werden.

Bild 8.24: Ein alternativer Oszillator

Der bewährte Empfänger wurde auch mit einem anderen VFO getestet. Der programmierbare Oszillator mit dem ICS307-2 erhält seine Betriebsspannung über den 5-V-Anschluss auf der Mischerplatine. Das Ausgangssignal wird über die DIL-Fassung angeschlossen.

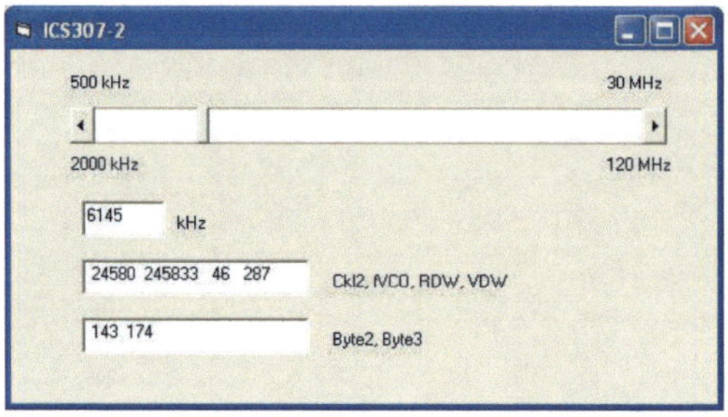

Bild 8.25: Abstimmung per Software

Die Abstimmung verwendet das Programm ICS703-2.exe über die serielle Schnittstelle COM1. Es soll z.B. eine AM-Station auf 6155 kHz empfangen werden. Der Empfängeroszillator wird z.B. 10 kHz tiefer auf 6145 kHz eingestellt. Mit SDRadio kann der Sender mit sehr guter Audioqualität empfangen werden.

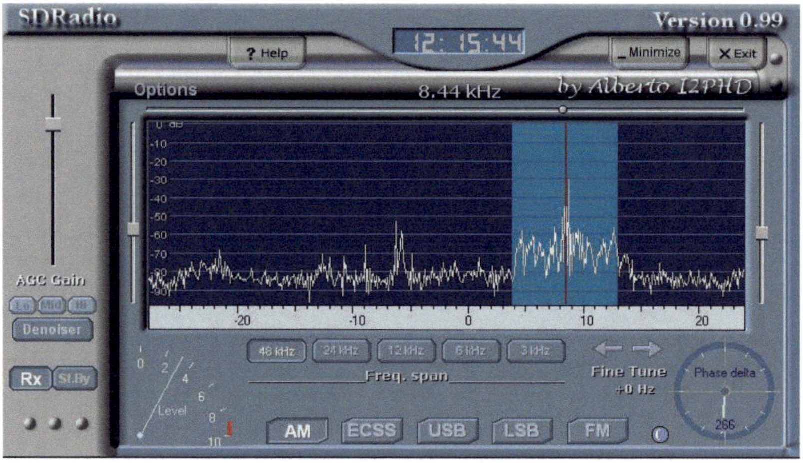

Bild 8.26: AM-Station in SDRadio

8.5 Software Defined Radio mit USB-Schnittstelle

In 2007 entwickelte Elektor diese Empfänger-Platine, die auf den wesentlichen Erkenntnissen der in den vorigen Abschnitten beschriebenen Entwicklungen beruht und Einsteigern einen leichten Zugang zum Thema Software Defined Radio eröffnen sollte.

Ein Software Defined Radio (SDR) braucht nur wenig Hardware, dafür aber eine ausgefeilte Software. Dieses SDR-Projekt sollte zeigen, was mit wenig Aufwand machbar ist. Das Ziel ist ein universeller Empfänger von 150 kHz bis 30 MHz, der für DRM und AM-Rundfunk optimiert ist, aber auch den Empfang auf den Amateurfunkbändern ermöglicht.

Das Ziel dieses Projekts ist ein Empfänger mittlerer Empfindlichkeit, dafür aber höchster Linearität und Phasenreinheit. Im Mittelpunkt der Entwicklung standen Eigenschaften, die für einen optimalen DRM-Empfänger wichtig sind. Tatsächlich erreicht der Empfänger hervorragende Störabstände.

Bild 8.27: Das Software Defined Radio mit USB

In Bezug auf Empfindlichkeit und Übersteuerungsfestigkeit kann der Empfänger natürlich nicht mit teuren Amateurfunkgeräten mithalten. Aber Empfangsversuche auf den Amateurfunkbändern haben ergeben, dass auf den unteren Bändern bis 20 m das atmosphärische Rauschen meist so stark ist, dass keine größere Empfindlichkeit gebraucht wird. Ein Vergleich mit einem älteren Gerät vom Typ Sommerkamp FT-7B zeigte beim Empfang von CW- und SSB-Stationen im 80-m-, 40-m- und 20-m-Band an der gleichen Antenne etwa gleiche Ergebnisse. Allerdings konnte das SDR durch die erweiterten Möglichkeiten der Software punkten. Eigenschaften wie stufenlos einstellbare Bandbreite und Spektrumanzeige gibt es sonst nur bei wesentlich teureren Geräten.

Der Empfänger soll über den USB gesteuert werden und zugleich auch von dort seine Stromversorgung erhalten. Man braucht also kein zusätzliches Netzteil mehr. Als USB-Interface wurde der FT232R gewählt. Dieser moderne USB-Seriell-Wandler kommt ohne einen Quarz aus, da er über einen internen RC-Oszillator mit hoher Genauigkeit verfügt.

Der Baustein wird hier in seinem Bit-Bang-Modus wie ein schneller Parallelport verwendet. Dabei stehen acht Datenleitungen zur Verfügung, die beliebig gesteuert werden können. Zwei der Leitungen werden als I²C-Bus verwendet und steuern die Frequenz des Empfängers. Drei Leitungen schalten den Eingangs-Multiplexer auf bis zu acht Antenneneingänge mit und ohne Filter. Und zwei weitere Eingänge dienen zur Umschaltung der ZF-Verstärkung des Empfängers. So hat man alles im Griff, der Empfänger lässt sich komplett fernsteuern.

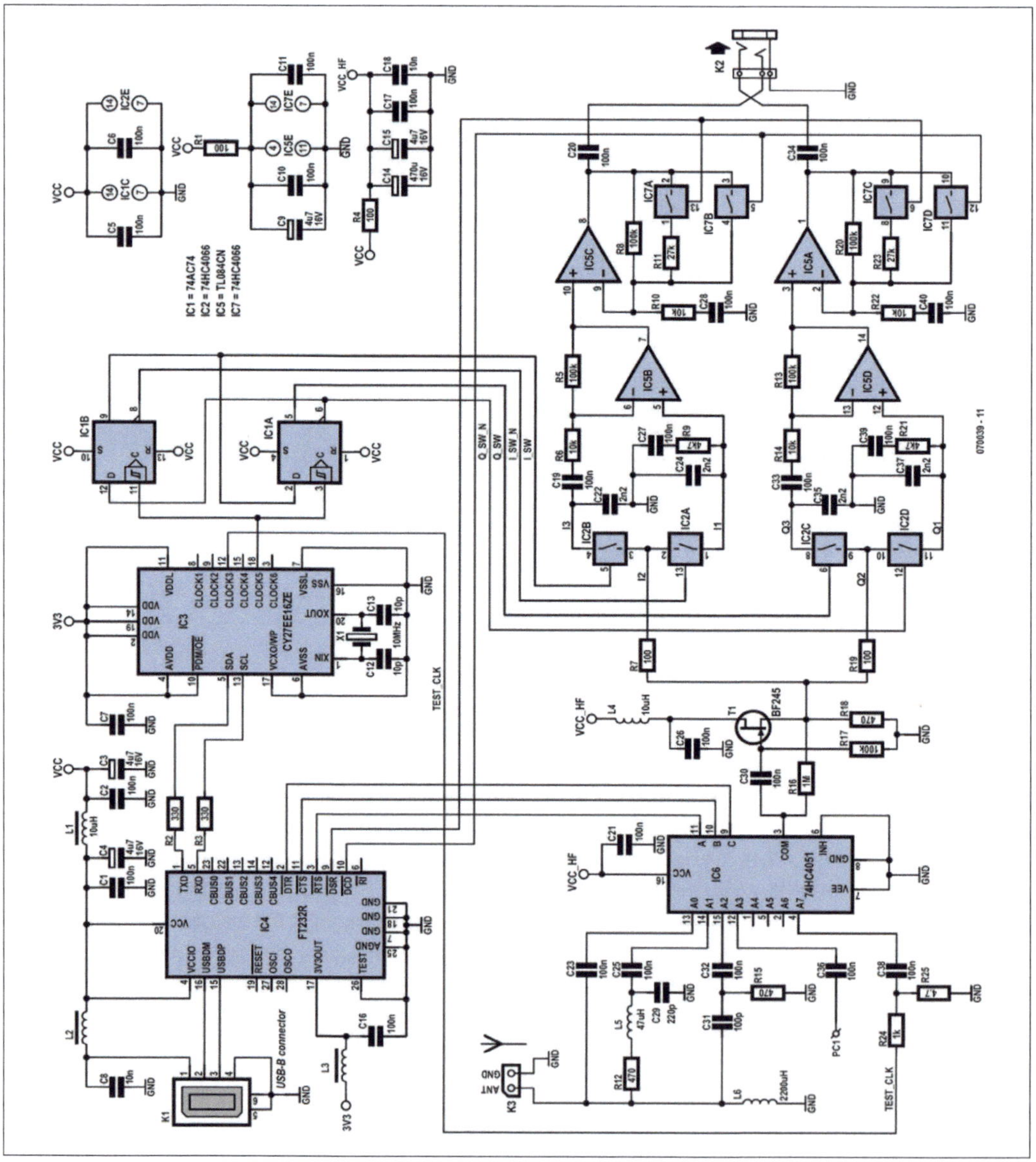

Bild 8.28: Schaltbild des Empfängers

Besonderes Augenmerk wurde auf die Entkopplung der Stromversorgung gelegt. Einer der Gründe ist, dass der USB-Chip FT232RL intern auf Frequenzen arbeitet, die auch über die Antenne empfangen werden sollen. Da dürfen keine HF-Reste von einer zur anderen Stufe wandern. Der FT232R enthält mit einem Spannungsregler von 3,3 V, genau das, was der programmierbare Taktgenerator CY27EE16 braucht. So wird kein zusätzlicher Spannungsregler benötigt. Der übrige Teil der Schaltung arbeitet mit 5 V. Es werden mehrere unterschiedlich gesiebte Spannungen bereitgestellt. Dabei wurde einerseits auf eine gute HF-Entkopplung Wert gelegt, andererseits ist aber auch der untere Frequenzbereich nicht unwichtig. Man muss im Auge behalten, dass die 5 V vom USB letztlich aus dem PC-Netzteil stammen. Dasselbe Netzteil versorgt den ganzen PC. Dabei kommt durch Laständerungen manch ein Gerumpel auf die Versorgungsleitung. Besonders kritisch ist dies bei der HF-Vorstufe des Empfängers, die letztlich über die Mischer auch auf den ZF-Zweig koppelt. Deshalb sorgt an dieser Stelle (VCC_HF) ein großer Elko für Ruhe.

Der SDR benötigt eine Oszillatorfrequenz, die vierfach höher ist als die Empfangsfrequenz, damit sie dann mit der benötigten Phasenverschiebung durch vier geteilt werden kann. Wenn man bis 30 MHz empfangen will, muss also der Oszillator bis 120 MHz reichen. In gehobenen HF-Projekten verwendet man gern DDS-Oszillatoren. Bei 120 MHz wird eine DDS jedoch teuer, energiehungrig und schwierig zu beherrschen. Deshalb wurde hier ein programmierbarer Taktoszillator mit interner PLL verwendet. Eigentlich wurde der CY27EE16 als Taktoszillator für digitale Elektronik und Prozessoren entwickelt. Er hat sich jedoch vielfach in HF-Anwendungen bewährt. Zwar ist die erreichbare Frequenzauflösung nicht so gut wie bei einer DDS, doch für dieses Projekt ist eher der relativ bescheidene Stromverbrauch wichtig, da man ja aus dem USB nicht beliebig viel Leistung ziehen darf.

Der Chip wird über den I²C-Bus mit den Leitungen SCL und SDA programmiert. Intern arbeitet ein VCO im Frequenzbereich 100 MHz bis 400 MHz. Über den 10-MHz-Quarz und eine PLL wird der VCO stabilisiert. Sein Ausgangssignal gelangt über Teiler an die gewünschten Ausgänge. Hier wurde der Taktausgang Clock5 gewählt, an dem sich ein VFO-Signal zwischen 600 kHz und 120 MHz findet, das zur weiteren Verarbeitung an den Teiler 74AC74 gelangt.

Wichtig ist die genaue Phasenverschiebung von 90 Grad zwischen den beiden Oszillatorsignalen. Abweichungen führen zu einer geringeren Unterdrückung von Spiegelfrequenzen. Da der Teiler 74AC74 als Synchronteiler geschaltet ist, ist hier kein Phasenfehler zu erwarten. Tatsächlich zeigt der Empfänger bis etwa 15 MHz eine konstante Spiegelunterdrückung von etwa 40 dB. Ab etwa 20 MHz nimmt dieser Wert merklich ab, was jedoch wegen der geringeren Frequenzbelegung in diesem Bereich erträglich bleibt.

Der Empfänger besitzt mehrere Eingänge, die über den Eingangsmultiplexer 74HC4051 umgeschaltet werden. Der Antenneneingang Ant1 führt über Filter auf die ersten drei Eingänge. Die erste Schalterstellung (breit) verwendet nur eine Eingangsdrossel, die niederfrequente Signale am Eingang kurzschließen soll. In der zweiten Stellung (Mittelwelle) gibt es ein Tiefpassfilter mit einer Grenzfrequenz von 1,6 MHz, wobei der Widerstand R12 eine Resonanzüberhöhung dämpft. Dieses Filter verhindert, dass der Mittelwellenempfang durch Obertonmischung mit Stationen im Kurzwellenbereich gestört wird. Die dritte Position verwendet einen einfachen RC-Hochpass, der starke Mittelwellensignale dämpfen soll.

Ein weiterer Eingang PC1 kann eingeschaltet werden, wenn abgestimmte Eingangskreise oder Vorverstärker extern angeschlossen werden sollen. Zusätzlich gibt es drei weitere mögliche Eingänge für spätere Erweiterungen. Die Eingangsfilter auf der Platine können als eine Art Grundausstattung angesehen werden, die in den meisten Fällen ausreicht. Man könnte jedoch weitere steile Tiefpassfilter oder spezielle Bandpassfilter vorschalten, die eine Obertonmischung in jeder Situation sicher ausschließen.

Vom Eingangsmultiplexer gelangt das HF-Signal an den Impedanzwandler mit einem JFET BF245C. Der Eingang ist mit 100 kΩ relativ hochohmig, sodass z.B. am Eingang In2 auch ein Schwingkreis hoher Güte angeschlossen werden kann. Am niederohmigen Ausgang des Sourcefolgers stellt sich eine Spannung von etwa 2,5 V ein, die über die Mischer und die folgenden Operationsverstärker bis zum Ausgang durchgereicht wird. Wichtig ist deshalb, dass an der Source keine niederfrequenten Signalreste auftauchen. Kritisch ist z.B. die Reinheit der Versorgungsspannung Vcc_HF, die deshalb besonders gründlich gesiebt wird. Der FET selbst sorgt für eine zusätzliche Entkopplung von der Versorgungsspannung. Aber auch vom Gate her darf nichts kommen, was in den ZF-Bereich unterhalb 24 kHz reicht. Deshalb liegt direkt am Antenneneingang eine HF-Drossel, die z.B. 50-Hz-Brummsignale kurzschließt.

Der ZF-Verstärker besteht aus zwei exakt gleichen Zweigen, die insgesamt eine Verstärkung bis 40 dB liefern. Hier wurde der TL084 gewählt, weil er schon bei 5 V Versorgungsspannung eine Verstärkungsbandbreite von 10 MHz aufweist. Das ist wichtig, um bei Signalen um 20 kHz und einer zehnfachen Verstärkung noch ohne Phasenfehler zu arbeiten.

Die letzte Stufe hat eine zehnfache Verstärkung (20 dB), die jedoch über Analogschalter bis auf einfach verringert werden kann. Insgesamt gibt es drei Stufen der Abschwächung: 0 dB, -10 dB und -20 dB. Wenn also übermäßig starke Signale zu einer Übersteuerung führen, kann die Verstärkung per Software reduziert werden. Der Abschwächer sitzt nicht am Eingang des Empfängers, weil dort eine große Übersteuerungsfestigkeit gegeben ist. Dagegen kann es bei voller Verstärkung, langer Antenne und großen Feldstärken zu einer Übersteuerung des Ausgangs kommen. Die Umschaltung der Verstärkung in der letzten Stufe entspricht etwa der Verstärkungsregelung in einem ZF-Verstärker.

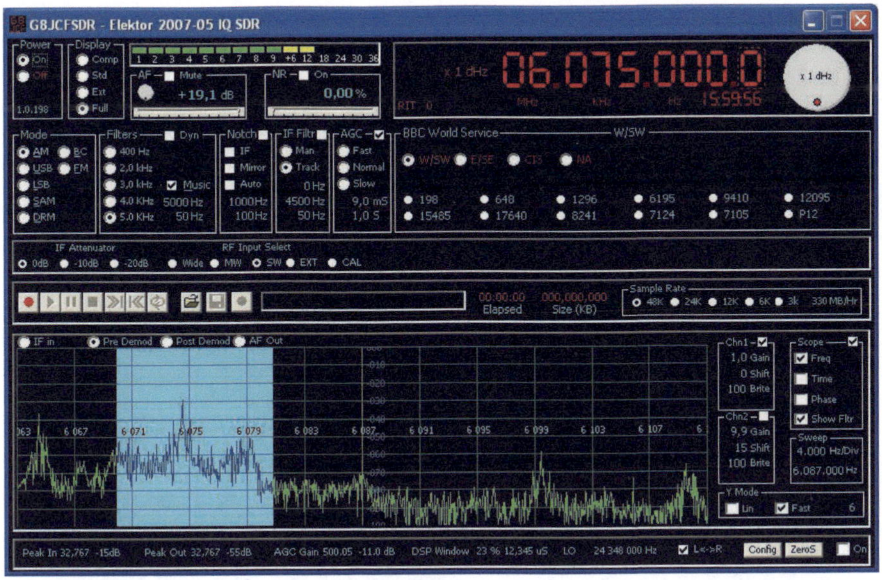

Bild 8.29: Empfang mit G8JCFSDR

8.6 Das Arduino SDR-Shield

Das erstes Software Defined Radio mit USB-Schnittstelle aus dem vorigen Abschnitt hat Elektor schon 2007 gebaut, damals noch mit einer konventionellen Platine und nur wenigen SMD-Bauteilen. In der Zwischenzeit gab es immer mal wieder Überlegungen zu einer Neuauflage. Aber der damals verwendete PLL-Chip wird nicht mehr gebaut. Deshalb musste eine neue Lösung her. Sie kam in Form des Silicon Labs PLL-Chips SI5351, einem CMOS-Clock-Generator von 8 kHz bis 160 MHz mit I²C-Bus.

Die ersten Versuche gelangen mit einem Breakout-Board mit dem SI5351 von Adafruit (Kap. 5.10). Die vorhandenen Software-Beispiele waren für den Arduino geschrieben. Und deshalb wurden auch die ersten Gehversuche mit dem Arduino unternommen. Der neue VFO wurde einfach an die vorhandene SDR-Platine angeschlossen und konnte seine Tauglichkeit beweisen. Und so entstand die Idee: Warum nicht gleich den ganzen Empfänger als Arduino-Shield bauen! Dann wäre schon mal die Stromversorgung geklärt und auch eine USB-Schnittstelle wäre vorhanden.

Bild 8.30: Das SDR-Shield auf einem Arduino Uno

Der Empfänger wird nun in seiner aktuellen Version von 2019 als fertig bestückte Platine mit beiliegenden Kontaktreihen geliefert. Diese muss man noch selbst einlöten, damit die SDR-Platine auf einen Arduino aufgesetzt werden kann. Danach muss noch etwas Software installiert werden, die man auf der Elektor-Webseite und auf der Homepage des Autors findet. Dann stellt man eine Verbindung zur PC-Soundkarte her, schließt eine Antenne an und kann loslegen.

Bild 8.31: Das Shield und seine Stecker

Der Arduino selbst hat nicht viel zu tun, er empfängt seriell die gewünschte Frequenz vom PC und stellt dann den VFO entsprechend ein. So hat man sogar eine reelle Chance, einen Standalone-Empfänger zu bauen. Die Abstimmung kann nämlich auch der Arduino allein leisten. Das eröffnet unbegrenzte Möglichkeiten, gerade weil der Arduino weit verbreitet ist und viele ihn programmieren können.

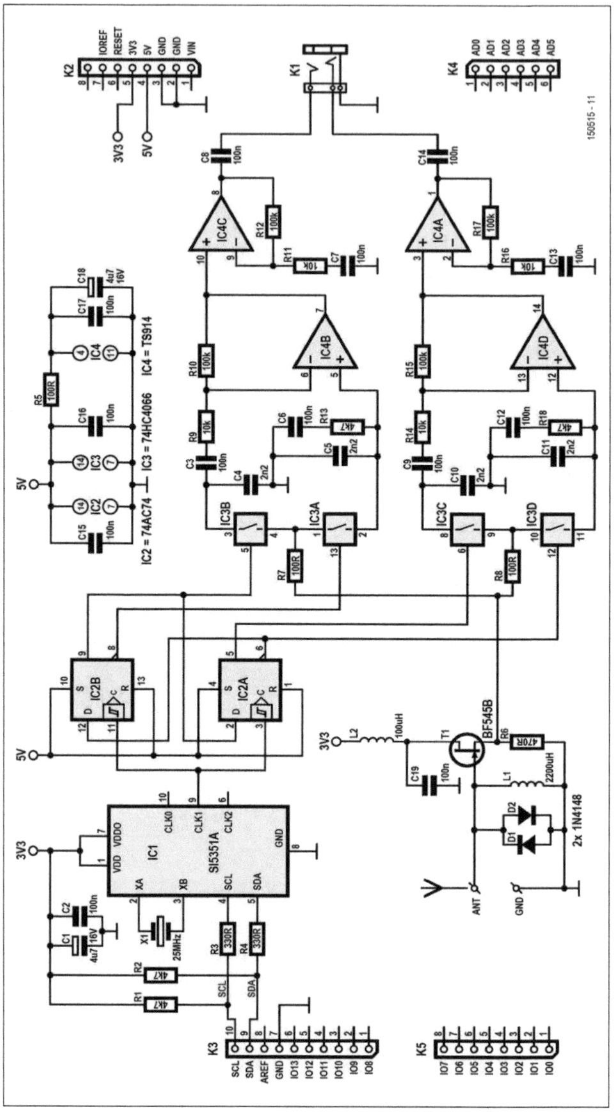

Bild 8.32: Das Schaltbild der Platine

Ein Blick auf den Schaltplan (Bild 8.32) zeigt die einzelnen Baugruppen. Der SI5351 liefert das Oszillatorsignal mit der vierfachen Empfangsfrequenz an den Teiler 74AC74 (IC2B). Dieser teilt die Frequenz durch vier und liefert die um 90 Grad phasenverschobenen Signale an den Mischer 74HC4066 (IC3). Dieser Analogschalter ist wie ein Umschalter verdrahtet und legt das HF-Signal abwechselnd an den invertierenden und den nicht-invertierenden Eingang des Operationsverstärkers TS914 (IC4). Damit wird das Signal in den NF-Bereich heruntergemischt. Nach einer geringen Filterung und Verstärkung gelangt das Signal an den Audio-Ausgang. Die HF-Eingangsstufe bildet ein Source-Folger mit dem JFET BF545B, dem SMD-Äquivalent des BF245B.

Der Eingang ist breitbandig und wird mit zwei Begrenzer-Dioden gegen Überspannung geschützt. Das reicht für den Kurzwellenempfang mit einer Drahtantenne völlig aus. Der Überspannungsschutz ist der Erfahrung geschuldet, dass bei einem Gewitter die Eingangsstufen beschädigt werden können. Für kritische Aufgaben kann man noch externe Filter und Vorverstärker verwenden.

Die neueste Version V2_0 ist technisch identisch, hat aber zusätzlich Anschlusspunkte für zusätzliche PLL-Ausgänge und DC-gekoppelte Signalausgänge erhalten. Diese Erweiterung erleichtert den experimentellen Umgang mit dem Shield und vereinfacht externe Erweiterungen für Messgeräte oder Kurzwellen-Transceiver.

Für den Einsatz des Empfängers benötigt man eine USB-Verbindung zum Arduino, ein Audiokabel zum Audio-Eingang der PC-Soundkarte und eine geeignete Antenne. Außerdem muss ein Arduino-Sketch geladen werden, mit dem der VFO-Chip auf die Wunschfrequenz eingestellt werden kann.

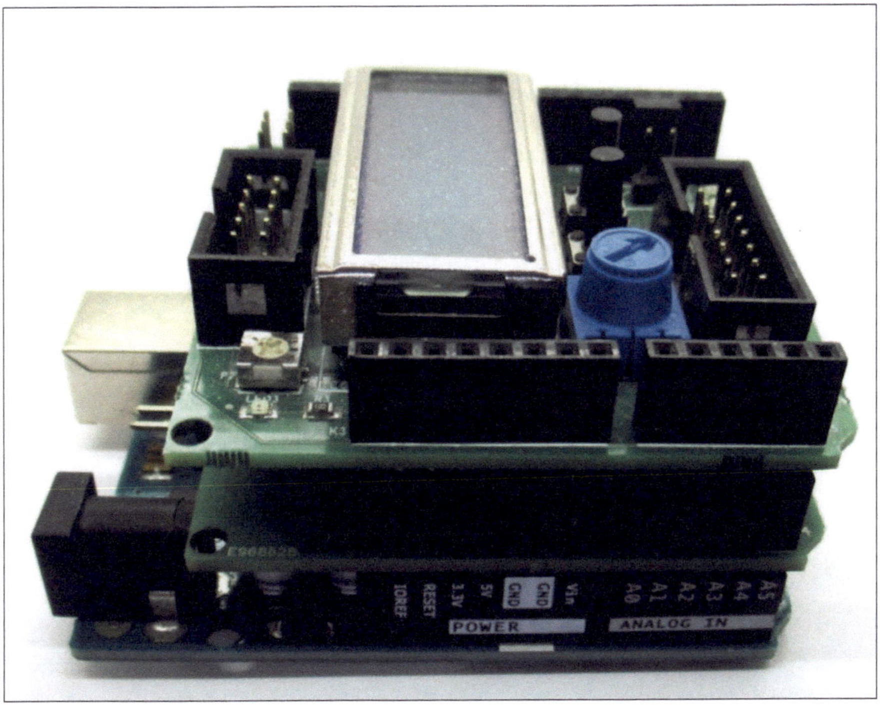

Bild 8.33: Der Empfänger mit aufgesetztem LC-Display

Das Shield ist so konzipiert, dass es zusammen mit dem Elektor-LCD-Shield eingesetzt werden kann, das die aktuelle Frequenz anzeigt. Auch für den Einsatz als Messgerät oder für Standalone-Anwendungen ist es nützlich.

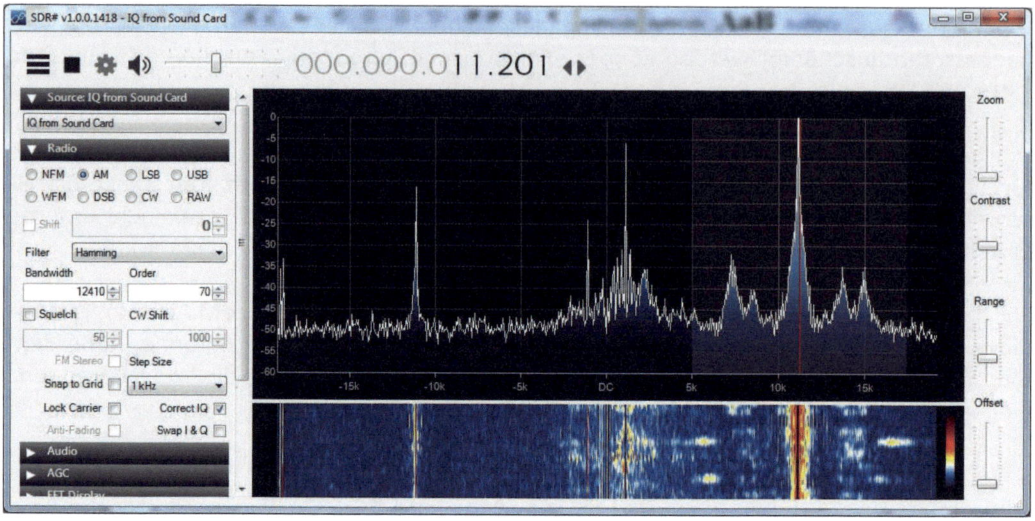

Bild 8.34: Empfang mit SDR#

9 • Kurzwellen-Antennentechnik

Für die ersten Empfangserfolge mit einem Audion oder mit einem SDR-Empfänger genügt oft schon eine Stabantenne oder sogar eine Messstrippe auf dem Labortisch als Antenne. Für besseren Empfang ohne eine eigentliche Antenneninstallation reicht es oft bereits, einen Draht von etwa fünf Metern im Zimmer auszuspannen oder sogar einfach auf den Boden zu legen. Allerdings empfängt man damit gleichzeitig den Rauschhintergrund vieler technischer Geräte im Haus und aus der Netzleitung. Für den Innenbereich haben sich deshalb magnetische Antennen besser bewährt. Mit einer guten Außenantenne ist vor allem auf Kurzwelle mehr zu erreichen. Die besondere Attraktivität gerade des Kurzwellenbereichs liegt in den großen erreichbaren Reichweiten (DX-Empfang). Ein besonderer Reiz liegt darin, auch ferne Stationen in guter Qualität zu hören.

9.1 Funkwellen-Ausbreitung

Während sich Funkwellen im UKW-Bereich ähnlich wie Licht verhalten und die quasi-optische Ausbreitung den Empfang je nach Antennenhöhe auf ca. 100 km beschränkt, verhalten sich Funkwellen unter 30 MHz völlig anders und erlauben eine wesentlich größere Reichweite. Allerdings führen die komplexen Ausbreitungsmechanismen in diesem Bereich auch zu besonderen Problemen wie Abhängigkeit von der Tageszeit, schwankender Feldstärke (Fading) und selektivem Schwund.

Die entscheidende Rolle bei der Ausbreitung im Kurzwellenbereich spielen durch die Sonne ionisierte, schwach leitende Luftschichten in großer Höhe. Die Ionosphäre entsteht durch Teilchen- und Gammastrahlen der Sonne, die Luftmoleküle treffen und sie ionisieren, d.h. Elektronen von ihnen abtrennen. Die freien Elektronen wirken in bestimmten Frequenzbereichen und unter bestimmten Einstrahlwinkeln wie ein Spiegel. Für steile Einstrahlung und hohe Frequenzen ist die Ionosphäre dagegen durchlässig.

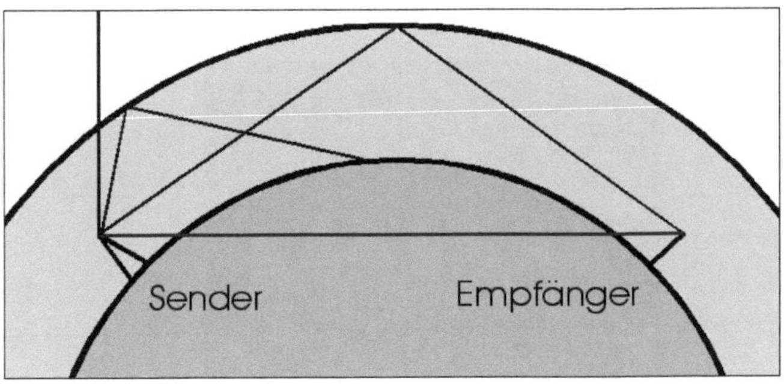

Bild 9.1: Reflexion und tote Zone im Kurzwellenbereich

Ein Kurzwellensender kann im Nahbereich je nach Antennenhöhe nur ca. 30 km bis 100 km weit über die Bodenwelle empfangen werden. Bei größeren Entfernungen verschwindet der Sender wegen der Erdkrümmung hinter dem Horizont, d.h. eine direkte Verbindung ist nicht mehr möglich. Ab einer gewissen Mindestentfernung erreichen aber die von der Ionosphäre reflektierten Wellen den Empfänger. Dazwischen liegt eine tote Zone, in der die Bodenwelle nicht mehr und die reflektierte Welle noch nicht empfangen werden kann. Der erforderliche Reflexionswinkel wäre für diese mittleren Entfernungen zu steil, d.h. der Sender strahlt zwar in diesem Winkel ebenfalls Energie ab, sie verschwindet jedoch ungenutzt im Weltall. Die Mindestentfernung schwankt für jede Frequenz mit der Tageszeit, aber auch in Abhängigkeit von der wechselnden Aktivität der Sonne.

Hohe Frequenzen erlauben nur eine sehr flache Reflexion. Daher sind die überbrückbaren Entfernungen auf den höheren Frequenzbändern allgemein weiter. Die tote Zone ist entsprechend größer und reicht am Tage von etwa 200 km auf 6 MHz und bis etwa 1000 km auf 15 MHz. In der Nacht dehnen sich die tote Zone und damit auch die Reichweite aus. Es kommt deshalb häufig vor, dass ein bestimmter Sender gegen Abend gerade noch gut zu hören war und dann plötzlich nicht mehr zu empfangen ist, also in die tote Zone gerutscht ist. Falls dasselbe Programm in verschiedenen Bändern gesendet wird, empfiehlt es sich, auf eine tiefere Frequenz auszuweichen.

In den meisten Fällen gelangen die Funkwellen auf mehr als einem Weg zum Empfänger. Durch unterschiedliche Weglängen kommt es zu Phasenunterschieden, die zur partiellen Verstärkung oder Auslöschung führen. Vor allem im Kurzwellenbereich kennt man schnelle Schwankungen der Feldstärke. Oft kommt es zu einem selektiven Schwund, der sich besonders bei AM-Sendern mit unangenehmen Verzerrungen bemerkbar macht, wenn der Träger fast verschwindet und von den Seitenbändern überragt wird. DRM ist zwar ebenfalls von Fading betroffen, das Verfahren ist aber besonders robust gegen einen partiellen Verlust an Daten. Oft sieht man mehrere tiefe Einbuchtungen im DRM-Spektrum, die durch Auslöschung bestimmter Frequenzen bewirkt werden. Der Empfang wird aber meist trotzdem nicht gestört, dafür sorgt eine wirksame Fehlerbehandlung.

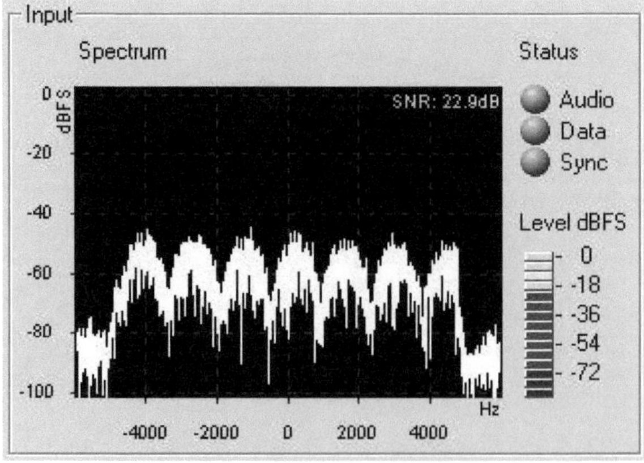

Bild 9.2: Selektives Fading

9.2 Langdrahtantennen

Für den Empfang starker Kurzwellensender eignet sich bereits eine kurze Stabantenne mit einer Länge unter einem Meter. Für einen Kurzwellenempfänger reicht unter günstigen Verhältnissen bereits eine Messstrippe auf dem Tisch für die ersten Versuche. Wenn es aber um DX-Empfang geht, ist eine außerhalb des Hauses abgespannte Drahtantenne besser. Wichtiger als die Form der Antenne sind eine möglichst freie Abspannung, eine große Höhe und genügend Abstand zum Haus, um dem technischen Störnebel zu entgehen.

Gerade abgespannte Langdrahtantennen stellen eine gute Lösung für den Kurwellenempfang dar. Theoretisch ergibt sich eine Resonanz bei einer Viertelwellenlänge, wobei allerdings eine gute Erdung als Gegengewicht wichtig ist. In der Praxis haben sich Langdrahtantennen mit etwa 10 Metern bewährt. Wenn der Empfänger nahe am Fenster oder der Außenwand des Hauses steht, reicht es, das Drahtende direkt mit dem inneren Pol der Antennenbuchse zu verbinden. Falls allerdings eine längere Strecke im Haus zu überbrücken ist, sollte man ein Koaxkabel verwenden und als Gegenpol für eine Erdverbindung nahe am Einspeisepunkt der Antenne sorgen. Dabei spielt es keine Rolle, ob 50-Ω- oder 75-Ω-Kabel verwendet wird. Die Antenne hat ohnehin einen je nach Frequenz wechselnden Fußpunktwiderstand und eine komplexe Impedanz mit wechselnden kapazitiven und induktiven Anteilen. Das nicht mit seinem Wellenwiderstand betriebene Kabel hat selbst auch noch Eigenresonanzen und transformiert die Antennenimpedanz, sodass insgesamt andere Resonanzen auftreten können, als es die Antennenlänge selbst erwarten lässt. Am Empfänger merkt man jedoch wenig davon, weil Signalunterschiede um 10 dB kaum ins Gewicht fallen.

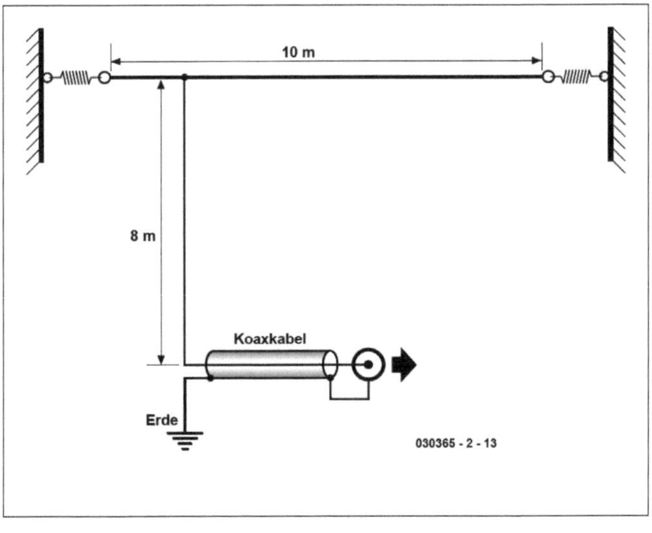

Bild 9.3: Langdrahtantenne mit Anschluss über ein Koaxkabel

Langdrahtantennen baut man üblicherweise aus Kupferlitze von nicht zu kleinem Querschnitt, um einerseits eine gute mechanische Stabilität und andererseits geringe ohmsche Verluste zu erreichen. Gut geeignet ist z.B. eine Ader aus üblichem Netzkabel mit einem Querschnitt von 0,75 mm² bis 1,5 mm². Aber auch wesentlich dünnere Drähte können verwendet werden. Ein Versuch mit dünnem Spulendraht mit einem Durchmesser von nur 0,3 mm brachte brauchbare Ergebnisse. Der Draht wurde etwa ca. 10 m weit im Freien aufgespannt und verlief dann noch einmal 10 m weit in der Wohnung, wobei er möglichst unauffällig oberhalb der Kopfhöhe gespannt wurde. Der unabgeschirmte Abschnitt im Gebäude ist zwar nicht ideal und bringt zusätzliche Störeinstrahlung zudem führt der Kupferwiderstand zu einer zusätzlichen Dämpfung, dennoch ergab sich eine brauchbare unauffällige und fast unsichtbare Behelfsantenne, die Fernempfang ermöglichte.

Wer den Aufbau einer eigenen Antenne scheut, kann oft auf vorhandene Anlagen und Kabel zurückgreifen. Eine übliche Antennenanlage liefert nicht nur Fernseh- und UKW-Signale, sondern auch den gesamten AM-Bereich von Langwelle bis Kurzwelle. Ein Test lohnt sich in jedem Fall. In vielen Fällen erhält man mit der Dachantenne bessere Ergebnisse als mit einer Innenantenne. Oft sind alte Dachantennen nicht mehr in Betrieb, die Antennenkabel zum Dach sind aber noch vorhanden. Auch das Kabel allein kann nützlich sein. Ein solches vergessenes Antennenkabel als Ganzes, also mit kurzgeschlossener Seele und Abschirmung, stellt eine brauchbare Vertikalantenne dar. Das Kabel führt meist bis in das Dach des Hauses und erreicht damit eine größere Höhe als eine horizontal abgespannte Drahtantenne. Besonders auf den höheren Frequenzen über 15 MHz wurden bessere Ergebnisse erzielt als mit einer Langdrahtantenne.

9.3 Vorselektion

Die Eigenschaften eines Empfängers lassen sich in vielen Fällen durch einen zusätzlichen abgestimmten Vorkreis verbessern. Damit kann oft eine Übersteuerung durch Signale außerhalb des Empfangsbereichs vermieden werden. Eine Vorselektion ist zwar in vielen Fällen nicht erforderlich, kann aber im Einzelfall doch zu einer Verbesserung führen. Im Amateurfunk oder bei Kurzwellenhörern kennt man Antennen-Anpassgeräte, die gleichzeitig eine optimale Impedanzanpassung und eine gewisse Selektion bringen. Oft wird damit bereits eine deutliche Abschwächung der Spiegelfrequenz erreicht.

Für das 49-m-Band gibt es eine einfache Lösung mit einem Keramik-ZF-Filter SFE6, das für den Tonträger in Fernsehern verwendet wurde. Zwar ist die nominelle 3-dB-Bandbreite mit ca. 100 kHz etwas knapp bemessen und auch die Impedanz von 600 Ω ist nicht optimal, aber es funktioniert trotzdem. Die niedrige Impedanz der Antenne und des Empfängereingangs machen die Filterkurve breiter. Bei – 6 dB wurden Eckfrequenzen von 5850 kHz und 6150 kHz gemessen. Damit gelangen alle wichtigen Frequenzen im 49-m-Band hindurch. Bild 9.4 zeigt das Filter am Eingang des Empfängers. Ein Umschalter ermöglicht den einfachen Vergleich der Ergebnisse mit und ohne Filter. Außerdem kann der Empfänger auf große Bandbreite umgeschaltet werden, wenn Stationen außerhalb des 49-m-Bands empfangen werden sollen.

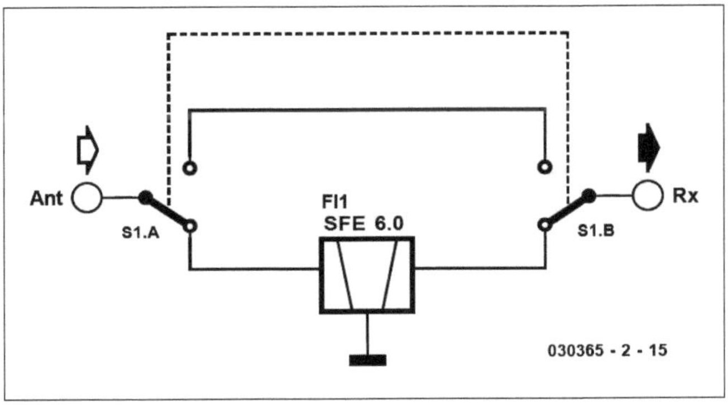

Bild 9.4: Verwendung eines Keramik-ZF-Filters

Wenn auch für die anderen Kurzwellenbänder eine Vorselektion erwünscht ist, verwendet man am besten einen abstimmbaren Schwingkreis. Die Spule kann als Luftspule, also ohne einen Kern, selbst gewickelt werden. Mit einem Durchmesser des Spulenkörpers von 8 mm und 20 Windungen auf einer Länge von 10 mm erhält man eine Induktivität von 2,5 µH. Ein Drehkondensator mit 320 pF erreicht damit eine untere Frequenz von etwa 5,6 MHz. Man kann also das 49-m-Band und höhere Bänder bis ca. 16 MHz abstimmen. Eine Anzapfung bei der zweiten Windung liefert die passende Impedanz zum Anschluss des Empfängers. Die Antenne kann über eine Koppelspule mit zwei bis vier Windungen angeschlossen werden. Legt man die Koppelspule so aus, dass die verschoben werden kann, ist eine variable Kopplung möglich. Man kann also die optimale Anpassung suchen. Eine festere Kopplung ergibt eine höhere Signalspannung, aber zugleich auch eine geringere Güte und damit weniger Dämpfung auf der Spiegelfrequenz. Wenn eine kurze Antenne wie z.B. eine Stabantenne verwendet werden soll, muss die Kopplung fester ausgelegt werden. Man kann die Antenne dann direkt am heißen Ende des Schwingkreises anschließen.

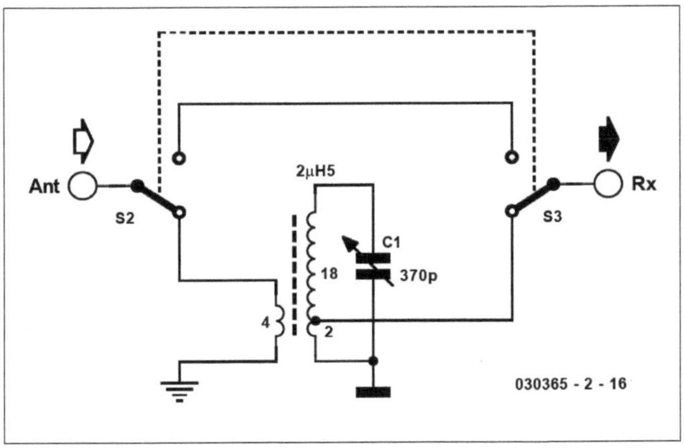

Bild 9.5: Ein frei abstimmbares Filter

Die Schwingkreis hat eine Güte von rund 50. Damit erreicht man eine Bandbreite von 120 kHz bei 6 MHz. Der Drehkondensator muss daher relativ genau abgestimmt werden. Wenn der Präselektor in ein Gehäuse eingebaut wird, sollten die wichtigsten Frequenzen auf einer Skala markiert werden. Ein üblicher Drehkondensator hat einschließlich aller Schaltungskapazitäten einen Abstimmbereich von nicht viel mehr als 1 zu 10. Daraus ergibt sich ein Frequenzbereich im Verhältnis 1 zu 3. Man kann mehrere Spulen verwenden und mit einem Stufenschalter auswählen, um größere Bereiche abzustimmen.

Eine Alternative stammt aus dem Amateurfunk, wo man mit den üblichen Amateurfunkbändern (80 m bis 10 m, 3,5 MHz bis 29,7 MHz) das gleiche Problem hat und einen Präselektor mit einem Variationsbereich von 1 zu 10 benötigt. Die Lösung liegt in gekoppelten Kreisen, die grundsätzlich zwei Resonanzen haben. Bild 9.6 zeigt eine bewährte Schaltung mit einem Doppeldrehko. Zwar hat man bei jeder Einstellung zwei Durchlassfrequenzen, die jeweils „falsche" liegt aber weit entfernt von der Nutzfrequenz.

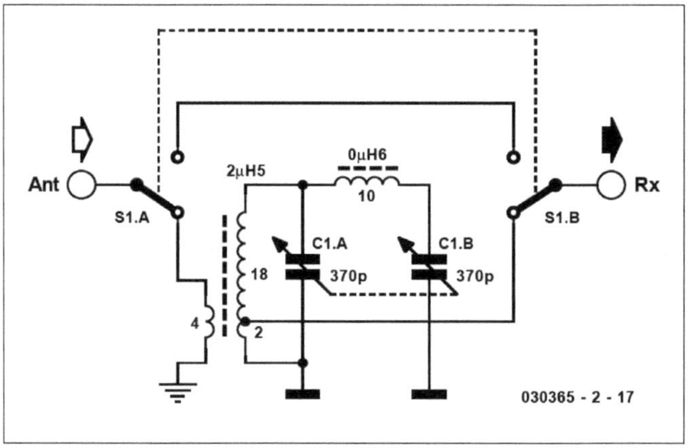

Bild 9.6: Abstimmung von 3 MHz bis 30 MHz

Statt eines Drehkondensators kann auch eine Kapazitätsdiode hoher Kapazität wie die BB112 eingesetzt werden. Wichtig ist eine stabile und gut geglättete Abstimmspannung, da andernfalls eine Phasenmodulation der Empfangssignale den Empfang beeinträchtigen kann. Bild 9.7 zeigt einen Präselektor mit einer Kapazitätsdiode BB112.

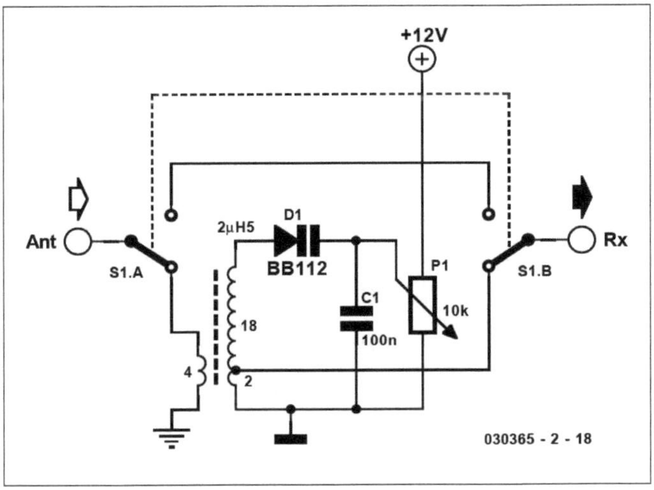

Bild 9.7 Abstimmung mit Kapazitätsdiode

Eine Alternative zu manuell abstimmbaren Kreisen ist die Verwendung fest abgestimmter Filter. Im Mittelwellenbereich hat man oft nur eine nutzbare Empfangsfrequenz. Auch bei relativ großer relativer Bandbreite des Eingangskreises erreicht man wegen der niedrigen Frequenz eine gute Selektion. Die Schaltung nach Bild 9.8 kommt daher mit einer Festinduktivität aus. Das Festfrequenz-Filter wurde für 1296 kHz ausgelegt.

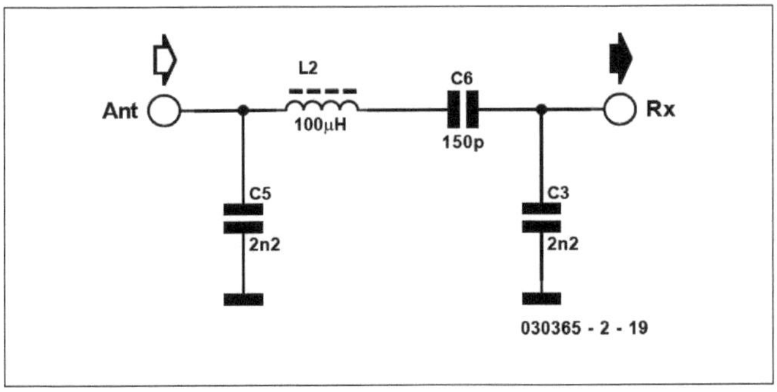

Bild 9.8: Ein Antennenfilter für 1296 kHz

9.4 Abgestimmte magnetische Antennen

Eine Langdrahtantenne empfängt elektrische Energie sowohl aus der elektrischen als auch aus der magnetischen Feldkomponente des HF-Feldes. Dagegen empfangen verkürzte Antennen wie z.B. Stabantennen die elektrische Feldkomponente. Dabei ergibt sich vor allem in Gebäuden ein größerer Störpegel. Elektrische Geräte und die Netzleitung koppeln vor allem kapazitiv auf die Empfangsantenne. Deshalb ist es günstiger, die magnetische Feldkomponente zu empfangen. Dazu reicht im Prinzip eine Drahtschleife oder Spule. Üblich sind Rahmenantennen mit einigen Drahtwindungen oder einfache Schleifen, so genannte magnetische Loops. Hochwirksam sind abgestimmte Loops mit hoher Güte. Man verwendet z.B. ein Kupferrohr, das zu einem Kreis von einem Meter Durchmesser gebogen wird. Aber auch eine breite Aluminiumfolie, die um einen entsprechend großen Pappkarton gewickelt wurde, brachte gute Ergebnisse. Die Abstimmung mit einem Drehkondensator bis 500 pF ergibt einen Resonanzkreis extrem hoher Güte und damit wesentlich mehr Antennenspannung, als man mit einer Antenne dieser Größe erwarten würde. Der Empfänger wird mit einer kleinen Koppelspule lose angekoppelt, um den Kreis nicht übermäßig zu bedämpfen. Die optimale Größe und Lage der Koppelspule wird am besten experimentell ermittelt. Dank der hohen Güte der Antenne ist ein zusätzlicher Präselektor in jedem Fall überflüssig.

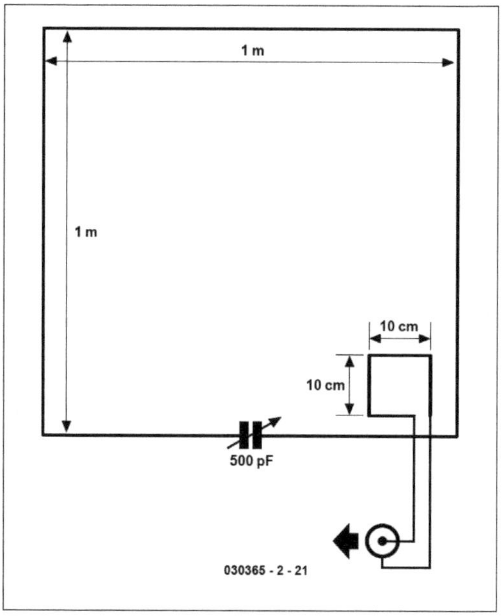

Bild 9.9: Eine magnetische Loop

Eine magnetische Loop lässt sich auch aus einfachem Draht aufbauen, wobei man eine geringere Güte und damit eine geringere Antennenspannung bei größerer Bandbreite erreicht. Wenn die Antenne kleiner werden soll, können zwei oder mehr Windungen aus isoliertem Draht verwendet werden.

Eine abgeschirmte Loop kann man im einfachsten Fall aus einem Stück Koaxkabel aufbauen. Diese Antenne kann unauffällig in einem Bücherregal untergebracht werden und bringt ein relativ gutes Nutz-Rauschverhältnis. Die Resonanzfrequenz ergibt sich aus der Größe der Schleife und der eingestellten Kapazität. Mit insgesamt vier Metern Koaxkabel und einem Drehkondensator von 500 pF erreicht man Resonanzfrequenzen bis unter

6 MHz. Der Breitbandübertrager soll primärseitig eine größere Induktivität als die Drahtschleife besitzen. Mit etwa 20 Windungen auf einem Ferritkern oder Ringkern erreicht man gute Ergebnisse. Der abgestimmte Kreis soll im Interesse einer hohen Güte nicht zu stark bedämpft werden. Die Sekundärseite erhält daher nur zwei bis vier Windungen, wobei man die beste Koppelspule experimentell ermitteln sollte.

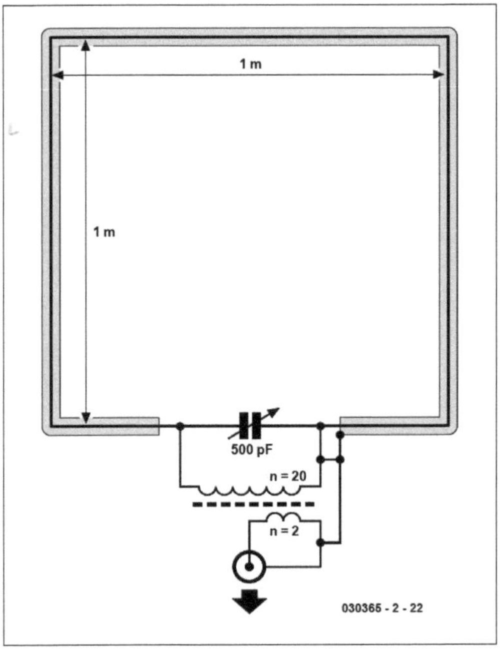

Bild 9.10: Eine abgestimmte und abgeschirmte Loop-Antenne

9.5 Eine aktive Innenantenne

Oft fehlt die Möglichkeit zum Aufbau einer wirksamen Außenantenne. Die Lösung kann eine kleine Antenne mit einem zweistufigen Vorverstärker sein. Die hier vorgestellte Antenne besteht aus einer abgeschirmten magnetischen Loop mit zusätzlicher Stabantenne. Die Schleife ist nicht größer als ca. 30 cm. Eine übliche ausziehbare Stabantenne bis 75 cm erweitert die Möglichkeiten. Während die abgeschirmte Loopantenne für sich allen sehr unempfindlich gegen elektrische Nahfeldstörungen ist, liefert die elektrische Antenne bei Bedarf eine höhere Signalspannung.

Die Loopantenne hat eine deutliche Richtwirkung mit zwei Maxima in Längsrichtung. Man kann also durch Drehen der Antenne das Maximum suchen oder wahlweise Störsender ausblenden. Die Stabantenne hat für sich genommen eine Rundcharakteristik ohne jede Richtwirkung. Wird sie jedoch zusammen mit der Loop betrieben, addieren sich beide Signale. Wegen der Phasendrehung zwischen elektrischem und magnetischem

Feld ergibt sich in der Summe ein einzelnes Maximum. Für ein ausgeprägtes Minimum in Gegenrichtung muss die Stabantenne experimentell so eingestellt werden, dass sich beide Spannungen gleichen. Die beste Richtwirkung wird bei einer eingestellten Länge von ca. 40 cm erreicht.

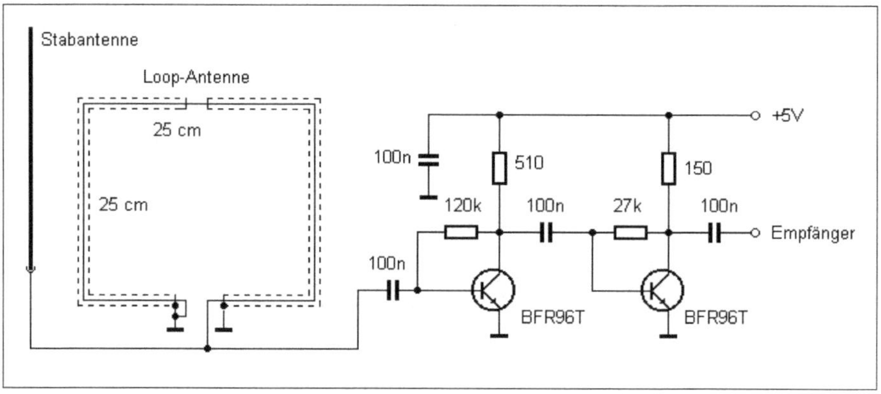

Bild 9.11: Eine Zimmerantenne mit Vorverstärker

Die Antenne selbst liefert im Vergleich zu einer Langdrahtantenne nur sehr kleine Signalspannungen. Der zweistufige Vorverstärker gleicht diesen Nachteil praktisch vollständig aus. Die Grenze der sinnvollen Vorverstärkung ist dann erreicht, wenn das Rauschen des ersten Transistors deutlich in Erscheinung tritt. Dies ist jedoch vor allem im Kurzwellenbereich noch nicht der Fall, d.h., das atmosphärische Rauschen überwiegt trotz der kleinen Antenne. Eine zweite Grenze der Verstärkung ergibt durch die möglicherweise auftretende Intermodulation starker Sender. Bei drei Stufen findet man bereits häufig eine starke Übersteuerung des letzten Transistors und deutliche Intermodulationsprodukte. Man erkennt diesen Zustand daran, dass praktisch keine freien Frequenzen mehr erkennbar sind und der Rauschuntergrund stark ansteigt. Zwei Stufen passen jedoch gut zu den Ausmaßen der Antenne.

Beide Stufen verwenden eine Gegenkopplung zur Einstellung des Arbeitspunkts und zur Verminderung von Verzerrungen. Die Eingangsstufe ist hochohmiger ausgelegt, während die Ausgangsstufe mit einem Kollektorwiderstand von 150 Ω für große Aussteuerung optimiert ist.

Die vorgeschlagenen Transistoren BFR96T wurden speziell für UHF-Vorverstärker entwickelt. Man benötigt jedoch in dieser Anwendung im Kurzwellenbereich keine besonders hohe Grenzfrequenz. Mit gleichem Erfolg können daher auch die HF-Transistoren BF494 verwendet werden. Ein Versuch mit rauscharmen NF-Transistoren BC548 brachte ebenfalls gute Ergebnisse, wobei allerdings ab etwa 10 MHz ein Verstärkungsabfall deutlich wurde. Die Antenne arbeitet mit allen Transistoren auch im Mittelwellenbereich noch recht gut.

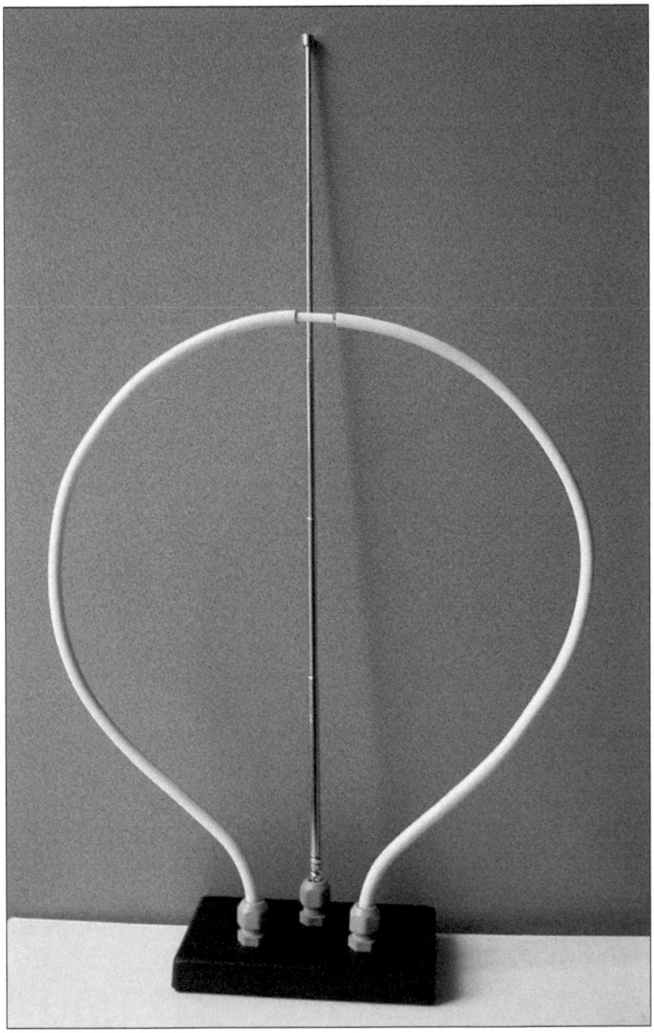

Bild 9.12: Aufbau der aktiven Antenne

Speziell für den Empfang auf Langwelle und im VLF-Bereich unter 150 kHz hat die Loopantenne einen extrem geringen Strahlungswiderstand und eine schlechte Anpassung an die erste Verstärkerstufe. Daher erhält man nur kleine Signalspannungen und einen geringen Rauschabstand. Mit einem HF-Übertrager lässt sich jedoch eine bessere Anpassung erzielen. Geeignet ist ein Ferrit-Schalenkern mit einem AL-Wert über 1000 nH/n^2. Der Übertrager erhält vier Windungen primär und 40 Windungen sekundär. Damit steigt die Empfindlichkeit um etwa 20 dB, sodass der gesamte Bereich ab etwa 50 kHz bis in den Mittelwellenbereich empfangen werden kann. Nur mit der magnetischen Antenne und ohne die Stabantenne erreicht man eine gute Richtwirkung und eine hervorragende Abschirmung gegenüber elektrischen Störfeldern elektrischer Geräte im Nahbereich.

Die aktive Antenne erreicht damit wesentlich bessere Empfangsleistungen als eine Langdrahtantenne. Auch Signale des DCF77-Zeitzeichensenders auf 77,5 kHz und zahlreiche andere Stationen unter 100 kHz sind klar zu empfangen.

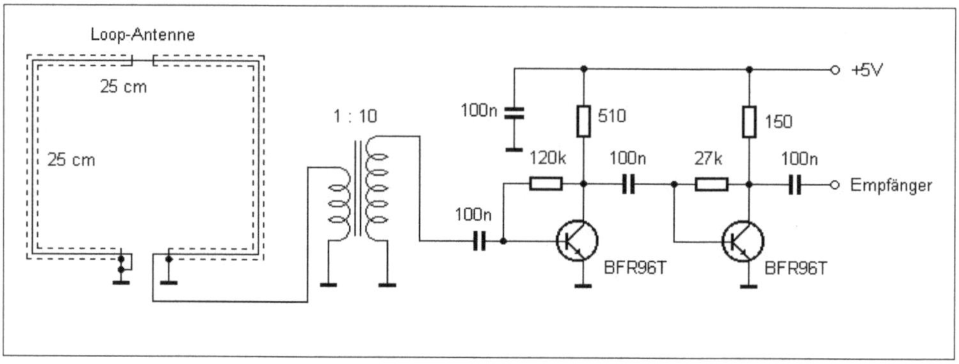

Bild 9.13: Anpassung für den Langwellenbereich

9.6 Antennen-Vorverstärker

Der übliche SDR-Empfänger ist für lange Antennen ausgelegt und übersteuert auch nicht bei den höheren Signalpegeln einer Langdrahtantenne. Aber man kann testen, ob nicht auch eine kurze Stabantenne ausreicht. Dazu ist ein kleiner Vorverstärker erforderlich. Die folgende Schaltung arbeitet breitbandig im ganzen Kurzwellenbereich. Die verwendete Antenne ist nur 30 cm lang und besteht aus 0,5 mm dickem Schaltdraht. Die Pegel waren vergleichbar mit denen der Langdrahtantenne. Aber der Störabstand war wegen der größeren Störungen im Haus schlechter, sodass es zu mehr Aussetzern kam.

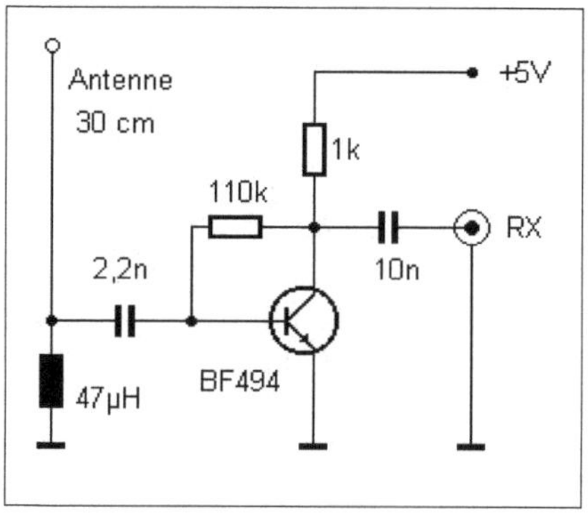

Bild 9.14: Vorverstärker für kurze Antennen

Im Mittelwellenbereich haben sich Ferritantennen bewährt, die ähnlich wie magnetische Loops relativ unempfindlich gegen elektrische Störungen sind. Bild 6.15 zeigt eine Ferritantenne mit nachfolgendem Impedanzwandler. Am Schwingkreis bilden sich relativ hohe Resonanzspannungen auch von entfernten Sendern.

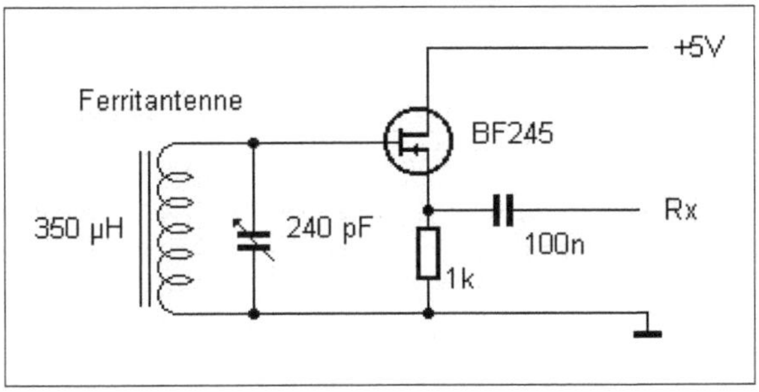

Bild 9.15: Die aktive Ferritantenne

10 • UKW-Radios

Fernempfang auf Kurzwelle ist spannend und eine echte Herausforderung. Aber wer einfach nur Radio hören will, landet am Ende meist auf UKW. Weil ein UKW-FM-Radio ohnehin in jedem Haushalt steht, gerät manchmal aus dem Blick, dass man so etwas auch selber bauen kann. Hier werden einige bewährte Schaltungen vorgestellt.

10.1 Ein Pendelaudion

Die einfachste UKW-Empfangsschaltung ist das Pendelaudion. Deshalb sollte ein solcher sehr einfacher Empfänger mit nur zwei Transistoren aufgebaut werden.

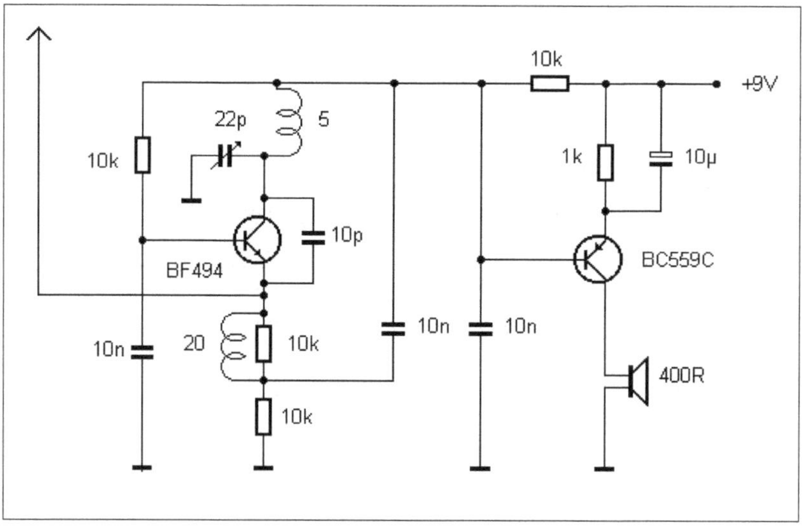

Bild 10.1: Der Zweitransistor-Pendler

Wichtig für eine stabile Funktion ist eine große Massefläche. Der experimentelle Probeaufbau des Labormusters wurde auf dem ausgeschnittenen Weißblechdeckel einer Kaffeedose realisiert. Gut geeignet sind solche Dosen, deren Seitenwand aus Pappe bestehen, die in den Blechdeckel gebördelt ist. Den Rand schneidet man mit einem scharfen Messer ab. Der Deckel ist leicht gewölbt, bietet eine stabile Unterlage und lässt sich sehr gut löten. Als Verdrahtungsfeld dient ein Stück Lochraster- oder Streifenrasterplatine.

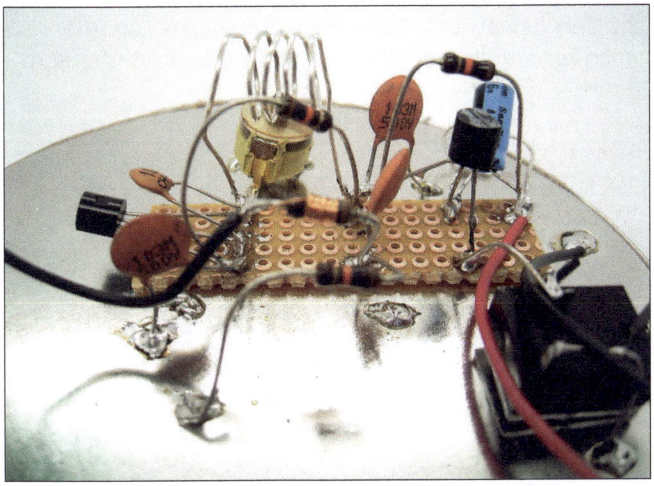

Bild 10.2: Testaufbau auf einer Massefläche

Die Schwingkreisspule aus Kupferdraht oder besser aus versilbertem Kupferdraht mit 0,8 mm Stärke erhält fünf Windungen bei einem Durchmesser von 8 mm. Wichtig sind kurze Verbindungen besonders zum Drehkondensator, der hier aus einem Trimmkondensator direkt auf der Massefläche besteht. Die zweite Spule in der Schaltung wird mit 20 Windungen CuL 0,2 mm direkt auf einen Widerstand von 10 kΩ gewickelt.

Die Antenne sollte nicht zu lang sein, um Störungen anderer Rundfunkteilnehmer durch den Pendler zu vermeiden. Die Schaltung ist sehr empfindlich und kommt mit einer 10 cm langen Antenne aus, die einfach aus einem Stück Draht besteht. Der Kopfhörer sollte im Idealfall ein hochohmiger Typ mit 400 Ω sein. Ein 32-Ω-Stereokopfhörer geht auch, allerdings nur relativ leise.

Beim Einschalten des Empfängers hört man zunächst ein starkes Rauschen. Mit dem Schraubendreher wird dann die Frequenz abgestimmt. Wenn man auf einen FM-Sender trifft, wird das Rauschen leiser bzw. verstummt ganz. Um das FM-Signal klar zu hören, muss auf die Flanke abgestimmt werden. Dieses Vorgehen erfordert etwas Übung und Geschick. Die Abstimmung mit dem Schraubendreher gibt dabei den besonderen Kick. Aber wenn der Sender einmal steht, muss man ja nicht gleich wieder daran drehen, denn jeder hat ja seinen Lieblingssender auf UKW.

Die Klangqualität des einfachen Empfängers ist zugegebenermaßen eher bescheiden. Aber immerhin, es funktioniert mit nur zwei Transistoren. In der Anfangszeit des UKW-Rundfunks war das Pendelaudion übrigens weit verbreitet. Damals wurde die Schaltung mit Röhren aufgebaut. Der „Pendler" kam dann in Verruf, weil er gleichzeitig etwas sendet und damit den Nachbarn den Hörgenuss verderben kann. Das gilt auch für den hier aufgebauten Empfänger. Es darf bezweifelt werden, dass man für ein solches Radio das CE-Zeichen bekommen würde. Das Ganze ist also eher ein interessantes Experiment und wird sicherlich nicht den bewährten Superhet verdrängen. Andererseits spielt das Pendelaudion immer noch eine Rolle bei einfachen Fernsteuerempfängern, funkgesteuerten Steckdosen und Funkthermometern.

Bild 10.3: Batteriebetrieb

Ein Pendelaudion ist eigentlich ein ganz normaler Oszillator. Bei jedem Anschwingen des Oszillators beginnt die UKW-Schwingung ganz klein, praktisch von null. Allerdings gibt es immer zumindest das thermische Rauschen als Starthilfe. Diese Hilfe klappt mal schneller und mal langsamer. Die einzelnen Anschwingvorgänge dauern also unterschiedlich lange, was insgesamt zu einem Rauschen des Kollektorstroms führt. Dieses Rauschen hört man bei einem Pendelaudion, wenn kein Sender empfangen wird. Weil ein Oszilloskop auf die erste Schwingung triggert, ist das Rauchen in Bild 10.4 am rechten Rand deutlicher zu erkennen.

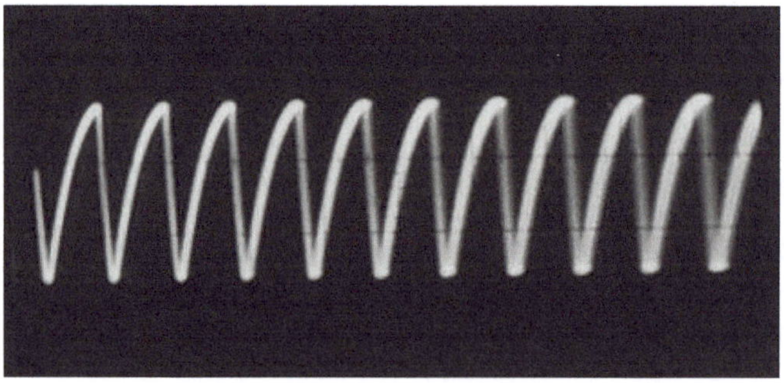

Bild 10.4: Pendelschwingungen und Rauschen

Gibt es aber auf der eingestellten Frequenz ein Signal, dann hilft dieses beim Aufbau der Schwingungen. Es geht also jedes Mal etwas schneller los. Die Pendelfrequenz steigt beim Empfang eines Signals. Ein unmoduliertes Signal bewirkt, dass der Oszillator eine stabile Pendelfrequenz erzeugt und nicht mehr rauscht. Durch eine Amplitudenmodulation verändert sich der Grad der Anschwinghilfe, was sich im mittleren Kollektorstrom widerspiegelt. Ein FM-Signal wird durch Abstimmung auf die Flanke des Schwingkreises amplitudenmoduliert und ist deshalb ebenfalls empfangbar. Die ganze Sache lässt sich sehr anschaulich an einem Oszilloskop verfolgen. Das Sägezahnsignal am Emitterwiderstand zeigt immer, ob gerade ein Sender empfangen wird. Und das Ganze funktioniert sogar ohne Antenne. Die Schaltung ist nämlich so empfindlich, dass bereits die Schwingkreisspule selbst genügend Energie auffängt.

10.2 Röhren-Pendelaudion

Das Franzis-Röhrenradio (Kap. 3.9) ist ein Audion für Kurzwelle. Solche Schaltungen neigen zu Pendelschwingungen, wenn man bei höheren Frequenzen den Rückkopplungsregler zu weit aufdreht. In einem Versuch sollte geklärt werden, ob man das Gerät auch zu einem UKW-Pendelaudion umbauen kann.

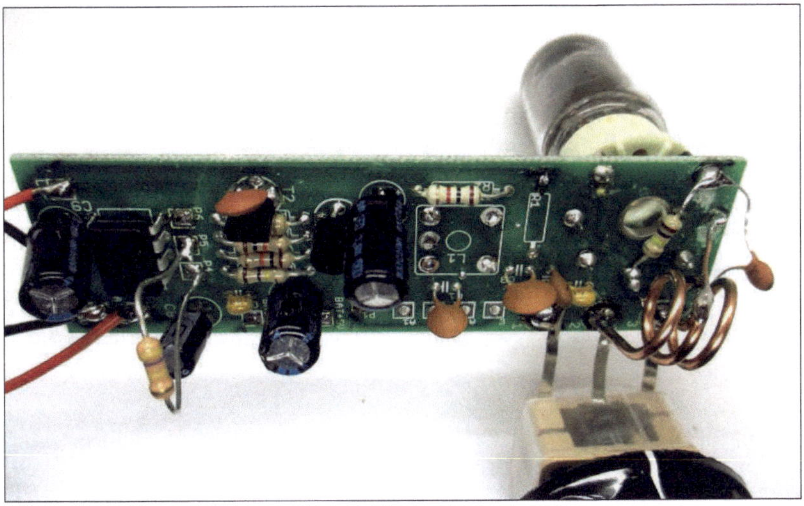

Bild 10.5: UKW-Pendler mit der 6J1

Im ersten Test habe ich die Kurzwellenspule ausgebaut und durch eine kleinere Spule mit drei Windungen ersetzt. Der Drehko wurde umgedreht und die 20-pF-Seite verwendet. Statt des Rückkopplungspotis habe ich ein Netzteil bis 60 V angeschlossen. Der Gitterwiderstand von 100 kΩ geht nicht mehr zur Anode, weil das eine Gegenkopplung darstellt, die Pendelschwingungen behindert. Stattdessen führt er nun nach +6 V an der Heizung. Teilweise konnten schon Pendelschwingungen beobachtet werden, aber noch auf einer zu tiefen Frequenz.

Bild 10.6: Die UKW-Spule

Das Problem waren die zu langen Leitungen auf der Platine. Deshalb habe ich eine bessere Spule aus dickem Draht mit drei Windungen auf einen 8-mm-Bohrer gewickelt und ganz nah an den Drehko gelötet. Die Anzapfung zur Kathode bekam einen kurzen Draht und das Gitter wurde mit dem 100-pF-Kondensator auf kurzem Weg erreicht. Zusätzlich wurden die Leiterbahnen am Gitter und an der Kathode durchtrennt. Mit diesen Änderungen kann der ganze UKW-Bereich empfangen werden.
Bei Messungen mit dem Oszilloskop konnte ich zuerst noch starke Pendelschwingungen am Kollektor der NF-Vorstufe sehen. Deshalb habe ich einen Kondensator mit 100 nF zwischen Kollektor und Emitter gelötet (vgl. Bild 10.5). Und für den Vorversuch habe ich statt des Lautstärkepotis nur einen Widerstand mit 470 kΩ eingelötet. Mit diesen Änderungen hat das UKW-Radio funktioniert. Allerdings brauchte ich eine Anodenspannung zwischen 30 V und 40 V aus dem Labornetzteil. Mit nur 15 V wie im Kurzwellenradio kommt die Schaltung nicht aus.

10.3 UKW-Radio mit TDA7088

Dieses UKW-Radio von Franzis empfängt FM-Stationen im Bereich 87,5 MHz bis 108 MHz mit guter Empfangsleistung. Dank des integrierten Empfängerbausteins TDA7088 hört man vor allem die starken Ortssender mit gutem Klang. Die Empfindlichkeit des Empfängers reicht aus, um auch fernere Sender zu empfangen.

Bild 10.7: Das UKW-Retroradio

Das Radio lehnt sich optisch an ein typisches Kofferradio der 1960er Jahre an. Mit der Erfindung des Transistors konnte man Radios bauen, die weniger Energie als Röhrenempfänger verbrauchten und deshalb auch mit Batterien zu betreiben waren. Ansonsten war die Technik ähnlich der in älteren Röhrenradios.

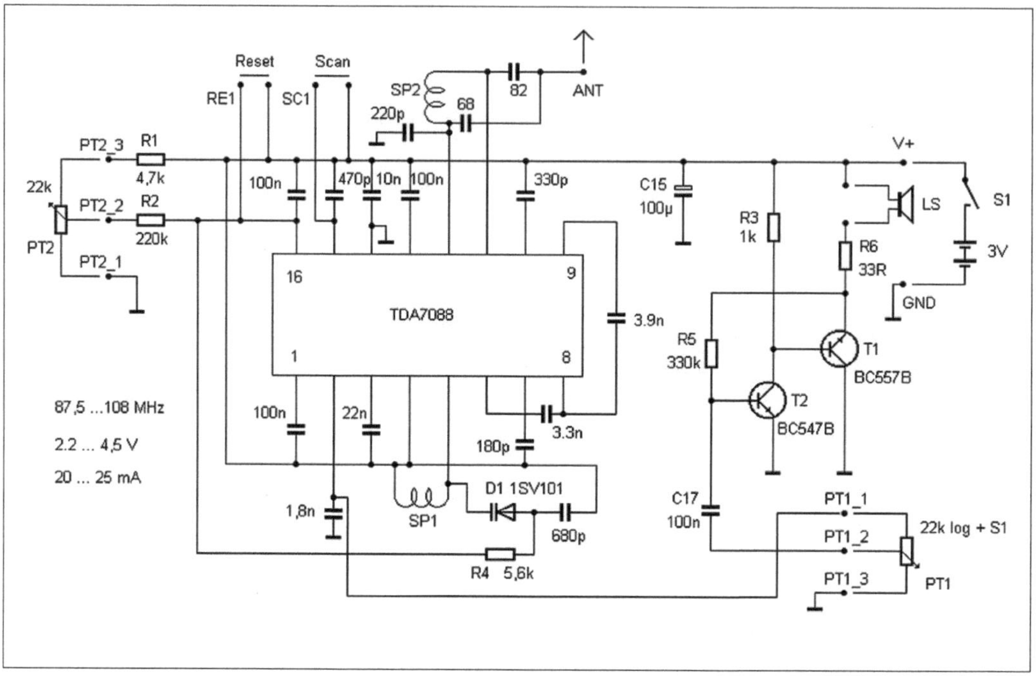

Bild 10.8: TDA7088 mit Poti-Abstimmung

Dank des hoch integrierten Empfänger-ICs TDA7088 ist der Bau eines eigenen UKW-Radios sehr einfach geworden. Der Eintakt-NF-Verstärker entspricht in seiner Funktion eher dem historischen Vorbild eines Röhrenradios. Das Nostalgieradio verwendet einen zweistufigen Transistorverstärker mit mittlerer Lautstärke bei geringer Batteriespannung. So reichen schon zwei 1,5-V-Alkalizellen für bis zu 200 Stunden Empfang.

Bild 10.9: Die Bauteile

Die meisten UKW-Superhetempfänger verwenden eine Zwischenfrequenz von 10,7 MHz. Die Empfangsfrequenz wird dabei zunächst auf die Zwischenfrequenz umgesetzt und danach gefiltert, verstärkt und demoduliert. Auch dieses UKW-Radio ist ein Superhet, der sein Empfangssignal auf eine Zwischenfrequenz umsetzt. Allerdings liegt die Zwischenfrequenz mit etwa 70 kHz wesentlich tiefer. Dadurch kommen die Zwischenfrequenzfilter ohne abgeglichene Spulen aus. Und der FM-Demodulator vereinfacht sich und wird wesentlich sicherer gegen Verzerrungen. Alle wesentlichen Stufen passen in ein einziges SMD-IC, den TDA7088 mit 16 Anschlüssen. Statt eines Drehkondensators wie in älteren Empfängern verwendet das Radio die Kapazitätsdiode D1. Je größer die Spannung an der Diode, desto geringer wird ihre Kapazität und desto höher wird die Empfangsfrequenz. Der einzige Abgleichpunkt ist die Spule L1, mit der die untere Grenze der Oszillatorfrequenz eingestellt werden kann.

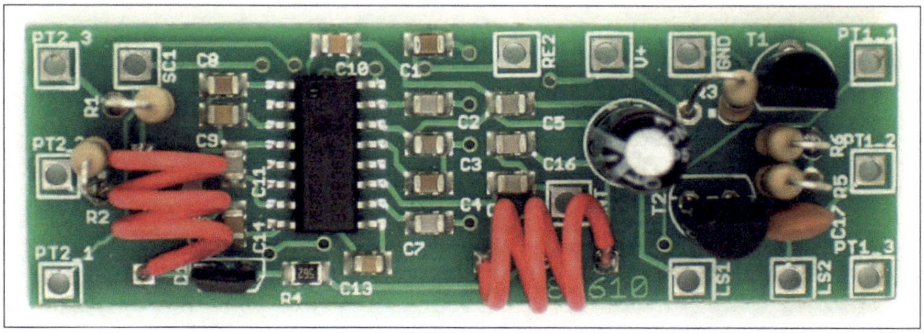

Bild 10.10: Die fertig bestückte Platine

Die Platine ist so gestaltet, dass alle Bauteile rund um den eigentlichen Empfänger TDA7088 in SMD-Bauweise bestückt sind. Damit ist der Aufbau einfach. Die Spulen muss man bei diesem Radio selbst wickeln und hat dann noch die Möglichkeit, durch Verbiegen einen Feinabgleich durchzuführen.

Bild 10.11: Einbau ins Gehäuse

Die NF-Endstufe ist ein einfacher Klasse-A-Verstärker mit den beiden Transistoren T1 und T2. Der Ruhestrom beträgt ca. 20 mA. Die Schaltung arbeitet mit noch gutem Klang ab einer Betriebsspannung von 2,2 V.

Einige der bedrahteten Bauteile lassen sich austauschen, um bestimmte Eigenschaften des Radios zu verändern. R1 bestimmt den abstimmbaren Frequenzbereich. Ein kleinerer

Widerstand vergrößert den Abstimmbereich. Das ist z.B. dann sinnvoll, wenn man das Radio mit NiMH-Akkus bei 2,4 V betreiben will. R2 bestimmt die Breite des Fangbereichs der AFC. Wenn man z.B. schwache Sender in der Nähe stärkerer Sender empfangen möchte, kann es sinnvoll sein, R2 bis auf 1 MΩ zu vergrößern, um den Fangbereich zu verkleinern.

Die beiden Anschlüsse RE1 und SC1 der Platine werden zunächst nicht verwendet und sind für spätere Erweiterungen vorgesehen. Der TDA7088 wurde ursprünglich für Tastenabstimmung entwickelt. Im Schaltplan sind die beiden Tastschalter für Reset und Scan eingezeichnet. Wenn man den Empfänger entsprechend umbauen möchte, muss der Anschluss PT2_2 zum Schleifer des Frequenzreglers aufgetrennt werden. An dieser Stelle kann man auch einen Schalter einsetzen, sodass der Empfänger wahlweise über Tasten und das Poti abgestimmt werden kann

10.4 Stereo-Dekoder

Der TDA7040 ist wie geschaffen zur Stereo-Erweiterung des Franzis-UKW-Radios. Damit die nötige Bandbreite am Ausgang des Empfängers vorliegt, muss der SMD-Kondensator C10 mit 680 pF aus der Schaltung entfernt werden. Es reicht, ihn einseitig abzulöten, dann geht er nicht verloren.

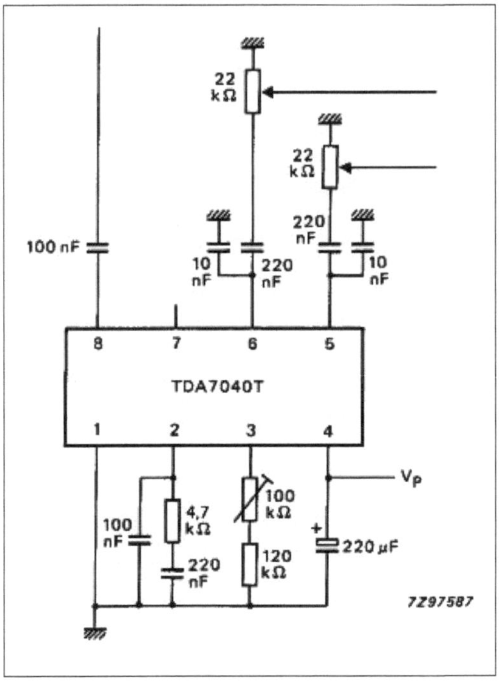

Bild 10.12: Äußere Beschaltung des TDA7040

Bild 10.13 zeigt eine Schaltung für den ersten Versuch. Am Ausgang liegt - ganz ohne Filterkondensatoren - ein hochohmiger Stereo-Kopfhörer mit zweimal 300 Ω. Das ist zwar nicht ideal, reicht aber für den ersten Erfolg.

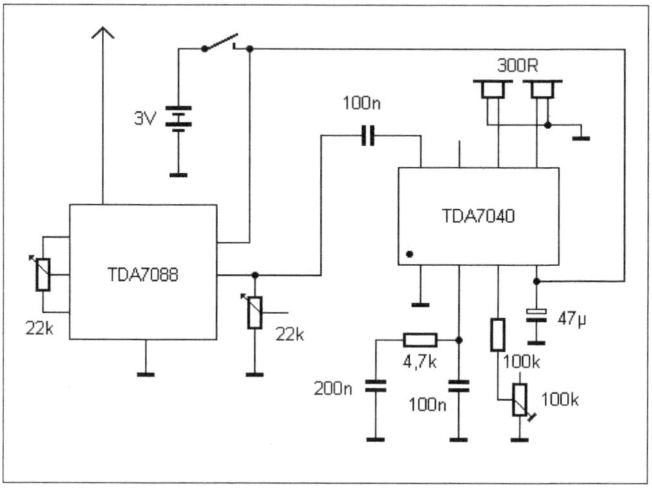

Bild 10.13: Kopfhörerbetrieb

Mit dem Poti wird die Oszillatorfrequenz passend eingestellt. Am Oszilloskop sieht man, wie die richtige Demodulator-Frequenz 38 kHz bei Anwesenheit eines Stereo-Signals eingefangen wird. Der Fangbereich ist sehr breit, sodass man sogar ohne das Poti auskommen könnte. In Mittelstellung passt es, insgesamt werden also 150 kΩ benötigt. Das Oszillogramm zeigt auch, dass der Dekoder noch übersteuert wird. Da musste noch was geändert werden. Das Ergebnis kann sich schon hören lassen: Aus dem Kopfhörer ertönt eine klares Stereo-Signal. Es ist zwar recht leise, aber die Funktion der Schaltung ist gegeben.

Ein zusätzlicher kleiner Verstärker mit einem TDA7050 ist sehr einfach aufzubauen und läuft ebenfalls mit 3 V. Es sind keine zusätzlichen Kondensatoren erforderlich. Zwischen Radio-IC und Stereo-Dekoder liegt jetzt ein Widerstand von 27 kΩ als Abschwächer gegen Übersteuerung. Ein Stereo-Poti leitet die Signale an den Endverstärker weiter. Alles zusammen findet Platz auf einer kleinen Platine.

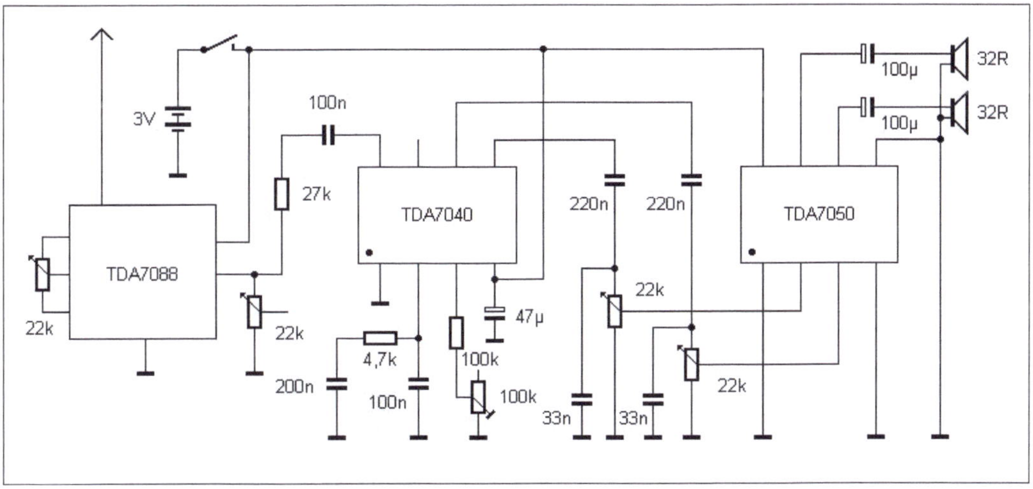

Bild 10.14: Einsatz des Endverstärkers

Bild 10.15: UKW-Radio für Lautsprecher und Stereo-Kopfhörer

Das Radio hat nun zwei Lautstärkepotis, eines für den Mono-Lautsprecher, der jetzt für eine höhere Lautstärke 32 Ω hat, und eines für den Stereo-Verstärker, dessen Ausgang auf eine Klinkenbuchse führt. Hier kann ein Kopfhörer angeschlossen werden. Die Leistung reicht aber auch für zwei 32-Ω-Lautsprecher. Zwei getrennte Potis für Lautsprecher und für den Stereo-Kopfhörer bringen einen großen Vorteil: Man kann beide Lautstärken unabhängig voneinander einstellen und festlegen, wie stark die Umwelt am Radiogenuss teilhaben darf.

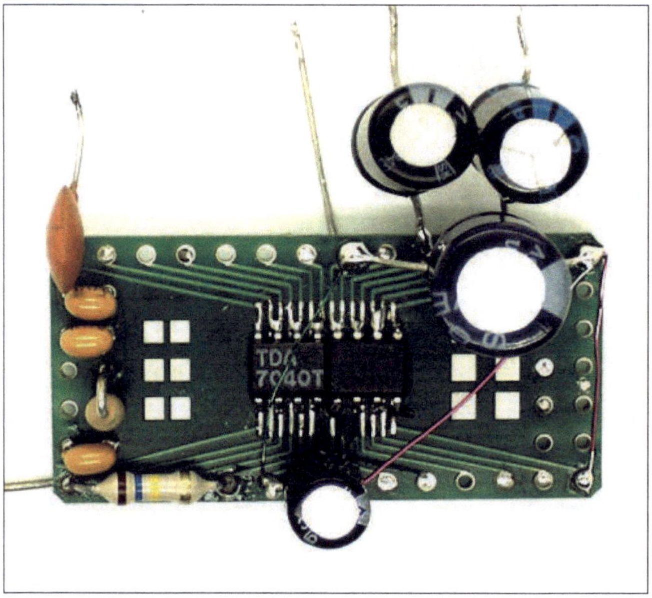

Bild 10.16: Dekoder und Stereo-Verstärker

Falls der Aufbau auf einer Lochrasterplatine zu unsicher erscheint, gibt es dafür auch andere Lösungen. Beide ICs passen auf eine gemeinsame SMD-Adapterplatine. Nur wenige weitere Bauteile kommen auf die Platine. Koppel- und Filterkondensatoren werden im Rahmen der Verdrahtung eingebaut. Der 100-kΩ-Trimmer hatte sich als unnötig erwiesen und wurde hier durch einen Festwiderstand von 160 kΩ ersetzt.

10.5 Das UKW-Steckmodul

Der Franzis-Bausatz „UKW-Radio selber bauen“ wird mit einer Steckplatine aufgebaut. Das eigentliche Empfängermodul besteht aus einer fertig bestückten Platine mit dem TDA7088 und gedruckten Spulen.

Bild 10.17: Steckplatine mit dem TDA7088/CD9088

Ein 3-V-Spannungsregler sorgt für mehr Stabilität bei der Abstimmung. Und ein integrierter Lautsprecherverstärker bringt eine hohe Lautstärke.

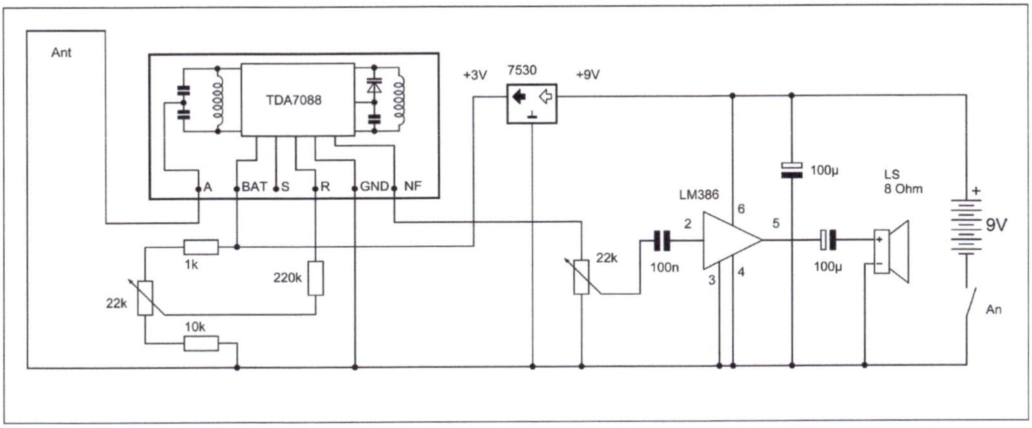

Bild 10.18: UKW-Radio mit Spannungsregler und Endverstärker

Weil die Bedienelemente hier mit angelöteten Drähten geliefert werden. braucht man für diesen Bausatz keinen Lötkolben. Alles wird auf einer Steckplatine verbunden. Die TDA7088-Empfängerplatine eignet sich auch für eigene Projekte zum Bau einfacher UKW-Radios.

Bild 10.19: Kompletter Aufbau in einem Gehäuse

10.6 UKW-Radio mit Röhrenklang

Das Franzis Retroradio Deluxe kombiniert einen TDA7088-UKW-Empfänger mit einer Röhren-NF-Stufe und einem integrierten Endverstärker LM386.

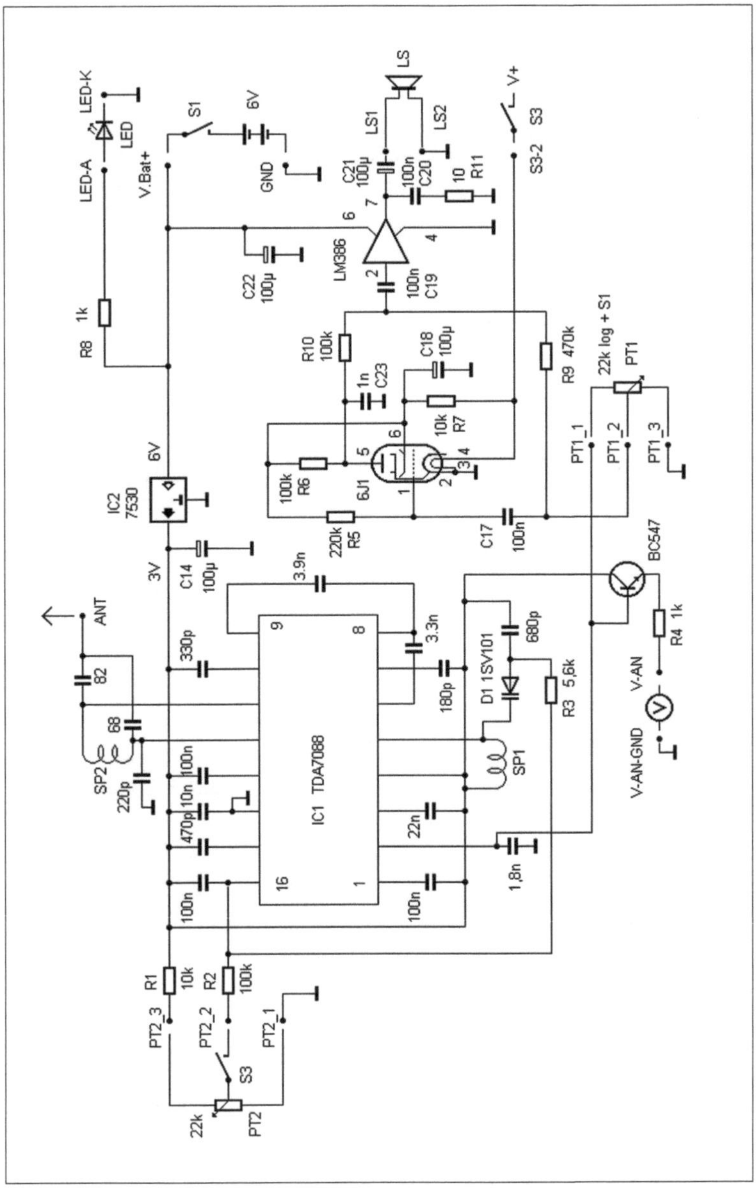

Bild 10.20: UKW-Radio mit Röhre in der NF-Stufe

Die Platine enthält zahlreiche schon fertig aufgelötete SMD-Bauteile, nämlich das Empfänger-IC TDA7088, 15 Kondensatoren und einen Widerstand. Nur noch die Bauteile mit Anschlussdrähten müssen eingelötet werden. Dazu gehören alle Teile des NF-Verstärkers und die Röhrenfassung sowie die Spulen und die Bauteile rund um die Dioden-Abstimmung des Radios.

Bild 10.21: Die kompakte Platine mit UKW-Teil und Röhrensockel

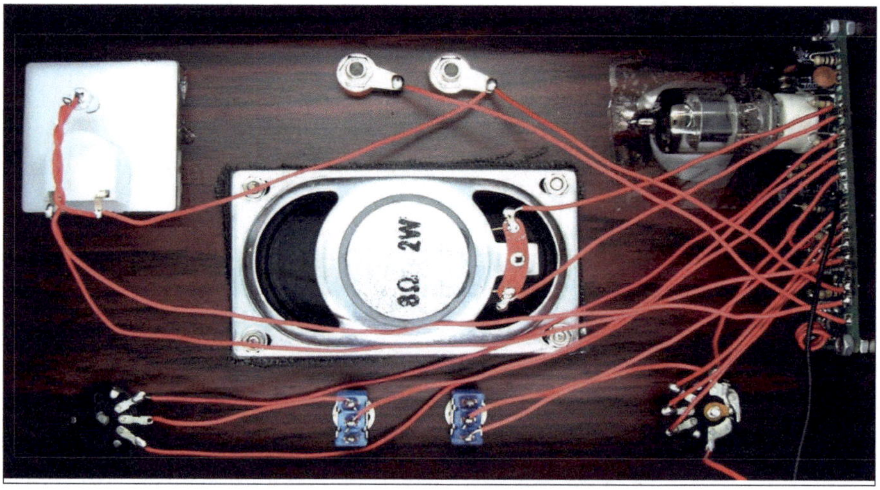

Bild 10.22: Einbau in das Gehäuse

Das Besondere an diesem Radio ist der Klangschalter. Damit schaltet man die Röhre ein. Das Radio bekommt dann einen volleren Klang. Wenn man nur so nebenbei Nachrichten hören will, schaltet man die Röhre ab und spart damit Strom. Der Klangschalter liegt im Heizstromkreis der Röhre. Bei abgeschalteter Heizung fließt kein Anodenstrom mehr. Ein Teil des NF-Signals wird dann an der Röhre vorbei zum Endverstärker geleitet. Bei aktiver Röhre hat man dagegen mehr Lautstärke und die typischen Klangänderungen durch die leicht gekrümmte Röhrenkennlinie. Das Radio ist so gestaltet, dass man die rot glühende Kathode von außen sehen kann.

Bild 10.23: Frontansicht mit sichtbarer Röhre

10.7 DSP-Radio SI4735

Der SI4735 ist ein Chip mit der Größe 3 mm x 3 mm, der ein komplettes Radio mit UKW und drei AM-Bereichen enthält. Die Firma Modul-Bus hat eine Adapterplatine entwickelt, mit der man das Radio z.B. auf einer Experimentierplatine aufbauen kann. Hier wird zusätzlich der USB/Seriell-Wandler UM232R verwendet, um den Empfänger am USB betreiben zu können. Der Baustein liefert auch gleich die benötigte Spannung von 3,3 V.

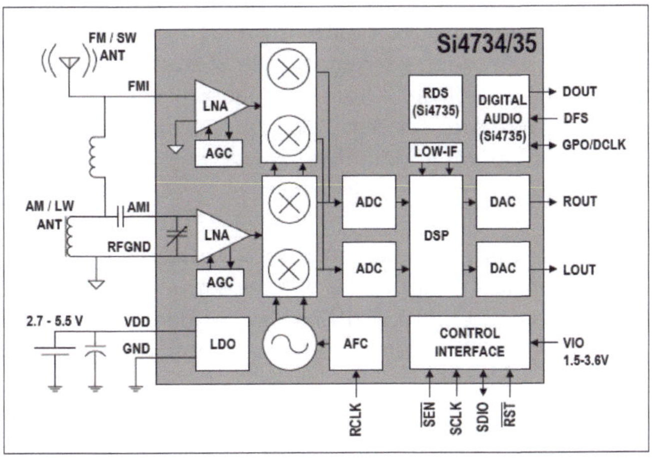

Bild 10.24: Innenleben des SI4735

Ein Blick auf das Blockschaltbild verrät das Prinzip eines IQ-Empfängers, ähnlich wie er auch schon für Kurzwelle verwendet wurde. Aber diesmal funktioniert die Dekodierung ohne PC-Software, weil ein eigener Digitaler Signalprozessor (DSP) diese Aufgabe übernimmt. Nur für die Abstimmung wird noch ein PC oder ein Mikrocontroller benötigt. Der SI4735 verfügt über unterschiedliche digitale Schnittstellen. Hier wurde der I^2C-Bus verwendet. Man braucht nur zwei Leitungen, SDA und SCL. Zusätzlich muss nur noch der Reset-Eingang des Chips bedient werden.

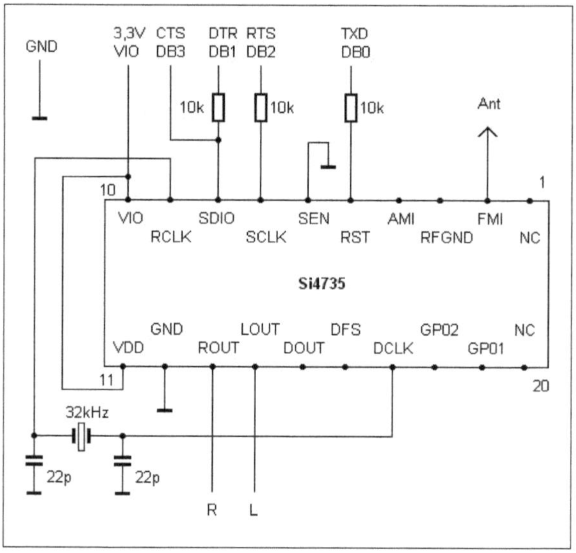

Bild 10.25: Äußere Beschaltung

Das Schaltbild zeigt eine minimale Beschaltung für den ersten Test. Es wurde nur ein kurzes Stück Draht als UKW-Antenne verwendet. Die Stereo-Ausgänge R und L verzichten auf Koppelkondensatoren, weil diese schon im angeschlossenen Verstärker vorhanden sind. Ein 32-kHz-Uhrenquarz sorgt für den Takt. Das Interface zum UM232R verwendet drei Widerstände. Zwei der Leitungen könnten zwar auch direkt verbunden werden, aber so wird eine größere Fehlersicherheit erreicht.

Der Chip benötigt eine Betriebsspannung von 3,3 V an VDD und an VIO. Achtung, an VDD ist nicht mehr als 3,6 V erlaubt! Man muss gut darauf achten, dass der UM232R nicht versehentlich auf 5 V gejumpert wied. Ein Chip ist bei den ersten Tests so leider durch zu hohe Spannung zerstört worden. Jumper S1 muss in die obere Position gesteckt sein, dann liefert das Modul 3,3 V an VIO.

Bild 10.26: Aufbau mit Uhrenquarz und USB-Schnittstelle

Der FT232R wird hier wie eine serielle Schnittstelle z.B. als COM1 oder als COM2 verwendet. Die TTL-Pegel mit 3,3 V sind gegenüber einer echten RS232-Verbindung invertiert. Die Leitungen DTR und RTS bilden einen I²C-Bus mit der zusätzlichen Eingangsleitung CTS. Für die Ansteuerung wurde ein kleines Testprogramm in VB geschrieben, das auf *elexs.de* geladen werden kann.

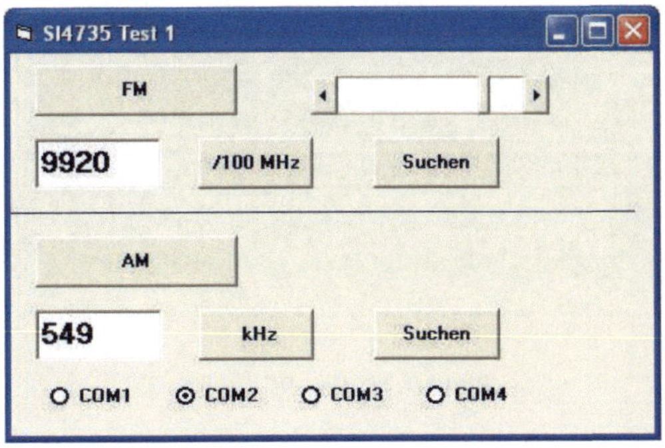

Bild 10.27: Die Steuersoftware

Für UKW-Empfang reicht bereits ein Stückchen Draht von 10 cm Länge als einfache Antenne. Nach dem Start des Programms muss man den Empfänger durch einen Klick auf die Schaltfläche FM initialisieren. Erst dann beginnt der 32-kHz-Quarz zu schwingen. Ein weiterer Test auf geglückte Initialisierung ist die Spannung an den Audio-Ausgängen R und L, die nun etwa 1 V beträgt. Der UKW-Empfänger stimmt sich auf den ersten starken Sender ab. Am Ausgang erscheint das Stereo-Signal. Nun kann man eine andere Frequenz eingeben oder einen Suchlauf starten. Außerdem gibt es einen Lautstärkeschieber. Der AM-Empfang erfordert den Anschluss einer entsprechenden Antenne oder einen Vorkreises. Man kann z.B. eine Ferritantenne anschließen. Nach der AM-Initialisierung funktioniert die Abstimmung ähnlich wie bei FM entweder durch Direkteingabe oder mit dem Suchlauf.

Das SI4735-Modul wurde in verschiedenen Platinen-Projekten eingesetzt. Dazu gehört neben dem in folgenden beschriebenen PC-Radio und dem Heimradio von Modul-Bus auch das Elektor-DSP-Radio mit Mikrocontroller und LC-Display.

10.8 PC-Radio mit USB-Anschluss

Das PC-Radio erlaubt die Ansteuerung aller Funktionen des SI4735 über die USB-Schnittstelle. Das Lochrasterfeld bietet genügend Platz für die Eingangsbeschaltung.

Bild 10.28: Das PC-Radio

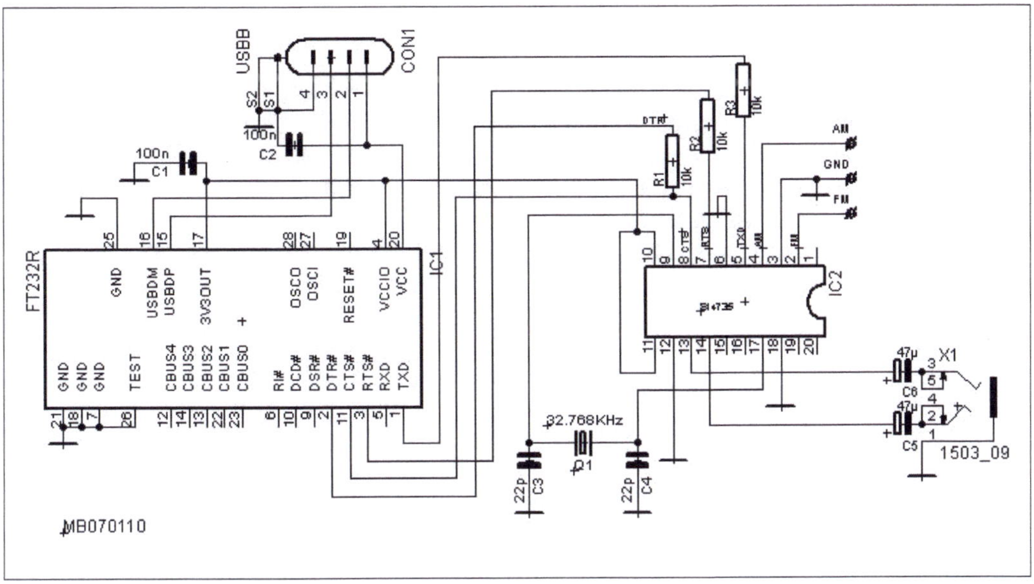

Bild 10.29: Schaltbild mit USB-Schnittstelle

Für die Platine gibt es passende Software auf *elexs.de*. Das Standard-Programm heißt Si4735Radio5.exe. Es wurde in Delphi geschrieben und umfasst bereits die RDS-Funktion des Chips.

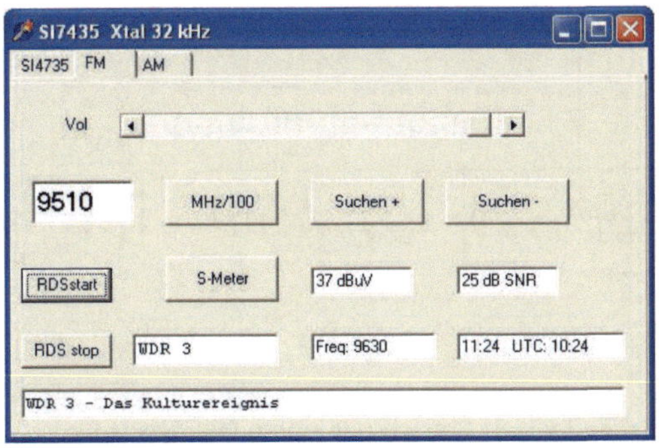

Bild 10.30: SI4735-Radio mit RDS

10.9 Das UKW-Heimradio

Dieses UKW-Radio wird mit einem Poti abgestimmt, wobei alle Sender sich gleichmäßig auf den Drehwinkel von 270 Grad verteilen. Der Anwender legt fest, welche Stationen das Radio empfangen soll. Meist hört man ja nur wenige Sender. Wenn z.B. nur drei Sender programmiert werden, belegt jeder einen Winkel von 90 Grad auf der Skala. Eine Fehlabstimmung ist ausgeschlossen, die Bedienung ist ganz einfach, was besonders auch älteren Personen hilfreich ist. Möglich wird das durch einen kleinen Mikrocontroller ATtiny25.

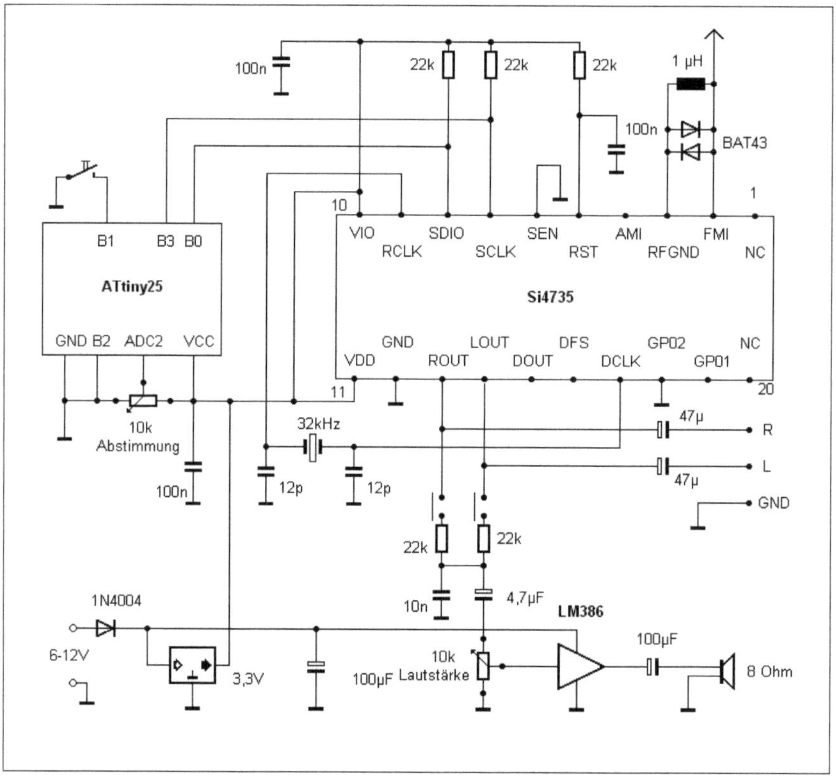

Bild 10.31: Betrieb mit einem Mikrocontroller

Die kleine autonome Platine enthält auch einen einfachen Mono-Lautsprecherverstärker. Wenn man ihn verwenden will, müssen die beiden Jumper geschlossen werden. Man kann die Platine z.B. in eine vorhandene Lautsprecherbox einbauen und erhält so ein Spezialradio. Oft ist es sinnvoll, die Potis nicht auf der Platine zu bestücken, sondern Potis mit langer Achse an anderer Stelle im Gehäuse einzubauen. Alternativ kann auch der Stereo-Ausgang an der Klinkenbuchse verwendet werden, um das Radio z.B. zusammen mit PC-Aktivlautsprechern zu betreiben. Das vorgesehene Gehäuse bietet auch Platz für eine 9-V-Batterie, aber eine Netzteilbuchse ist ebenfalls vorhanden.

Bild 10.32: Das Heimradio mit allen Anschlüssen und Bedienelementen

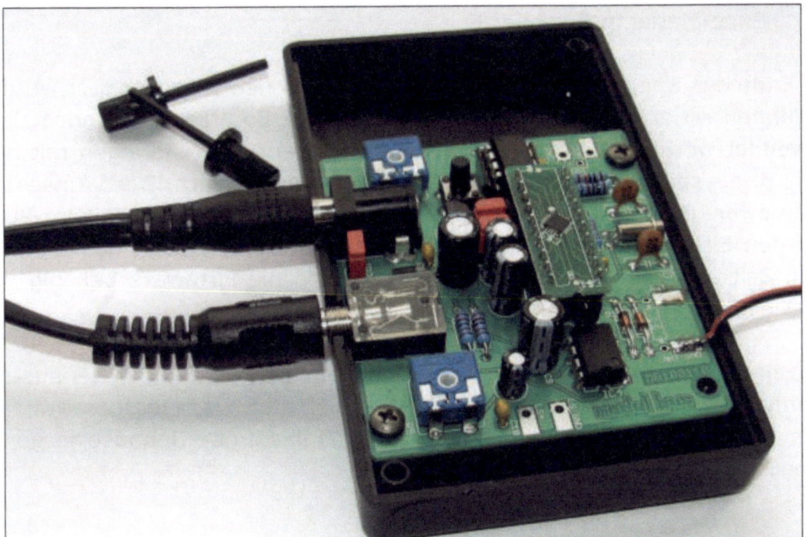

Bild 10.33: Das Radio in einem Gehäuse

Es gibt zwei Möglichkeiten, das Radio zu programmieren, per Tastschalter auf der Platine oder über einen angeschlossenen PC. In beiden Fällen legt man fest, welche Stationen gehört werden können.
Programmierung per Taste: Beim Einschalten muss die Taste länger als eine Sekunde gedrückt werden, um in den Programmiermodus zu gelangen. Das Radio sucht dann sofort von 87,5 MHz ab die erste Station. Mit jedem Tastendruck scannt man eine Station weiter. Soll eine Station gespeichert werden, drückt man länger als eine Sekunde. Ein kurzer Tastendruck dagegen übergeht die zuletzt gehörte Station und sucht die nächste. Insgesamt können bis zu 20 Stationen gespeichert werden, die sich dann im Betrieb über den ganzen Drehbereich verteilen. Nach der Programmierung muss das Radio einmal aus und wieder eingeschaltet werden.
Zur *Programmierung über einen PC* muss ein serielles Kabel an GND und COM (TXD-Pin) angeschlossen werden. Zum Betrieb reicht ein beliebiges Terminalprogramm im Textmodus. Die Übertragungsrate beträgt 1200 Baud. Das Radio kann im normalen Betrieb jederzeit in den PC-Modus umgeschaltet werden und wird dann bis zum nächsten Neustart nur noch vom PC aus gesteuert. Über das Terminal kann man den Empfänger abstimmen und Frequenzen zwischen 65 MHz und 108 MHz den einzelnen Speicherplätzen zuweisen. Wenn vorher z.B. zehn Stationen gespeichert waren und nun nur noch vier Stationen gewünscht sind, muss an den Platz 5 eine besondere Ende-Marke geschrieben werden.

Enter	Start des PC-Modus
8880	88,8 MHz abstimmen
10280	102,8 MHz abstimmen
1	Auf Speicherplatz 1 setzen
20000	> 108 MHz als Ende-Marke
5	Ende-Marke in Speicher 5

Nach dem Ende des Speichervorgangs muss das Radio neu eingeschaltet werden, damit die Einstellungen wirksam werden. Alternativ kann der Empfänger grundsätzlich als PC-Radio verwendet werden. Möglich sind aber auch eigene Anwendungen mit besonderer Firmware, z.B. als spezielles Küchenradio für Eltern mit Kindern. Der Wunschsender der Kinder kann zwar gewählt werden, aber spätestens nach 30 Minuten wird automatisch wieder auf den Elternsender geschaltet. Oder das Einschlaf-Radio, das sich nach einer vorgegeben Zeit allein abschaltet. Wer möchte, kann die Firmware beliebig verändern. Der Phantasie sind keine Grenzen gesetzt.

Bild 10.34 zeigt einen alternativen Einbauvorschlag in ein Retro-Radio-Gehäuse: Die Potis auf der Platine wurden durch die Potis im Gehäuse ersetzt. Das Messgerät überwacht die Batteriespannung. Der eingebaute Lautsprecher und das große Gehäuse sorgen für einen vollen Klang.

Bild 10.34: Verwendung eines vorhandenen Gehäuses

Bild 10.35: Verdrahtung mit vorhandenen Potis

Auch andere Gehäuse sind natürlich denkbar. Wie wäre es z.B. mit einem alten Röhrenradio? Vielerorts stehen Geräte herum, die eigentlich einmal gründlich restauriert werden müssten. Aber meist fehlt die Zeit dafür. Da könnte doch das Heimradio neuen Kang in alte Kisten bringen! Es muss ja nicht endgültig sein, sondern man würde sich sozusagen den Lautsprecher borgen und das Röhrenchassis schlafen lassen. Das Ergebnis wäre sicher ein besonders schöner Klang, fast so wie zu alten Röhrenzeiten, aber ohne die Verzerrungen und die sonstigen Schwächen der alten Radios. Denn eines ist klar, keines dieser alten Radios kann auf UKW noch richtig mithalten.

Denkbar ist auch, dass man die Endröhre EL84 tatsächlich noch einsetzt und auch das originale Lautstärkepoti, alle HF-Röhren aber erst mal aus der Fassung nimmt. Dann fehlt nur noch eine Lösung für das Abstimmpoti des Heimradios. Ideal wäre eine mechanische Kopplung mit dem Drehko. Aber etwas weniger aufwändig wäre es vielleicht, wenn man eines der Klangpotis umwidmet. Das Ergebnis wäre jedenfalls ein Hit! Ein Radio so schön wie früher und mit voller Funktion und bestem Klang.

10.10 Das Elektor-DSP-Radio

Ein Weltempfänger mit UKW, LW, MW und KW, aber ganz ohne Abgleich, Digital Signal Processing (DSP) macht es möglich. Alle wesentlichen Funktionsgruppen befinden sich im DSP-Radiochip Si4735 auf einer Fläche von nur 3 mm x 3 mm. Dazu kommen ein

Bedienteil mit LCD, ein Stereo-NF-Verstärker und die erforderlichen Schnittstellen, damit der Empfänger optional auch über den PC gesteuert werden kann.

Viele Radiofreunde brauchen eigentlich zwei Empfänger, einen für den tragbaren Einsatz und einen als stationären Empfänger mit PC-Steuerung. Das Elektor-DSP-Radio kann beides. Dank der USB-Schnittstelle ist jederzeit auch die PC-Steuerung möglich. Außerdem kann der ganze Empfänger über USB mit Spannung versorgt werden. Der Audio-Ausgang lässt sich dann mit den PC-Aktivboxen verbinden. Für den autonomen 6-V-Batteriebetrieb verfügt die Schaltung über eigene integrierte Audioverstärker und einen (oder zwei) Lautsprecher.

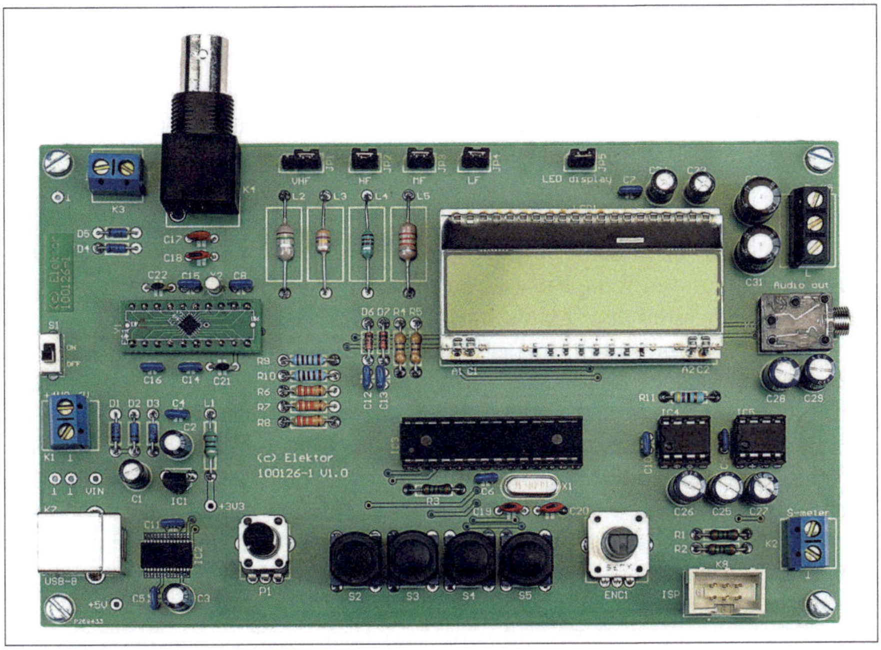

Bild 10.36: Das Elektor-DSP-Radio

Von einem universellen Empfänger erwartet man zuallererst sauberen UKW-Empfang, am besten in Stereo und mit RDS-Senderanzeige. Man will ja schließlich wissen, wen man da gerade hört. Dieser Empfänger bietet diese Eigenschaften bei sehr guter UKW-Empfindlichkeit und Klangqualität. Da der SI4735 verwendet wird, ist auch RDS gleich mit on Board.

Die zweite Forderung an einen Weltempfänger lautet, dass man ferne AM-Sender empfangen kann. Auch hier glänzt der Empfängerchip durch hervorragende Kurzwellen-Empfangseigenschaften, insbesondere eine sehr gute Empfindlichkeit bei gleichzeitig hoher Großsignalfestigkeit, sodass man auch längere Antennen anschließen kann. Eine wirkungsvolle ALC bringt das Signal immer in den optimalen Bereich, sodass man oftmals keinen Unterschied zwischen verschiedenen Antennen hören kann. Ganz herausragend ist auch die Trennschärfe des Empfängers. Und man kann die Bandbreite in mehreren Stufen frei wählen, was sonst nur bei extrem teuren Geräten üblich ist.

Auch Mittel- und Langwelle können mit dem Gerät empfangen werden. Der Antenneneingang erlaubt den Anschluss einer Außenantenne für alle Frequenzbereiche. Schießt man nur eine einfache Stabantenne oder eine andere Innenantenne an, werden meist zu viele Breitbandstörungen mitempfangen. Eine Alternative bietet jedoch der optionale Anschluss einer Ferritantenne.

Die Schaltung des Empfängers sieht auf den ersten Blick nicht sehr nach Hochfrequenz aus. Das liegt daran, dass alle wesentlichen Funktionen im Si4735 integriert sind. Allein die Antennen-Eingangsbeschaltung verrät den HF-Charakter der Schaltung. Das Antennensignal von der BNC-Buchse K4 oder der Schraubklemme K3 passiert zunächst einen Dioden-Begrenzer mit D4 und D5. L2 ist die UKW-Spule mit 0,1 µH. Der Jumper JP1 steht im Normalfall in Stellung 3-2, verbindet also das untere Ende der UKW-Spule mit dem AM-Eingang.

Was man im Schaltbild nicht sieht: Im FM-Modus stellt der Empfänger seinen „AM-Drehko“ auf 500 pF und legt damit die UKW-Spule HF-mäßig an Masse. Im AM-Modus dagegen gelangt das Antennensignal über L2 als Verlängerungsspule an den AM-Schwingkreis mit L3 bis L5 und dem automatisch abgestimmten internen „Drehko“ am Anschluss AMI (Pin 4) des Si4735. Welche der Festinduktivitäten gerade wirksam ist, entscheidet der Diodenumschalter mit D6 und D7. Über die Si-Dioden 1N4148 wird bei Bedarf jeweils ein Teil der Spulen gegen Masse kurzgeschlossen. Im Normalfall sind die drei Jumper JP2 bis JP4 geschlossen. Man hat durch die Jumper-Pins jedoch Möglichkeiten zum Anschuss alternativer Eingangskreise oder einer Ferritantenne. Eine Mittelwellen-Ferritantenne fügt man zum Beispiel bei JP3 ein, einen Kurzwellen-Loop bei JP2. Wenn eine angeschlossene Stabantenne nur für UKW wirksam sein soll, setzt man JP1 in Stellung 1-2.

Das Stereo-Ausgangssignal des Si4735 wird über C28 und C29 an eine Stereo-Klinkenbuchse als NF-Ausgang geführt, an den man Verstärker-Eingänge oder Aktivboxen anschließen kann. Der Ausgang ist kurschlussfest (10 kΩ Ausgangsimpedanz, ca. 80 mVeff). Als NF-Leistungsverstärker sind zwei LM386 vorhanden, so dass man an K5 Lautsprecher anschließen kann. Die maximale Leistung an 8 Ω beträgt etwa 300 mW. Ein Stereo-Lautstärke-Poti sucht man in der Schaltung vergeblich. Diese und alle anderen Funktionen des Si4735 steuert der Mikrocontroller IC3 (ATmega168) per Software über den I²C-Bus mit seinen beiden Leitungen SDA und SCL, wobei er die Spannung am linearen Potentiometer P1 über den analogen Eingang ADC0 abfragt und in entsprechende Befehle für den Si4735 umsetzt. Für die Einstellung der Abstimmfrequenz fragen zwei Portleitungen einen Drehimpulsgeber (ENC1) ab. Weitere Bedienelemente sind die vier Tastschalter S2 bis S5. Zusätzlich gibt es noch einen optionalen PWM-Ausgang zum Anschluss eines S-Meters. Hier erscheint ein 500-Hz-Rechtecksignal mit variablem Tastverhältnis und einer mittleren Spannung zwischen 0 V und 3,3 V. Fast jedes Messwerk bis etwa 1 mA kann mit einem passenden Widerstand angeschlossen werden.

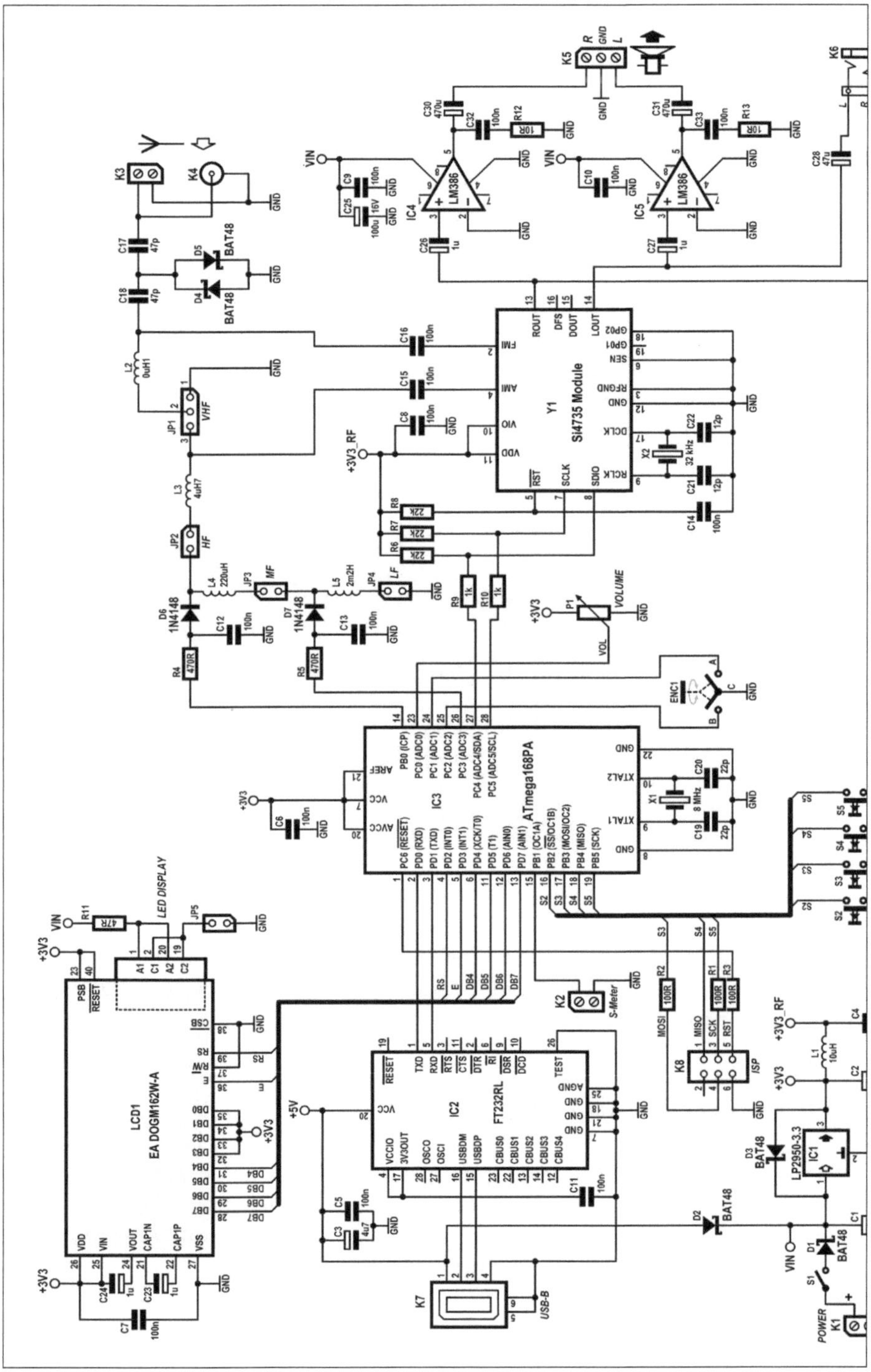

Bild 10.37: Das Schaltbild des Empfängers

Der ATmega168 wird mit 8 MHz getaktet. Dieser Takt ist unabhängig vom eigentlichen Empfänger, der seine Empfangsfrequenz vom angeschlossenen Uhrenquarz mit 32,768 kHz ableitet.

Für die Stromversorgung des Radios gibt es drei Möglichkeiten: über den USB-Anschluss, über ein 6-V-Netzteil und über ein Batteriepack mit vier Zellen (4,8 V bis 6 V). Diese Spannung VIN liegt an den beiden LM386, der LCD-Beleuchtung und am Eingang des Spannungsreglers IC1(LP2950-3.3), der sie für den Radiochip, den Mikrocontroller und das LCD auf 3,3 V regelt. Der Power-Schalter S1 auf der Platine schaltet übrigens nur die Spannung von K1 (Batterie oder Netzteil), während die Spannung vom USB nicht abgeschaltet wird. Wer Strom sparen möchte, der kann mit JP5 (offen) die LCD-Beleuchtung deaktivieren. Das LCD ist auch mit indirekter Beleuchtung gut lesbar. Der Empfänger funktioniert noch bei einer Batteriespannung von 4,0 V ohne Probleme, was für einen gute Ausnutzung der Batterien sorgt, die bei dem geringen Stromverbrauch von ca. 50 mA eine ansprechende Betriebsdauer ermöglichen.

Bild 10.38: Das LC-Display im Betrieb

Das Display zeigt die Abstimmfrequenz, die Antennenspannung in dBµV und den Störabstand (SNR in dB) an. Im UKW-Modus zeigt die untere Zeile die via RDS übermittelte Stationskennung und die Uhrzeit.

10.11 Der FM-Radiochip BK1079/1068

Dieser neuartige Radiochip für kleine Scanner-Kopfhörerradios ist erst vor wenigen Jahren aufgetaucht. Er wurde z.B. in einem kleinen Radio als Beilage zu einem Mickymaus-Heft verwendet. Der BK1068 der chinesischen Firma Beken hat große Ähnlichkeit mit dem BK1079 der gleichen Firma, hat aber ein etwas größeres Gehäuse mit dem ungewöhnlichen Pinabstand von 1 mm.

Bild 10.39: Eine Trägerplatine mit dem BK1068

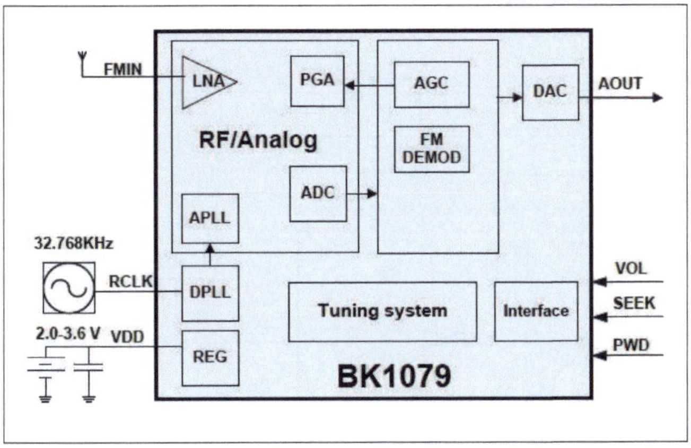

Bild 10.40: Das Blockschaltbild

Das IC scheint erinnert stark an die DSP-Radios von Silicon Labs wie den SI4735. Damit wird klar, dass auch der BK1079/1068 tatsächlich ein DSP-Radio ist, was die hohe Qualität erklärt. Das Ausgangssignal ist absolut sauber und zeigt keine Spuren des Stereo-Trägers. Ein großer Vorteil gegenüber dem TDA7088 ist außerdem, dass die Lautstärke intern verstellt werden kann.

Der Seek-Eingang und der Volume-Eingang haben im Ruhezustand jeweils etwa halbe Betriebsspannung. Der Chip erkennt, wenn die Eingänge auf GND- oder VDD-Potential gezogen werden. Zusätzlich gibt es die Reset-Funktion, mit der die unterste Frequenz eingestellt wird, und einen Power-Down-Eingang (PDN), mit dem man den Chip ein- und ausschalten kann. Damit kommt das Radio ohne einen Schalter zur Batterie aus. Im ausgeschalteten Zustand ist das Radio praktisch stromlos und behält dennoch die zuletzt gewählten Einstellungen. Man kann seinen bevorzugten Sender und die gewünschte Lautstärke unverändert lassen und findet beides beim nächsten Einschalten wieder vor.

Eine Adapterplatine für das IC ist bei Modul-Bus erhältlich. Damit wird das kleine SMD-IC auf ein handliches DIP8-Format gebracht. Die zehn Anschlüsse reduzieren sich auf acht Pins, weil zweimal GND (Pin 5 und Pin 7) zusammen- und der nicht verwendete RCLK-Eingang an Vdd gelegt wird. Mit dieser Platine wird das Experimentieren einfach. Man braucht nicht viel mehr als eine 3-V-Batterie und ein paar Bedienungstasten zum Aufbau eines Radios hoher Qualität.

Die Schaltung zeigt eine typische Anwendung mit Tasten für alle Funktionen. Die Tasteneingänge Scan und Vol sind Tristate-Eingänge mit einem mittleren Pegel bei der halben Betriebsspannung. Schalten gegen GND oder VDD ermöglicht daher zwei Funktionen an einem Eingang.

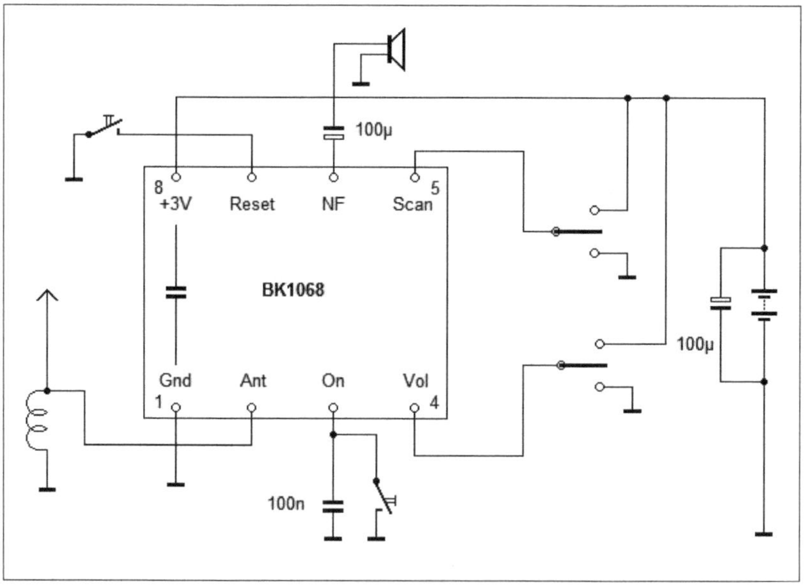

Bild 10.41: Die äußere Beschaltung

Das Modul kommt mit einer minimalen externen Beschaltung aus, wenn man auf einige Schaltfunktionen verzichtet. Das IC startet mit maximaler Lautstärke. Es reicht ein einzelner Scan-Taster, weil am oberen Bandende automatisch auf den Anfang gewechselt wird, das IC also „im Kreis herum" scannen kann.

Der On/Off-Taster schaltet das IC in den stromlosen Power-Down-Modus und zurück in den aktiven Modus. Dabei bleiben alle aktuellen Einstellungen, also Frequenz und Lautstärke erhalten. Man muss deshalb nicht wie bei älteren Scanner-Radios den Wunschsender jedes Mal neu suchen. Ein großer Vorteil ist auch, dass man einen Suchlauf in beide Richtungen starten kann.

Bild 10.42 zeigt einen Aufbau mit sechs Tastern auf einer Testplatine. Zwischen den beiden Up/Down-Tasten liegt jeweils noch ein Widerstand von 470 Ω, der einen Kurzschluss verhindern soll, falls jemand versehentlich beide Tasten gleichzeitig drückt.

Bild 10.42: Testaufbau mit allen Schaltfunktionen

Das IC ist eigentlich für Kopfhörer mit 16 Ω vorgesehen und liefert dann mehr als reichlich Lautstärke bei einem hervorragenden Klang. Versuche haben aber gezeigt, dass auch ein 8-Ω-Lautsprecher angeschlossen werden kann. Es wurde eine Ausgangsspannung bis ca. 1 Vss gemessen. Die Lautstärke reicht ohne zusätzlichen Endverstärker für manche Anwendungen bereits aus. Das Modul eignet sich hervorragend zum Auffrischen alter Röhrenradios, wahlweise mit einem eigenen Endverstärker oder mit der vorhandenen Röhrenendstufe.

Index